Be Partners

Büromanagement

Lernsituationen

3

Lernfelder
9 – 13

Autoren

Sabrina Böing
Christian Dirksen
Kai Franke
Oliver Heinze
Michael Klein
Sandra Leichsenring
Dagmar Linzenich
Manfred Scharffe
Anja Seiler
Gudrun Vogel-Kammerer
Sabine Wagner

unter Mitarbeit
der Verlagsredaktion

Der Titel „Be Partners"

B und **E** sind die Initialen der fiktiven Geschäfts**partner** (Gesellschafter)
Rolf **B**astian und Dörthe **E**pstein des Modellunternehmens **BE Partners KG**.

Kaufleute für Büromanagement müssen im Berufsalltag mit wechselnden
Ansprech**partnern** zusammenarbeiten. Auch die hierfür erforderlichen sozialen
Kompetenzen (z. B. Teamfähigkeit) sollen aktiviert werden.

Dieses Buch wurde erstellt unter Verwendung von Materialien von:
Hans-Peter von den Bergen, Roland Budde, Oliver Dillmann, Peter Engelhardt, Ariane Hoffmann, Hans-Peter Klein,
Antje Licht, Angela Lloyd, Ute Morgenstern, Heike Scholz, Jürgen Spenner, Gisbert Weleda, Carsten Zehm

Wir weisen darauf hin, dass die im Lehrwerk genannten Unternehmen und Geschäftsvorgänge frei erfunden sind.
Ähnlichkeiten mit real existierenden Unternehmen lassen keine Rückschlüsse auf diese zu. Dies gilt auch für
die im Lehrwerk genannten Kreditinstitute, Bankleitzahlen und Buchungsvorgänge. Ausschließlich zum Zwecke
der Authentizität wurden insoweit existierende Kreditinstitute und Bankleitzahlen verwendet.

Soweit in diesem Lehrwerk Personen fotografisch abgebildet sind und ihnen von der Redaktion fiktive Namen, Berufe,
Dialoge und Ähnliches zugeordnet oder diese Personen in bestimmte Kontexte gesetzt werden, dienen diese Zuord-
nungen und Darstellungen ausschließlich der Veranschaulichung und dem besseren Verständnis des Inhalts.

Sämtliche Personenbezeichnungen in diesem Band (z. B. „Schüler", „Lehrer", „Mediengestalter") gelten selbstverständlich für beide Geschlechter.

Verlagsredaktion: Sascha Heinrich, Peter Sander, Sabine Schneider, Eva Zimmermann
Außenredaktion: Gerlinde Heitmann, Stuttgart; Veronika Kühn, Köln; Katja Müllenmeister, Hamburg
Bildredaktion: Gertha Maly, Joscha Belling
Gesamtgestaltung und technische Umsetzung: Studio SYBERG, Berlin
Technische Umsetzung CD: FKW, Berlin

Titelfotos: istockphoto/STEEX/1, shutterstock/racorn/2, istockphoto/Global Stock/3, Picture Alliance/Image
Source/4

www.cornelsen.de/cbb

Die Webseiten Dritter, deren Internetadressen in diesem Lehrwerk angegeben sind, wurden vor Drucklegung sorgfältig
geprüft. Der Verlag übernimmt keine Gewähr für die Aktualität und den Inhalt dieser Seiten oder solcher, die mit ihnen
verlinkt sind.

Dieses Werk berücksichtigt die Regeln der reformierten Rechtschreibung und Zeichensetzung. Ausnahmen bilden
Originaltexte, bei denen lizenzrechtliche Gründe einer Änderung entgegenstehen.

1. Auflage, 3. Druck 2018

Alle Drucke dieser Auflage sind inhaltlich unverändert und können im Unterricht nebeneinander verwendet werden.

Druck: AZ Druck und Datentechnik GmbH, Kempten

ISBN 978-3-464-46133-4

PEFC zertifiziert
Dieses Produkt stammt aus nachhaltig
bewirtschafteten Wäldern und kontrollierten
Quellen.

PEFC
PEFC/04-31-2260

www.pefc.de

Lernfeld 12
Veranstaltungen und Geschäftsreisen organisieren

Lernfeld 13
Ein Projekt planen und durchführen

Auf CD-ROM

Auf der beiliegenden CD-ROM finden Sie verschiedene Vorlagen rund um das Modellunternehmen BE Partners KG, Arbeitsmaterialien zu den Arbeitsaufträgen und die digitalen Versionen ausgewählter Arbeitsblätter.

Das Modellunternehmen
BE Partners KG

1 Unternehmensporträt

Die BE Partners KG ist ein mittelständisches Unternehmen in Bonn. Es wurde 1985 von Rolf Bastian zunächst als Druckerei gegründet und als Einzelunternehmen betrieben. Als Dörthe Epstein 2002 als Gesellschafterin ins Unternehmen eintrat, wurde das Leistungsspektrum um verschiedene Werbedienstleistungen erweitert und das Unternehmen wurde zur BE Partners KG.

Seither teilt sich das Angebot der BE Partners KG in die Sparten Druckerei, Werbeagentur und Handel mit Werbeartikeln. Die Werbeagentur bietet ihren vorwiegend mittelständischen Kunden ein breites Spektrum typischer Agenturleistungen an, z. B. die Konzeption und Umsetzung von Werbekampagnen. Die Druckerei erstellt Druckerzeugnisse wie Plakate, Broschüren, Flyer, Wurfzeitungen oder Stadtmagazine für Kunden der Werbeagentur, aber auch für externe Kunden. Außerdem handelt die BE Partners KG mit diversen Werbeartikeln, z. B. Tassen, Kugelschreibern und T-Shirts, die sie nach Kundenauftrag individuell bedrucken lässt oder unverändert weiterveräußert.

Zurzeit besteht das Team der BE Partners KG aus den beiden Gesellschaftern und 29 weiteren fest angestellten Mitarbeitern; hinzu kommen zwei Praktikanten und vier Auszubildende.

Im letzten Jahr erwirtschaftete die BE Partners KG einen Umsatz von 2.928.000,00 € und einen Gewinn von 102.000,00 €. Die Jahresbilanzsumme beträgt 2.390.500,00 €.

Firma
BE Partners KG
Schlesienstraße 490 – 492
53119 Bonn
Telefon: 0228 1236-0
Telefax: 0228 1236-111
E-Mail: info@bepartners.de
Internet: www.bepartners.de

Rechtsform
Kommanditgesellschaft (KG)
Sitz: Bonn

Gesellschafter
Rolf Bastian (Komplementär)
Dörthe Epstein (Kommanditistin)

Geschäftsführender Gesellschafter
Rolf Bastian

Prokuristin
Dörthe Epstein

Handelsregister
Amtsgericht Bonn – HRA 96617 / 124

Finanzamt
Bonn-Innenstadt
Bachstraße 36
53115 Bonn
Umsatzsteuer-Identifikations-
nummer: DE 145777798

Bankverbindungen
Sparkasse KölnBonn
BLZ: 370 501 98
Kontonummer: 900 521 866
BIC: COLSDE33XXX
IBAN: DE90 3705 0198 0900 5218 66

Volksbank Bonn Rhein-Sieg eG
BLZ: 380 601 86
Kontonummer: 920 613 740
BIC: GENODED1BRS
IBAN: DE10 3806 0186 0920 6137 40

Krankenkassen
AOK Rheinland/Hamburg (AOK)
Heisterbacherhofstraße 4
53111 Bonn

Barmer GEK (BEK)
Welschnonnenstraße 2
53111 Bonn

DAK Deutsche Angestellten-
Krankenkasse
Am Michaelshof 4 a
53177 Bonn

Techniker Krankenkasse (TK)
Poststraße 2
53111 Bonn

Betriebsnummer für die Sozialversicherung: 82 104 520

Gesellschaftsvertrag

Die Gesellschafter Rolf Bastian, Rheinstraße 180, 53179 Bonn, und Dörthe Epstein, Sandstraße 120 b, 55343 Wachtberg (bei Bonn), verbinden sich zu einer Kommanditgesellschaft (KG) und schließen zu diesem Zweck den folgenden Gesellschaftsvertrag.

§ 1 Zweck der Gesellschaft

(1) Die Gesellschafter gründen eine Kommanditgesellschaft.

(2) Der Zweck der Gesellschaft besteht darin, als Werbeagentur Dienstleistungen für andere Unternehmen zu erbringen, Druckerzeugnisse herzustellen und mit Werbeartikeln zu handeln.

§ 2 Firma und Sitz der Gesellschaft

(1) Die Gesellschaft führt die Firma BE Partners KG.

(2) Der Sitz der Gesellschaft ist: Schlesienstraße 490 – 492, 53119 Bonn.

§ 3 Beginn, Dauer, Geschäftsjahr

(1) Die Gesellschaft beginnt mit dem Eintrag in das Handelsregister.

(2) Ihre Dauer ist unbestimmt.

(3) Geschäftsjahr ist das Kalenderjahr.

§ 4 Gesellschafter / Einlagen

(1) Persönlich haftender Gesellschafter (Komplementär) ist Herr Rolf Bastian. Er erbringt eine feste Kapitaleinlage in Form von 75.000,00 € in bar.

(2) Die Kommanditistin Frau Dörthe Epstein erbringt eine feste Kapitaleinlage in Form von 25.000,00 € in bar.

(3) Die Kapitalanteile sind Festkapitalanteile, die auf einem Kapitalkonto (Kapitalkonto I) zu buchen sind. Die in das Handelsregister einzutragende Haftsumme der Kommanditistin Dörthe Epstein entspricht ihrem Festkapitalanteil.

§ 5 Geschäftsführung und Vertretung

(1) Zur Geschäftsführung und Vertretung ist der Komplementär berechtigt und verpflichtet. Er ist von den Beschränkungen des § 181 BGB befreit.

(2) Dem Komplementär obliegt die alleinige fachliche Leitung.

§ 6 Gesellschafterversammlungen, Gesellschafterbeschlüsse, Stimmrecht

(1) Die Gesellschafter entscheiden über die ihnen nach Gesetz oder Gesellschaftervertrag zugewiesenen Angelegenheiten durch Beschlüsse, die in Gesellschafterversammlungen gefasst werden.

(2) Eine Gesellschafterversammlung wird durch den Komplementär einberufen und geleitet. Stimmen alle Gesellschafter zu, können Beschlüsse auch außerhalb einer Gesellschafterversammlung gefasst werden.

§ 7 Buchführung, Bilanzierung

(1) Geschäftsjahr ist das Kalenderjahr. Die Gesellschaft hat unter Beachtung der steuerlichen Vorschriften Bücher zu führen und jährliche Abschlüsse zu erstellen.

(2) Für jeden Gesellschafter wird ein bewegliches Kapitalkonto (Kapitalkonto II) geführt, über das laufende Entnahmen und Einlagen (mit Ausnahme der in § 4 aufgeführten) sowie Gewinn- und Verlustanteile gebucht werden.

§ 8 Verteilung von Gewinn und Verlust

(1) Der Komplementär erhält für seine Tätigkeit – unabhängig davon, ob ein Gewinn erzielt worden ist – eine Vergütung, deren Höhe von der Gesellschafterversammlung festgesetzt und dem Umfang der Tätigkeit entsprechend angepasst wird.

(2) Von dem verbleibenden Gewinn erhalten die Gesellschafter zunächst entsprechend der gesetzlichen Regelung des § 168 HGB eine Kapitalverzinsung von 4 %. Nun noch verbleibende Gewinne werden entsprechend der Beteiligung am Gesellschaftsvermögen verteilt. Reicht die Gewinnhöhe für eine Verzinsung der Kapitalanteile in Höhe von 4 % nicht aus, wird der Gewinn der Beteiligung der Gesellschafter am Gesellschaftsvermögen entsprechend verteilt. An Verlusten der Gesellschaft sind die Gesellschafter entsprechend ihrer Beteiligung am Gesellschaftsvermögen gem. § 4 beteiligt.

(3) Über die Entnahme der Gewinnanteile beschließt die Gesellschafterversammlung einstimmig.

§ 9 Kündigung der Gesellschaft

(1) Der Komplementär kann die Gesellschaft mit einer Frist von 6 Monaten zum Jahresende mit eingeschriebenem Brief kündigen. Das Recht zur fristlosen Kündigung aus wichtigem Grunde bleibt hiervon unberührt. Der kündigende Gesellschafter scheidet aus der Gesellschaft aus. Die Gesellschaft wird von den übrigen Gesellschaftern fortgesetzt. Verbleibt nach dem Ausscheiden nur ein Gesellschafter, ist dieser berechtigt, das Unternehmen mit allen Aktiva und Passiva fortzuführen.

(2) Kündigt der Komplementär, sind die Kommanditisten berechtigt, zum Kündigungsstichtag einen neuen Komplementär aufzunehmen oder zu bestimmen, dass einer von ihnen die Stellung des Komplementärs übernimmt. Ist am Kündigungsstichtag kein Komplementär vorhanden, ist die Gesellschaft aufgelöst.

§ 10 Schlussbestimmungen

(1) Änderungen und Ergänzungen dieses Vertrages bedürfen der Schriftform. Dies gilt auch für einen Verzicht auf das Schriftformerfordernis.

(2) Sollten einzelne Bestimmungen dieses Vertrages unwirksam oder undurchführbar sein oder werden, wird hierdurch die Wirksamkeit des Vertrages im Übrigen nicht berührt. Insoweit verpflichten sich die Gesellschafter, die jeweilige Bestimmung durch eine wirtschaftlich sinnvolle, dem Sinn und Zweck des Vertrages Rechnung tragende Regelung zu ersetzen.

Bonn, den 01.02.2002

Rolf Bastian　　　　　　　*Dörthe Epstein*

Rolf Bastian　　　　　　　　Dörthe Epstein

Ergänzung des Gesellschaftsvertrages vom 01.02.2002: Der Kommanditistin Frau Dörthe Epstein wird mit Wirkung ab dem 01.04.2002 Prokura nach § 48 ff. HGB in Form einer Einzelprokura erteilt.

Bonn, den 01.02.2002

Rolf Bastian　　　　　　　*Dörthe Epstein*

Rolf Bastian　　　　　　　　Dörthe Epstein

3 Organigramm

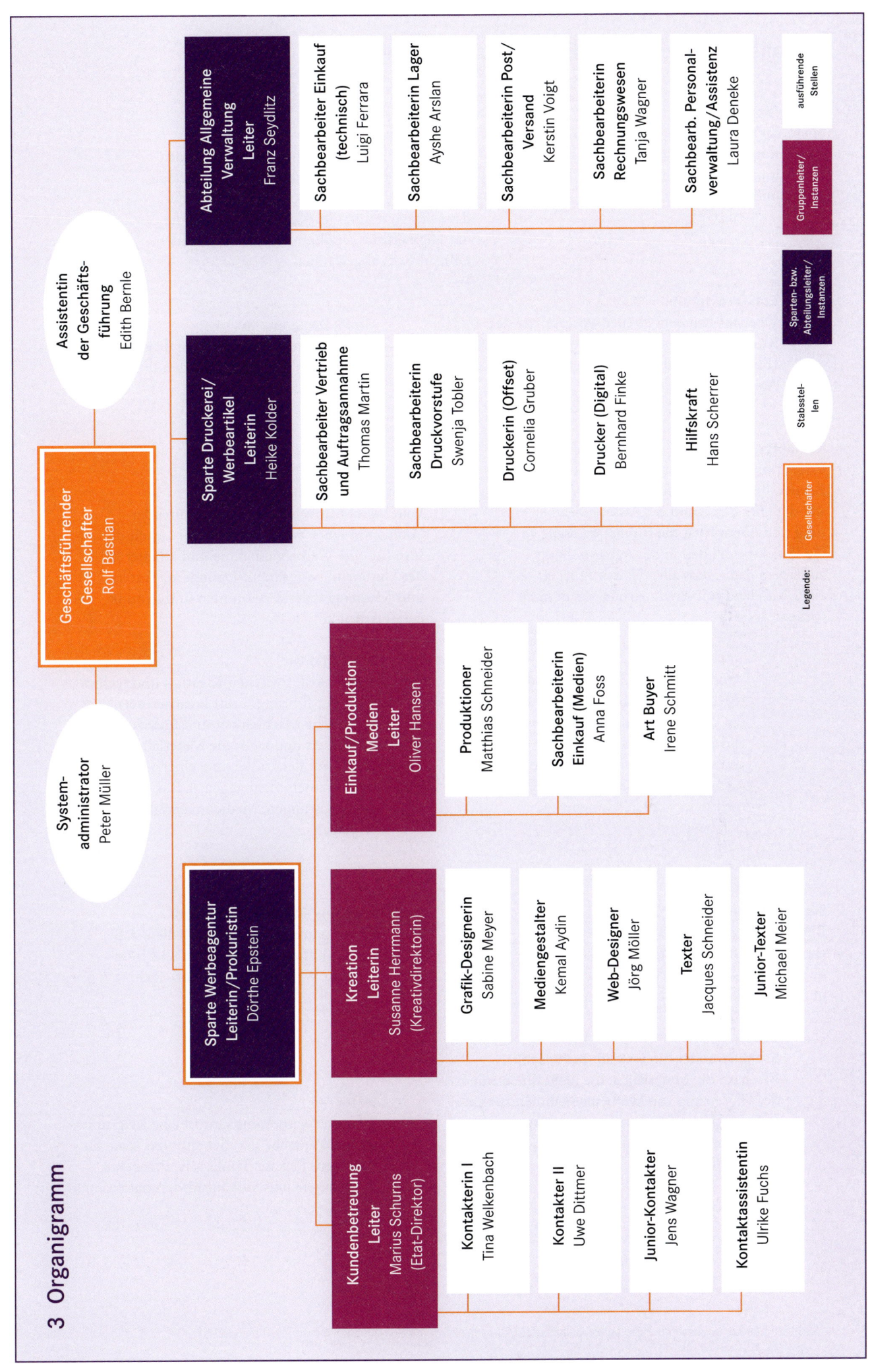

Geschäftsführender Gesellschafter
Rolf Bastian

Assistentin der Geschäftsführung
Edith Bernle

Systemadministrator
Peter Müller

Abteilung Allgemeine Verwaltung Leiter
Franz Seydlitz

- **Sachbearbeiter Einkauf (technisch)** Luigi Ferrara
- **Sachbearbeiterin Lager** Ayshe Arslan
- **Sachbearbeiterin Post/Versand** Kerstin Voigt
- **Sachbearbeiterin Rechnungswesen** Tanja Wagner
- **Sachbearb. Personalverwaltung/Assistenz** Laura Deneke

Sparte Druckerei/Werbeartikel Leiterin
Heike Kolder

- **Sachbearbeiter Vertrieb und Auftragsannahme** Thomas Martin
- **Sachbearbeiterin Druckvorstufe** Swenja Tobler
- **Druckerin (Offset)** Cornelia Gruber
- **Drucker (Digital)** Bernhard Finke
- **Hilfskraft** Hans Scherrer

Sparte Werbeagentur Leiterin/Prokuristin
Dörthe Epstein

Einkauf/Produktion Medien Leiter
Oliver Hansen

- **Produktioner** Matthias Schneider
- **Sachbearbeiterin Einkauf (Medien)** Anna Foss
- **Art Buyer** Irene Schmitt

Kreation Leiterin
Susanne Herrmann (Kreativdirektorin)

- **Grafik-Designerin** Sabine Meyer
- **Mediengestalter** Kemal Aydin
- **Web-Designer** Jörg Möller
- **Texter** Jacques Schneider
- **Junior-Texter** Michael Meier

Kundenbetreuung Leiter
Marius Schurns (Etat-Direktor)

- **Kontakterin I** Tina Welkenbach
- **Kontakter II** Uwe Dittmer
- **Junior-Kontakter** Jens Wagner
- **Kontaktassistentin** Ulrike Fuchs

Legende:

- Gesellschafter
- Stabsstellen
- Sparten- bzw. Abteilungsleiter/Instanzen
- Gruppenleiter/Instanzen
- ausführende Stellen

4 Glossar ausgewählter Berufsbezeichnungen[1]

Art Buyer:
Sucht nach passenden kreativen Dienstleistern, z. B. Fotografen, und kauft deren Leistungen ein. Kümmert sich außerdem um Urheberrechte und klärt Lizenzen.

Drucker/-in:
Bedient die Druckmaschinen und steuert den gesamten Druckprozess. Je nach zu bedruckender Oberfläche und Stückzahl wird entweder das Offsetverfahren (große Stückzahlen) oder das Digitaldruckverfahren (kleine Stückzahlen, Foliendruck) angewendet.

Etat-Direktor/-in:
Oberster Kundenbetreuer, Vorgesetzter der Kontakter, der auch die Werbe-„Etats" (Etat = frz. für Haushalt) der einzelnen Agenturaufträge verwaltet.

Grafik-Designer/-in:
Setzt die Ideen des Kreativdirektors visuell um. Erstellt dazu z. B. Zeichnungen mit der Hand oder dem Computer.

Kontakter/-in:
Erster Ansprechpartner für die Kunden (auch Berater/-in genannt). Informiert den Kunden ständig über den Stand der Auftragsbearbeitung und übermittelt die Kundenwünsche an die Projektbeteiligten in der Agentur. Sorgt außerdem dafür, dass alle, die den Auftrag eines Kunden bearbeiten, optimal zusammenwirken.

Kreativdirektor/-in:
Leiter des kreativen Bereichs bzw. leitender Grafiker in einer Werbeagentur. Entwickelt die Idee für eine Werbemaßnahme und arbeitet bei der Umsetzung mit Grafik-Designern, Textern und Mediengestaltern zusammen und stimmt deren Arbeit ab.

Mediengestalter/-in Digital und Print:
Erstellt und bearbeitet digitale Dokumente, die zu digitalen Medien (z. B. Websites) oder Printmedien (z. B. Broschüren, Flyer) weiterverarbeitet werden. Bereitet die Dokumente technisch so vor, dass sie online gestellt oder gedruckt werden können.

Produktioner:
Schnittstelle zwischen Kreation und technischer Ausführung. Prüft kreative Ideen auf technische Machbarkeit und finanzielle Vertretbarkeit und kauft die Materialien ein, die direkt mit der Umsetzung einer Werbemaßnahme zusammenhängen, z. B. Druckereidienstleistungen, Medienmaterialien und -vorlagen.

Sachbearbeiter/-in Druckvorstufe:
Bindeglied zwischen kreativen Jobs und Druckern. Prüft und bereitet Dateien so auf, dass sie druckfertig sind, führt Probedrucke durch und erstellt bei Offsetdruck die Druckplatten.

Sachbearbeiter/-in Einkauf (Medien):
Plant Werbung in verschiedenen Medien, z. B. Fernsehen, Rundfunk, Printmedien und Internet, und bucht Werbezeiten und -anzeigen.

Sachbearbeiter/-in Einkauf (technisch):
Beschafft die Materialien, die nicht direkt mit der Umsetzung von Werbemaßnahmen zu tun haben. Hierzu gehören z. B. Druckerpatronen, Büromaterial, Handelswaren oder auch Hygieneartikel.

Texter/-in:
Setzt die Werbekampagne in eine zielgruppengerechte Sprache um. Schreibt die Texte für Anzeigen, Plakate, Funkspots, Prospekte, Werbebriefe und Verkaufsförderungsaktionen.

1 Sämtliche Personenbezeichnungen gelten selbstverständlich für beiderlei Geschlecht.

5 Personalliste (Auszug)

Nr.	Name	Vorname	Sparte/Abteilung/Gruppe	Funktion	Status	Krankenkasse	Berufliche Qualifikation	Durchw.	Kürzel
100	Bastian	Rolf	Geschäftsführung	Geschäftsführender Gesellschafter	leitender Angestellter	privat	Diplom-Kaufmann	220	Bar
243	Müller	Peter	Geschäftsführung	Systemadministrator	Angestellter	TK	Bachelor of Science Informatik	225	mrp
109	Bernle	Edith	Geschäftsführung	Assistentin	Angestellte	DAK	Bürokauffrau	277	bee
200	Epstein	Dörthe	Werbeagentur	Spartenleiterin/Prokuristin	leitende Angestellte	privat	Master of Arts in Creative Communication & Brand Management	230	Epd
239	Schurns	Marius	Kundenbetreuung	Gruppenleiter	Angestellter	BEK	Bachelor of Science Betriebswirtschaft/Werbung	246	scm
183	Welkenbach	Tina	Kundenbetreuung	Kontakterin I	Angestellte	DAK	Industriekauffrau, Diplom-Medienökonomin (FH)	259	wet
212	Dittmer	Uwe	Kundenbetreuung	Kontakter II	Angestellter	BEK	Veranstaltungskaufmann, Staatlich geprüfter Betriebswirt	232	diu
284	Wagner	Jens	Kundenbetreuung	Junior-Kontakter	Angestellter	TK	Handelsfachwirt (IHK)	279	waj
196	Fuchs	Ulrike	Kundenbetreuung	Kontaktassistentin	Angestellte	BEK	Bürokauffrau	287	fuu
222	Herrmann	Susanne	Kreation	Gruppenleiterin	Angestellte	privat	Diplom-Designerin	280	hes
215	Meyer	Sabine	Kreation	Grafik-Designerin	Angestellte	BEK	Bachelor of Arts Kommunikationsdesign	244	mes
263	Aydin	Kemal	Kreation	Mediengestalter	Angestellter	AOK	Mediengestalter Digital und Print	250	ayk
316	Möller	Jörg	Kreation	Web-Designer	Angestellter	BEK	Bürokaufmann, Web-Designer	290	moj
253	Schneider	Jacques	Kreation	Texter	Angestellter	AOK	Diplom-Journalist	253	scj
295	Meier	Michael	Kreation	Junior-Texter	Angestellter	AOK	Bachelor of Arts Germanistik, Anglistik/Amerikanistik	285	mem
232	Hansen	Oliver	Einkauf/Produktion Medien	Gruppenleiter	Angestellter	TK	Diplom-Betriebswirt (FH)	264	hao
240	Schneider	Matthias	Einkauf/Produktion Medien	Produktioner	Angestellter	BEK	Fotograf	229	scr
177	Foss	Anna	Einkauf/Produktion Medien	Sachbearbeiterin Einkauf (Medien)	Angestellte	AOK	Kauffrau für Bürokommunikation	235	foa
247	Schmitt	Irene	Einkauf/Produktion Medien	Art Buyer	Angestellte	AOK	Kauffrau für Marketingkommunikation	265	sci
273	Kolder	Heike	Druckerei/Werbeartikel	Spartenleiterin	Angestellte	BEK	Diplom-Wirtschaftsingenieurin	271	koh
256	Martin	Thomas	Druckerei/Werbeartikel	Sachbearbeiter Vertrieb und Auftragsannahme	Angestellter	DAK	Kaufmännischer Betriebsassistent für Druck und Papierverarbeitung	282	mat
168	Tobler	Swenja	Druckerei/Werbeartikel	Sachbearbeiterin Druckvorstufe	Angestellte	AOK	Bachelor of Arts Print-Media-Management	274	tos
136	Gruber	Cornelia	Druckerei/Werbeartikel	Druckerin (Offset)	Arbeiterin	BEK	Druckerin, Fachrichtung Flachdruck	289	grc
287	Finke	Bernhard	Druckerei/Werbeartikel	Drucker (Digital)	Arbeiter	AOK	Drucker, Fachrichtung Digitaldruck	268	fib
121	Scherrer	Hans	Druckerei/Werbeartikel	Hilfskraft	Arbeiter	TK	ohne Ausbildung	255	sch
151	Seydlitz	Franz	Allgemeine Verwaltung	Abteilungsleiter	Angestellter	AOK	Bürokaufmann/Technischer Betriebswirt (IHK)	248	sef
166	Ferrara	Luigi	Allgemeine Verwaltung	Sachbearbeiter Einkauf (technisch)	Angestellter	AOK	Kauffrau für Bürokommunikation, Werbefachwirt (IHK)	231	fel
277	Arslan	Ayshe	Allgemeine Verwaltung	Sachbearbeiterin Lager	Angestellte	AOK	Kauffrau im Einzelhandel	249	ara
125	Voigt	Kerstin	Allgemeine Verwaltung	Sachbearbeiterin Post/Versand	Angestellte	DAK	Bürokauffrau	237	vok
129	Wagner	Tanja	Allgemeine Verwaltung	Sachbearbeiterin Rechnungswesen	Angestellte	BEK	Steuerfachangestellte	242	wat
281	Deneke	Laura	Allgemeine Verwaltung	Personalsachbearbeiterin/Assistentin Allg. V.	Angestellte	AOK	Bürokauffrau	261	del
314	Reimers	Sascha	Allgemeine Verwaltung	Auszubildender	Auszubildender	KKH	in Ausbildung zum Kaufmann für Büromanagement (1. Ausb.-Jahr)	-	res
302	Öztürk	Tüley	Allgemeine Verwaltung	Auszubildende	Auszubildende	AOK	in Ausbildung zur Kauffrau für Büromanagement (3. Ausb.-Jahr)	-	oet
289	Weber	Aziza	Allgemeine Verwaltung	Auszubildende	Auszubildende	BEK	in Ausbildung zur Kauffrau für Marketingkommunikation (2. Ausb.-Jahr)	-	wea
298	Fischer	Sophie	Allgemeine Verwaltung	Auszubildende	Auszubildende	AOK	in Ausbildung zur Mediengestalterin Digital und Print (3. Ausb.-Jahr)	-	fis

6 Leistungen der BE Partners KG (Auszüge)[1]

6.1 Dienstleistungen

Konzept und Kreation:

Konzeption, Strategie, Analyse der Marktsituation	125,00 €/Std.
Recherche, Kontakt und interne Abwicklung; digitale Bildbearbeitung	89,00 €/Std.
Textentwurf, Textkonzept; Grafik Design, Corporate Design, Logoentwicklung	125,00 €/Std.

Druckvorbereitung und Realisation:

Digitale Reinzeichnung, Satz, Aufbau, Umbruch, Korrekturausdrucke, Druckparameterprüfung	69,00 €/Std.
Lektorat, Korrekturlesen, Manuskriptprüfung	56,00 €/Std.
Produktionsbetreuung, Druckabnahme, Qualitätsprüfung	89,00 €/Std.

PR:

PR-Texte, Textüberarbeitung, Redaktionsarbeit, Verlagsbetreuung	89,00 €/Std.
Organisation, Mitarbeit bei Pressekonferenzen, Tagungen und ähnlichen Veranstaltungen	56,00 €/Std.
Medienbeobachtung, -analyse und -auswertung	56,00 €/Std.

Internet, Web-Auftritt, Homepage:

Konzept, Strukturierung, Gliederung; Web-Design entwickeln	95,00 €/Std.
Entwicklung von Datenbanken, Aufbau und Pflege von Content-Management-Systemen	95,00 €/Std.
Programmierung in HTML, Java, Flash, PHP	89,00 €/Std.

Präsentationen:

Folien- und Filmpräsentationen in Keynote, PowerPoint	89,00 €/Std.
Gestaltung und Umsetzung von Unternehmensdarstellungen, Displays usw.	89,00 €/Std.

6.2 Druckereierzeugnisse

Offsetdruck:

Stadtzeitungen, Vereinszeitschriften, Broschüren u. Ä. in größerer Auflage

Digitaldruck:

kleinere Auflagen von Broschüren, Flyern, Plakaten, außerdem Folien zum Bekleben von z. B. Türen, Messeständen, Schaufenstern, Schildern, Werbetafeln und Fahrzeugen aller Art

Preisbeispiel Broschüre (z. B. Unternehmensleitbild, Broschüre zur Produktwerbung): technische Details: 16 Seiten, 100-g-Papier, Bilderdruck, glänzend, A5, Querformat						
Abnahmemenge in Stück	100	250	500	1 000	10 000	100 000
Preis in €	70,00	165,00	314,00	444,00	1.525,00	12.343,00
Drucktechnik	Digitaldruck			Offsetdruck		

6.3 Werbeartikel mit oder ohne individuellem Werbeaufdruck

Preisbeispiel Flaschenöffner Reflex (Art.-Nr. 3111)				
Abnahmemenge in Stück	200 – 499	500 – 999	1 000 – 2 499	ab 2 500
Preis/St. in €	0,75	0,70	0,65	0,60
Preis für 1-farbigen Druck in €/St.	0,18	0,16	0,15	0,14
Preis für 2-farbigen Druck in €/St.	0,30	0,28	0,27	0,26
Fixkosten für den Druck, unabhängig von der bedruckten Stückzahl: 43,00 € zusätzliche Fixkosten im Falle einer Lasergravur: 63,00 €				

Weitere Werbeartikel siehe nächste Seite.

[1] Alle Preisangaben sind Nettopreise zzgl. 19 % USt.

Werbeartikel (Auszug)

Art.-Nr.	Artikel-Bezeichnung	Artikel-Beschreibung	Einkaufspreis
1111	Georgia Kapuzensweater S	60 % Baumwolle, 40 % Polyester Strick, Doppelnähte, Kapuze, Raglanärmel, Kängurutasche	11,33 €
1112	Georgia Kapuzensweater M	60 % Baumwolle, 40 % Polyester Strick, Doppelnähte, Kapuze, Raglanärmel, Kängurutasche	11,33 €
1113	Georgia Kapuzensweater L	60 % Baumwolle, 40 % Polyester Strick, Doppelnähte, Kapuze, Raglanärmel, Kängurutasche	11,33 €
1114	Georgia Kapuzensweater XL	60 % Baumwolle, 40 % Polyester Strick, Doppelnähte, Kapuze, Raglanärmel, Kängurutasche	11,33 €
1121	Eca T-Shirt 150 S	100 % Ringspun-Baumwolle, Kragen mit 5 % Elasthan, Single Jersey Strick	2,99 €
1122	Eca T-Shirt 150 M	100 % Ringspun-Baumwolle, Kragen mit 5 % Elasthan, Single Jersey Strick	2,99 €
1123	Eca T-Shirt 150 L	100 % Ringspun-Baumwolle, Kragen mit 5 % Elasthan, Single Jersey Strick	2,99 €
1124	Eca T-Shirt 150 XL	100 % Ringspun-Baumwolle, Kragen mit 5 % Elasthan, Single Jersey Strick	2,99 €
2111	Kugelschreiber Spot schwarz	Druckkugelschreiber, Qualitätsmine X 20	0,22 €
2131	Textmarker pink ZigZag	Kunststoff Maße 90 × 45 × 45	1,01 €
3111	Flaschenöffner Reflex	Kunststoff/Metall mit vier Werbeflächen	0,50 €
3112	Thermobecher Winner	Edelstahl/Kunststoff, Doppelwandig 500 ml in Geschenkverpackung	5,98 €
3114	Kaffeetasse Mug Größe M	Kaffeebecher aus Porzellan, weiß, Höhe 10 cm, Durchmesser 8 cm	0,98 €
3116	Kochschürze grau	Baumwollschürze mit langen Hüftbändern zum Binden	3,15 €
4111	Kühlschrankmagnet Last	Runder Kunststoffmagnet Farbe Blau	0,22 €
4114	Reflexionsset Kids	Sicherheitshits für Kids, 1 Rucksackbeutel, 1 Kinderwarnweste nach EN 1150, 1 Reflektor-Hase und 1 Sticker-Set	7,33 €
5111	Öko-Kugelschreiber Ethno	hergestellt aus Holz aus FSC zertifizierter Forstwirtschaft Drehkugelschreiber 2-farbig	0,88 €
5112	Stofftragebeutel	Baumwoll Eco Shopper mit kurzen Henkeln	0,79 €
5115	Dokumentenmappe Micro	A4 Sammelmappe hergestellt aus Recyclingkarton	2,14 €
6111	Kartenspiel	32 Blatt plus Spielanleitung, verpackt in Cellophanfolie	0,79 €
6113	Wasserball Maui	PVC weiß/rot	0,33 €
6114	Sport-Trinkflasche Action	PVC gelb	1,02 €
6115	Sattelschutz First	ein aus wasserabweisendem PVC gefertigter Schutzüberzug für Fahrradsättel, Farbe Orange	0,70 €
7111	USB-Stick	Kapazität 1 GB, Schreibgeschwindigkeit: 2,5 MB/s - 8 MB/s, Lesegeschwindigkeit: 8 MB/s - 18 MB/s	4,01 €
7112	Mousepad Oxy400	super dünn, selbsthaftend und kratzfest, Größe: 24 × 9,5 cm	1,99 €
7114	Gam-Lite LED Taschenlampe	Drehschalter am Lampenkopf. Lieferung im Geschenketui inkl. 2 Mignon-Batterien	10,79 €
8111	Fruchtgummibären	Fruchtgummi Basic-Tüte aus weißer oder transparenter Folie, 8 Bärchen	0,07 €
8112	Fruchtgummiherzchen	Fruchtgummi-Herzen mit 10 % Fruchtanteil, mit natürlichen Aromen, in transparenten Werbetütchen	0,10 €
9111	Adventskalender	Classic Wand-Adventskalender in klassischer Vollkarton-Hülle, 24 Stück, Vollmilchschokolade	1,59 €
9112	Weihnachtskarten	innovative Falttechnik	0,90 €
9113	Plätzchen Ausstechset	6 weihnachtliche Edelstahlformen zum Ausstechen von Plätzchen	2,69 €

7 Kundenstammdaten der BE Partners KG (Auszug)

Kunden-Nr./ Debitoren-Nr.	Firma Postanschrift	Lieferanschrift Lieferart	Ansprechpartner/-in Kunde Durchwahl E-Mail-Adresse	Telefon Fax Homepage	Zahlungsbedingungen/ Zahlungsziel	Name der Bank Kontonummer Bankleitzahl	IBAN BIC	Ansprech- partner/-in BE Partners KG
10001 24011	Beska GmbH Tauentzienstraße 60 10789 Berlin	Tauentzienstraße 60 10789 Berlin Bahnfracht	Herr Konstantin Romanos 030 936-257 k.romanos@beska.de	030 936-0 030 936-14 www.beska.de	3 % Skonto innerhalb von 8 Tagen 45 Tage Ziel	Deutsche Bank Berlin 178 604 423 100 700 00	DE31 1007 0000 0178 6044 23 DEUTDEBBXXX	Tina Welkenbach
10002 24012	Drogerie AG Postfach 11 05 66 42305 Wuppertal	Else-Lasker-Schüler-Straße 11 42107 Wuppertal Bahnfracht	Frau Mary-Ann Coldfield 0202 1990-10 macoldfield@drogwupper.de	0202 1990-0 0202 1990-99 www.drogwupper.de	2 % Skonto innerhalb von 8 Tagen 30 Tage Ziel	SEB AG (Wuppertal) 3344555 330 101 11	DE54 3301 0111 0003 3445 55 ESSEDE5F330	Tina Welkenbach
10003 24013	DN Drogerien AG Postfach 10 04 76 68004 Mannheim	Rhenaniastraße 220 – 224 68219 Mannheim Bahnfracht	Frau Pinar Öztürk 0621 5565020-540 oetzuerk@dndrogerien.de	0621 5565020-0 0621 5565020-40 www.dndrogerien.de	2 % Skonto innerhalb von 10 Tagen 30 Tage Ziel	Commerzbank Mannheim 27 010 105 670 400 31	DE61 6704 0031 0027 0101 05 COBADEFF670	Tina Welkenbach
10004 24031	Buchenstork Schuhe GmbH Postfach 11 66 53701 Siegburg	Am Wassergraben 2 53721 Siegburg Spedition	Frau Annette Münz 02241 564-132 a.muenz@buchenstork.de	02241 564-0 02241 564-534 www.buchenstork.de	3 % Skonto innerhalb von 8 Tagen 30 Tage Ziel	Commerzbank Köln 240 006 692 370 400 44	DE26 3704 0044 0240 0066 92 COBADEFF370	Tina Welkenbach
10005 24015	Goldregen Einkaufszentrum GmbH Postfach 15 67 53733 Sankt Augustin	Südstraße 80 53757 Sankt Augustin Kurierdienst/Spedition	Herr Manuel Krestner 02241 565685-480 mkrestner@ekz-goldregen.eu	02241 565685-0 02241 565685-10 www.ekz-goldregen.eu	2 % Skonto innerhalb von 8 Tagen 30 Tage Ziel	Hypo Vereinsbank Bonn 333 222 515 380 200 90	DE71 3802 0090 0333 2225 15 HYVEDEMM402	Tina Welkenbach
10007 24017	Moritz Klar Holzhandlung und Bau- märkte GmbH & Co KG Postfach 11 04 82 28084 Bremen	Langemarckstraße 340 28199 Bremen Bahnfracht	Frau Ludmilla Sennwald 0421 10020085-913 lsennwald@klarholz.de	0421 10020085-0 0421 10020085-96 www.klarholz.de	2 % Skonto innerhalb von 10 Tagen 30 Tage Ziel	Volksbank Bremen-Nord eG 123 456 789 291 903 30	DE79 2919 0330 0123 4567 89 GENODEF1HB2	Uwe Dittmer
10009 24019	Autohaus Wünsche KG Postfach 10 27 68 50467 Köln	Fröbelstraße 90 50823 Köln Spedition	Frau Helga Sohnemann 0221 30070088-582 h.sohnemann@autowuensche.de	0221 30070088-0 0221 30070088-40 www.autowuensche.de	3 % Skonto innerhalb von 8 Tagen 45 Tage Ziel	Sparkasse KölnBonn 10 022 033 370 501 98	DE45 3705 0198 0010 0220 33 COLSDE33XXX	Uwe Dittmer
20011 24021	Bäckerei Özcal Breite Straße 22 53111 Bonn	Breite Straße 22 53111 Bonn Kurierdienst/Spedition	Herr Burak Özcal 0228 969199-31 burak.oezcal@baeckerei-oezcal.de	0228 969199-0 0228 969199-10 www.baeckerei-oezcal.de	3 % Barzahlungsskonto bei Abholung 45 Tage Ziel	Postbank Köln 240 852 122 370 100 50	DE79 3701 0050 0240 8521 22 PBNKDEFF370	Uwe Dittmer
20013 24023	Fly Bike Werke GmbH Rostocker Str. 334 26121 Oldenburg	Rostocker Str. 334 26121 Oldenburg Bahnfracht	Frau Sylvia Dogan 0441 885-18 dogan@flybike-werke.de	0441 885-0 0441 885-9211 www.flybike-werke.de	2 % Skonto bei Zahlung innerhalb von 8 Tagen 30 Tage Ziel	Landessparkasse Oldenburg 112 326 444 280 501 00	DE86 2805 0100 0112 3264 44 BRLADE21LZO	Uwe Dittmer
20017 24027	Europarad N. V. Zandvoortstraat 16 2800 MECHELEN BELGIEN	Zandvoortstraat 16 B-2800 MECHELEN BELGIEN Spedition	Herr Willem van der Kracht 0032 15 2094-85 vdkracht@europarad.be	0032 15 2094-0 0032 15 2094-11 www.europarad.be	2 % Skonto innerhalb von 10 Tagen 30 Tage Ziel	O.B.K. Bank (Überweisung)	BE98 1228 7569 3600 BKCPBEB10BK	Jens Wagner
30001 24031	Jansen Import B. V. Groot Bollerweg 10 5928 NS VENLO NIEDERLANDE	Groot Bollerweg 10 NL-5928 NS VENLO NIEDERLANDE Spedition	Herr Peer van Erb 0031 77 382264-241 verb@jansen-import.de	0031 77 382264-0 0031 77 382264-87 www.jansen-import.nl	3 % Skonto innerhalb von 10 Tagen 45 Tage Ziel	ABN Amro Bank (Überweisung)	NL16 ABNA 0441 1619 95 ABNANL2A	Jens Wagner
30006 24036	Live in Bonn Hermann-Hesse-Ring 242 53111 Bonn	Hermann-Hesse-Ring 242 53111 Bonn Kurierdienst/Spedition	Rabea Körner 0228 437748-20 rkoerner@live-in-bonn.de	0228 437748-0 0228 437748-11 www.live-in-bonn.de	2 % Skonto innerhalb von 8 Tagen 30 Tage Ziel	Deutsche Bank Köln 178 604 445 370 700 24	DE87 3707 0024 0178 6044 45 DEUTDEDBKOE	Tina Welkenbach
30007 24037	Hard- und Software Handel- und Beratungshaus GmbH Antoniusberg 134 52076 Aachen	Antoniusberg 134 52076 Aachen Spedition	Frau Samuela Goldstein 0421 57739-507 sgoldstein@hs-beratung.com	0421 5773-0 0421 5773-90 www.hs-beratung.com	2 % Skonto innerhalb von 8 Tagen 30 Tage Ziel	Aachener Bank eG 58 473 654 390 601 80	DE02 3906 0180 0058 4736 54 GENODED1AAC	Uwe Dittmer
30009 24039	Der Tagespegel Verlag GmbH Postfach 71 96 53071 Bonn	Lupusstraße 85 53175 Bonn Spedition	Herr Hendrik Reininger 0228 837514-551 h.reininger@tagespegel.de	0228 837514-0 0228 837514-95 www.tagespegel.de	2 % Skonto innerhalb von 10 Tagen 30 Tage Ziel	Sparkasse KölnBonn 123 321 884 370 501 98	DE52 3705 0198 0123 3218 84 COLSDE33XXX	Tina Welkenbach

8 Lieferantenliste/Kreditorenliste (Auszug)

Lieferanten-Nr. Kreditoren-Nr.	Firma Postanschrift	Lieferanschrift Lieferart	Telefon Fax Homepage	Ansprechpartner/-in Lieferant Durchwahl E-Mail-Adresse	Name der Bank Kontonummer Bankleitzahl	IBAN BIC	Ansprechpartner/-in BE Partners KG
70001 45021	Marktforschung Informarna GmbH Postfach 16 00 15 01287 Dresden	Grunaer Weg 58 – 60 01277 Dresden Spedition	0351 5773911-0 0351 5773911-10 www.informarna.de	Frau Rachel Weinreb 0351 5773911-450 r.weinreb@informarna.de	Commerzbank Dresden 88991142 850 400 00	DE20 8504 0000 0088 9911 42 COBADEFF850	Matthias Schneider
70002 45022	Alantara Filmproduktion AG Postfach 16 51 48005 Münster	Hansaring 108 48155 Münster Kurierdienst/Spedition	0251 3483-1 0251 3483-5 www.alantara-film.de	Herr Heribert Tenhumberg 0251 3483-1 h.tenhumberg@alantara-film.de	Volksbank Münster 445566 401 600 50	DE52 4016 0050 0000 4455 66 GENODEM1MSC	Irene Schmitt
70004 45024	articolo pubblicitario Roma SRL Via San Pietro 22 – 26 10121 ROM ITALIEN	Via San Pietro 22 – 26 10121 ROM ITALIEN Bahnfracht	0039 6 1146791-0 0039 6 1146791-99 www.aproma.it	Herr Enzo Maletti 0039 6 1146791-77 g.maletti@aproma.it	Banca di Roma	IT69L0603005124 BROMITR1708	Luigi Ferrara
70007 45027	Traumbild Model Köln GmbH Wahlerstraße 200 40472 Düsseldorf	Wahlerstraße 200 40472 Düsseldorf Kurierdienst	0211 57053011-0 0211 57053011-10 www.traumbild-model.de	Frau Femke Simons 0211 57053011-15 femke.simons@traumbild-model.de	Targobank Düsseldorf 132350340 300 209 00	DE50 3002 0900 0132 3503 40 CMCIDEDD	Irene Schmitt
72004 45044	Der Tagespegel Verlag GmbH Postfach 71 96 53071 Bonn	Lupusstraße 85 53175 Bonn Kurierdienst/Spedition	0228 837514-0 0228 837514-90 www.tagespegel.de	Frau Ira Peppino 0228 837514-320 i.peppino@tagespegel.de	Sparkasse KölnBonn 123321884 370 50198	DE52 3705 0198 0123 3218 84 COLSDE33XXX	Anna Foss
72007 45047	Teleradio 99 GmbH Gaedestraße 92 50968 Köln	Gaedestraße 92 50968 Köln Kurierdienst	0221 9060372-0 0221 9060372-5 www.teleradio99.de	Herr Simon Blackner 0221 9060372-1020 simon.blackner@teleradio99.de	Hypovereinsbank Köln 13181399 370 200 90	DE58 3702 0090 0013 1813 99 HYVEDEMM429	Anna Foss
72008 45048	Film- und Fotohandel Riekner e. K. In den Dauen 87 53117 Bonn	In den Dauen 87 53117 Bonn Spedition	0228 9386183-0 0228 9386183-20 www.fotohandel-bonn.de	Frau Svanhild Larsson 0228 9386183-240 slarsson@fotohandel-bonn.de	SEB Bank AG Filiale Bonn 178604523 380 101 11	DE81 3801 0111 0178 6045 23 ESSEDE5F380	Irene Schmitt
73002 45052	Giveaways Kramer KG Landsberger Str. 67 12623 Berlin	Landsberger Str. 67 12623 Berlin Kurierdienst/Spedition	030 5628-333 030 5628-321 www.giveawayskramer.de	Herr Steffen Krapich 030 5628-344 krapich@giveawayskramer.de	Weberbank 160923309 101 201 00	DE81 1012 0100 0160 9233 09 WELADED1WBB	Luigi Ferrara
73004 45054	Werbeartikel Schnürer GmbH Postfach 10 05 78 41705 Viersen	Schwalmstraße 43 41748 Viersen Spedition	02162 367594-0 02162 367594-13 www.werbeartikel-viersen.de	Herr Marcus Hoffmann 0180 367594-203 marcus.hoffmann@werbeartikel-viersen.de	Volksbank Viersen 6543795 314 602 90	DE67 3146 0290 0006 5437 95 GENODED1VSN	Luigi Ferrara / Thomas Martin
73005 45055	Eulenberger & Samtmann Textilgroßhandel GmbH & Co KG Postfach 20 14 67 56014 Koblenz	Carl-Mand-Straße 100 – 102 56070 Koblenz Spedition	0261 100200-10 0261 100200-20 www.eulenberger-textil.de	Herr Waldemar Fogelmann 0261 100200-36 w.fogelmann@eulenberger-textil.de	Deutsche Bank Koblenz 87009898 570 700 45	DE67 5707 0045 0087 0098 98 DEUTDE5M570	Luigi Ferrara
73007 45057	Bürobedarf Knärtler & Hoppe KG Mülheimer Straße 108 53604 Bad Honnef	Mülheimer Straße 108 53604 Bad Honnef Spedition	02224 300700-10 02224 300700-40 www.buerokh.de	Herr Mikkel Lindström 02224 300700-26 m.lindstroem@buerokh.de	Stadtsparkasse Bad Honnef 10922033 380 512 90	DE74 3805 1290 0010 9220 33 WELADED1HON	Luigi Ferrara
74002 45062	Bromberger Druckmaschinen GmbH Am Hang 20 – 24 2833 BROMBERG ÖSTERREICH	Am Hang 20 – 24 2833 BROMBERG ÖSTERREICH Bahnfracht	0043 2629 47-73 0043 2629 47-75 www.bromberger-druck.at	Frau Elisabeth Harrer 0043 2629 47-50 eharrer@bromberger-druck.at	Raiffeisenbank Pittental	AT77 3264 7000 0075 6815 RLNWATW1647	Luigi Ferrara
74004 45064	Bergisches Papierkontor GmbH Elberfelder Straße 85 42285 Wuppertal	Elberfelder Straße 85 42285 Wuppertal Spedition	0202 1236-0 0202 1236-1 www.bpkontor.de	Frau Anna Voss 0202 1236-25 voss@bpkontor.de	Postbank Essen 180043303 360 100 43	DE29 3601 0043 0180 0643 03 PBNKDEFF360	Luigi Ferrara
74007 45067	apv Augsburger Papierveredelungsgesellschaft mbH Postfach 11 07 82 86032 Augsburg	Gumpelzhaimerstr. 3 – 5 86154 Augsburg Bahnfracht	0821 5466-0 0821 5466-22 www.apvpapier.de	Frau Mirjana Obermann 0821 5466-10 obermann@apvpapier.de	Bayerische Vereinsbank 13195687 720 200 70	DE28 7202 0070 0013 1956 87 HYVEDEMM408	Luigi Ferrara
75009 45079	Cellulosa Paper AB Sten Sturegatan 23 41 242 GÖTEBORG SCHWEDEN	Sten Sturegatan 23 41 242 GÖTEBORG SCHWEDEN Bahnfracht	0046 31 6349-09 0046 31 7734660 www.cellulosa-papper.se	Herr Sten Halström 0046 31 6349-25 s.halstroem@cellulosa-papper.se	Gotabank AB	SE71 3300 0000 0000 0453 7483 GOTASEGG	Luigi Ferrara

Lernsituation 82

Mahnverfahren einleiten

„Merkwürdig", sagt Herr Seydlitz, „ich habe schon bei der Annahme der Bestellung dieses neuen Kunden so ein Gefühl gehabt, als ob wir mit ihm Ärger bekommen könnten."

Vor ihm auf dem Tisch liegt die folgende Rechnung:

be

BE Partners KG, Postfach 10 01 04, 53100 Bonn

Bitte bei Zahlung immer angeben:

Ihre Kundennummer: **30052**
Rechnungsnummer: **3982/20XX**

Okapu KG
Neusser Str. 817
50733 Köln

Name: Tanja Wagner
Telefon: +49 228 1236-242
Telefax: +49 228 1236-166
E-Mail: t.wagner@bepartners.de

Datum: 14.09.20XX

Rechnung zum Auftrag Nummer 12714A vom 10.09.20XX
Leistungsmonat: September

Pos.	Art.-Nr.	Bezeichnung	Menge	Einzelpreis €	Betrag €
1	681	Broschüren	1 000	0,44	440,00

Summe Positionen	440,00
Lieferkosten	0,00
Rechnungsbetrag (exkl. USt)	440,00
Umsatzsteuer 19 %	83,60
Rechnungsbetrag (inkl. USt)	**523,60**

Rechnung zahlbar innerhalb von 14 Tagen netto ohne Abzug.

Es gelten unsere Allgemeinen Geschäftsbedingungen.

BE Partners KG	Schlesienstraße 490 – 492	Sparkasse KölnBonn		Volksbank Bonn Rhein-Sieg eG		Amtsgericht	Bonn
	53119 Bonn	BLZ 370 501 98		BLZ 380 601 86		Handelsregister	A 96617/124
Geschäftsführender		Konto 900 521 866		Konto 920 613 740			
Gesellschafter	info@bepartners.de	BIC COLSDE33XXX		BIC GENODED1BRS			
Rolf Bastian	www.bepartners.de	IBAN DE90 3705 0198 0900 5218 66		IBAN DE10 3806 0186 0920 6137 40		Umsatzsteuer-ID DE1457777987	

„Jetzt ist der Kunde schon zwei Wochen in Zahlungsverzug", fährt Herr Seydlitz fort. „Frau Öztürk, schreiben Sie dem Kunden doch bitte eine Zahlungserinnerung. Vielleicht hat er ja auch nur vergessen, rechtzeitig zu zahlen."

1 Informieren Sie sich in Ihrem Ausbildungsbetrieb darüber, wie Zahlungserinnerungen generell formuliert werden. Unterscheiden Sie dabei zwischen der ersten Zahlungserinnerung und weiteren Zahlungserinnerungen.

2 Schreiben Sie eine erste Zahlungserinnerung für diesen Vorgang an den Kunden Okapu KG.

Folgesituation

Der Kunde hat nicht innerhalb der Zahlungsfrist bezahlt.

Der Kunde hat auf die erste Zahlungserinnerung nicht reagiert. Tüley Öztürk bekommt den Auftrag, eine weitere Zahlungserinnerung zu formulieren. „Treten Sie dem Kunden ordentlich auf die Füße", hat Herr Seydlitz sie aufgefordert, „sich gar nicht zu melden, ist doch eine Unverschämtheit. Leider hat sich die Zahlungsmoral in letzter Zeit nicht verbessert. Deshalb merken Sie sich schon mal, Frau Öztürk, Sie müssen immer dran bleiben, sonst ist die Forderung plötzlich verjährt."

Tüley Öztürk legt daraufhin folgenden Brief vor:

BE Partners KG, Postfach 10 01 04, 53100 Bonn

Okapu KG
Neusser Str. 817
50733 Köln

Bitte bei Zahlung immer angeben:

Ihre Kundennummer: 30052
Rechnungsnummer: 3982/20XX

Name: Franz Seydlitz
Telefon: +49 228 1236-248
Telefax: +49 228 1236-166
E-Mail: f.seydlitz@bepartners.de

Datum: 03.11.20XX

Zahlungserinnerung
Unsere Rechnung Nummer 3982/20XX vom 14.09.20XX

Sehr geehrte Damen und Herren,

es kann schon mal vorkommen, dass man etwas übersieht oder vergisst. So ist es Ihnen wahrscheinlich mit unserer Rechnung vom 14.09.20XX gegangen. Wir hatten Sie deshalb mit unserem Schreiben vom 17.10.20XX gebeten, die Rechnung zu begleichen. Leider haben Sie darauf nicht reagiert und wir können bis zum heutigen Tag keinen Zahlungseingang verbuchen.

Wir verlängern Ihre Zahlungsfrist hiermit nochmals und bitten Sie, den Rechnungsbetrag nunmehr bis zum 17.11. auf eines der unten stehenden Konten zu überweisen.

Mit freundlichem Gruß

i. A. Franz Seydlitz

Franz Seydlitz

3 Beurteilen Sie den Brief auf seine Eignung als zweites Mahnschreiben.

4 Formulieren Sie ein zweites Mahnschreiben nach Ihren Vorstellungen.

Folgesituation

Ablauf des Mahnverfahrens

Der Kunde hat die ihm im zweiten Mahnschreiben gesetzte Zahlungsfrist verstreichen lassen, ohne zu zahlen. Dadurch werden jetzt weitere Schritte erforderlich, um den Kunden dazu zu bringen, die Rechnung zu begleichen.

Tüley Öztürk beherzigt die Worte von Herrn Seydlitz und „bleibt an der Sache dran". Sie hat den Vorgang zunächst nochmals systematisiert und sich eine Übersicht erstellt:

Eingang des Auftrags	10.09.20XX
Lieferung der Ware/Rechnungsstellung	14.09.20XX
Fälligkeit der Rechnung	28.09.20XX
1. Mahnschreiben (Erinnerung)	17.10.20XX
2. Mahnschreiben	03.11.20XX
neue Fristsetzung	17.11.20XX

Frau Wagner erklärt ihr, wie die BE Partners KG üblicherweise vorgeht: „Für die uns entstehenden Kosten rechnen wir pro Mahnschreiben pauschal 20,00 €. Außerdem müssen wir bedenken, dass uns durch die ausbleibende Zahlung auch Zinsaufwendungen entstehen. Die anfallenden Kosten und die Zinsaufwendungen müssen wir dem Kunden in Rechnung stellen.

Wenn Sie also jetzt weiter tätig werden, erhöht sich unsere Forderung um diese beiden Posten. Das müssen Sie bedenken."

5 Informieren Sie sich, welche Möglichkeiten die BE Partners KG hat, um den Kunden zur Zahlung zu veranlassen.

6 Beschreiben Sie den Ablauf des gerichtlichen Mahnverfahrens und erläutern Sie die Schritte, die die BE Partners KG im obigen Fall unternehmen muss.

7 Ermitteln Sie den Betrag, den die Okapu KG inklusive Zinsen und Gebühren schuldet, wenn der Mahnbescheid am 25.11.20XX ausgestellt wird. Gehen Sie bei der Berechnung der Kosten für den Antrag auf Erlass des Mahnbescheids davon aus, dass die BE Partners KG einen Rechtsanwalt beauftragt und dass die folgende Gebührentabelle Gültigkeit hat. Bei der Berechnung der Zinsen gehen Sie von einem Zinssatz von 8 % aus. Gemäß § 288 Abs. 2 BGB liegt der exakte Zinssatz 9 % über dem Basiszinssatz der wiederum seit dem Jahr 2013 negativ ist und seit 01.07.2014 −0,73 % beträgt. Um die Berechnung einfacher zu gestalten, setzen Sie jedoch bitte einen Zinssatz von 8 % an.

Höhe der Forderung bis	Gebühren für den Erlass eines Mahnbescheides in €		
	Gerichtskosten 5/10 Gebühr mindestens 32,00 €	Anwaltsgebühr	Anwaltliche Auslagenpauschale
500,00 €	32,00 €	45,00 €	9,00 €
1000,00 €	32,00 €	80,00 €	16,00 €
1.500,00 €	35,50 €	115,00 €	20,00 €
2.000,00 €	44,50 €	150,00 €	20,00 €
3.000,00 €	54,00 €	201,00 €	20,00 €

8 Füllen Sie den gerichtlichen Mahnbescheid aus.

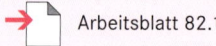 Arbeitsblatt 82.1

9 Erklären Sie, welche Auswirkung dieser gerichtliche Mahnbescheid auf die Verjährungsfrist für diese Forderung hat.

10 Erläutern Sie, welche Frist zur Zahlung bzw. für einen Widerspruch dem Schuldner durch einen Mahnbescheid gesetzt wird.

11 Stellen Sie Ihr weiteres Vorgehen dar, wenn der Kunde innerhalb der vorgesehenen Frist nach Zugang des Mahnbescheids nicht zahlt.

Antrag auf Erlass eines Mahnbescheids

– Nicht verwendbar für Rechtsanwälte und registrierte Inkassodienstleister –

Raum für Vermerke des Gerichts

Zeilen-Nummer		
	Datum des Antrags	**C**
1		

Bitte beachten Sie die Ausfüllhinweise!

Antragsteller

Bei mehreren Antragstellern: Es wird versichert, dass der in Spalte 1 Bezeichnete bevollmächtigt ist, die weiteren zu vertreten.

Spalte 1

1 = Herr
2 = Frau

Vorname

Spalte 2 **Weiterer Antragsteller**

1 = Herr
2 = Frau

Vorname

Nachname

Nachname

Straße, Hausnummer – **bitte kein Postfach!** –

Straße, Hausnummer – **bitte kein Postfach!** –

Postleitzahl   Ort   Ausl. Kz.

Postleitzahl   Ort   Ausl. Kz.

Spalte 3 **Nur Firma, juristische Person u. dgl. als Antragsteller**

Rechtsform, z. B. GmbH, AG, OHG, KG

3 = **nur** Einzelfirma   4 = **nur** GmbH u. Co KG   **sonst** Rechtsform:

Vollständige Bezeichnung

Fortsetzung von Zeile 9

Straße, Hausnummer – **bitte kein Postfach!** –

Postleitzahl   Ort   Ausl. Kz.

Gesetzlicher Vertreter

◄ Nr. der Spalte, in der der Vertretene bezeichnet ist

Stellung (z. B. Geschäftsführer, Vater, Mutter, Vormund)

Gesetzlicher Vertreter (auch weiterer)

◄ Nr. der Spalte, in der der Vertretene bezeichnet ist

Stellung

Vor- und Nachname

Vor- und Nachname

Straße, Hausnummer – **bitte kein Postfach!** –

Straße, Hausnummer – **bitte kein Postfach!** –

Postleitzahl   Ort   Ausl. Kz.

Postleitzahl   Ort   Ausl. Kz.

Antragsgegner

Falls der Antragsgegner unter das Zusatzabkommen zum NATO-Truppenstatut fällt, bitte Ausfüllhinweise beachten.

◄ **Antragsgegner sind Gesamtschuldner**

Spalte 1

1 = Herr
2 = Frau

Vorname

Spalte 2 **Weiterer Antragsgegner**

1 = Herr
2 = Frau

Vorname

Nachname

Nachname

Straße, Hausnummer – **bitte kein Postfach!** –

Straße, Hausnummer – **bitte kein Postfach!** –

Postleitzahl   Ort   Ausl. Kz.

Postleitzahl   Ort   Ausl. Kz.

Spalte 3 **Nur Firma, juristische Person u. dgl. als Antragsgegner**

Rechtsform, z. B. GmbH, AG, OHG, KG

3 = **nur** Einzelfirma   4 = **nur** GmbH u. Co KG   **sonst** Rechtsform:

Vollständige Bezeichnung

Fortsetzung von Zeile 24

Straße, Hausnummer – **bitte kein Postfach!** –

Postleitzahl   Ort   Ausl. Kz.

Gesetzlicher Vertreter

◄ Nr. der Spalte, in der der Vertretene bezeichnet ist

Stellung (z. B. Geschäftsführer, Vater, Mutter, Vormund)

Gesetzlicher Vertreter (auch weiterer)

◄ Nr. der Spalte, in der der Vertretene bezeichnet ist

Stellung

Vor- und Nachname

Vor- und Nachname

Straße, Hausnummer – **bitte kein Postfach!** –

Straße, Hausnummer – **bitte kein Postfach!** –

Postleitzahl   Ort   Ausl. Kz.

Postleitzahl   Ort   Ausl. Kz.

4 002871 070560

⬭ Verlags-Nr. 705 NE **Antrag auf Mahnbescheid** Fassung 01. 06. 2010   (03.2011) 28

Bitte die nächste Vordruckseite beachten!

Zeilennummern: 1–31

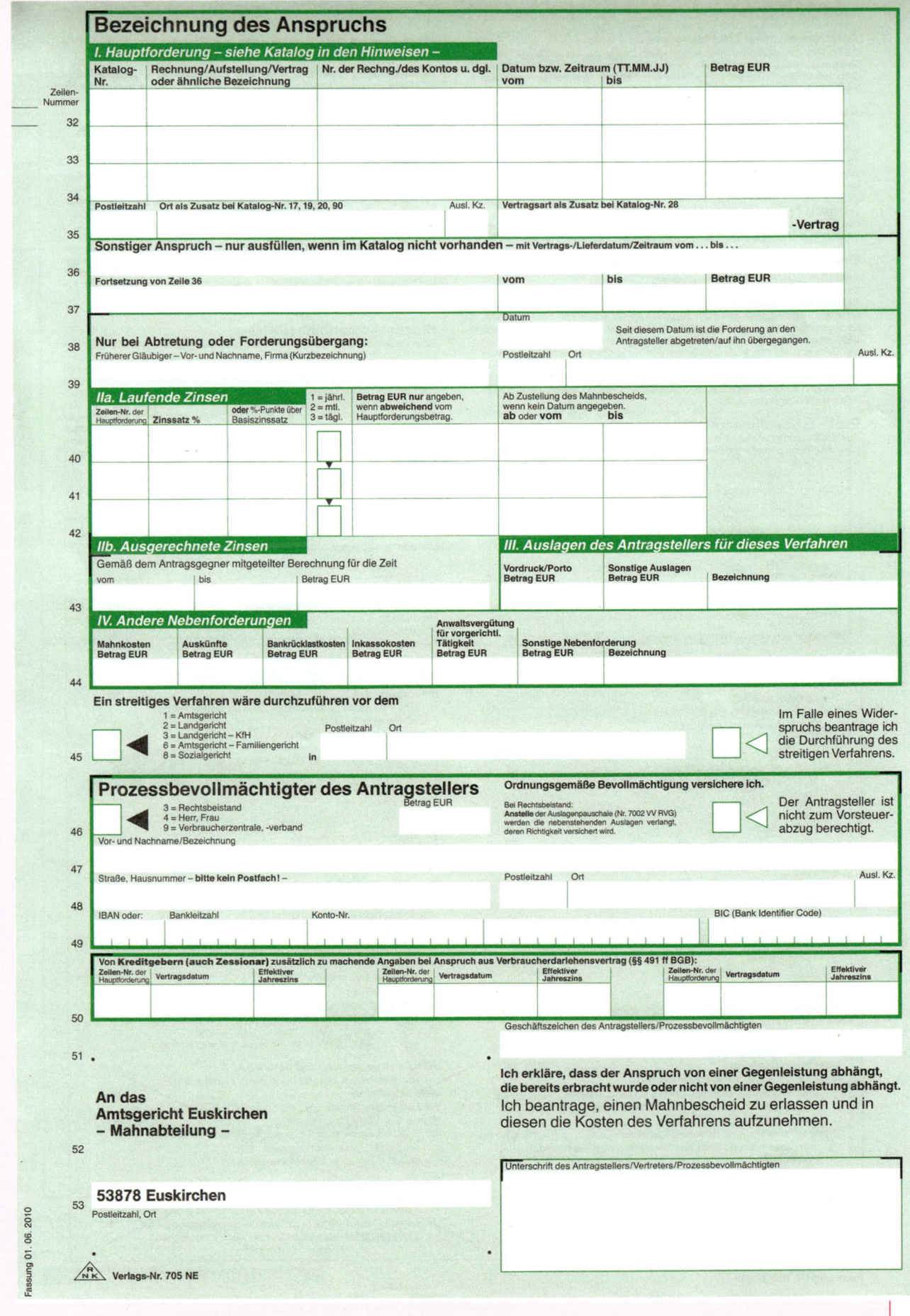

Aufgaben

1 Erläutern Sie, welche Maßnahmen Unternehmen vor Geschäftsabschluss ergreifen können, um die Zahlungsfähigkeit (Bonität) eines Kunden zu untersuchen. Zeigen Sie dabei die Besonderheiten für Online-Verkäufe auf.

2 Klären Sie mithilfe von § 286 BGB, wann ein Schuldner in Verzug gerät.

3 Erläutern Sie die Vorschriften von § 286 Abs. 2, Nr. 1. und 3. BGB, indem Sie für jeden dieser Punkte ein konkretes Beispiel formulieren.

4 Einem gewerblichen Kunden des Online-Portals „Fast-Faster-Neumann" wurden am 12.06.20XX zwei Paar bestellte Sportschuhe per Paketdienst zugestellt. Der Kunde hat den Empfang der Ware quittiert. Die Ware wurde bis Ende des Monats nicht zurückgesandt. Klären Sie mithilfe von § 286 BGB, ob der Kunde sich rechtlich im Zahlungsverzug befindet und welche Schritte der Verkäufer nun unternehmen kann.

5 Einem Privatkunden eines Internet-Anbieters wurde am 13.09.20XX die bestellte Ware geliefert. Die Ware wurde abgenommen und bis Ende September nicht zurückgesandt. Die Rechnung enthält keinerlei Hinweise auf die Zahlungsfrist. Allerdings geht der Verkäufer davon aus, dass die Rechnung innerhalb von 14 Tagen beglichen wird. Der Kunde hat bis zum 05.10.20XX noch nicht bezahlt. Klären Sie die rechtliche Situation.

Lernsituation 83

Finanzierungsregeln überprüfen und beurteilen

Die Albert Peters KG aus Wertheim ist ein Unternehmen, das in kleinen Auflagen Pappbecher für Heißgetränke herstellt. Der Hit ist zurzeit der Becher „don't worry" für die allseits beliebten „Coffee-to-go-Produkte" der Gastronomie. Die Absatzzahlen konnten im letzten Jahr erheblich gesteigert werden.

Herr Peters, der Komplementär der Albert Peters KG, möchte einen neuen Geschäfts-Pkw anschaffen. Der Kauf dieses Fahrzeugs soll über einen Bankkredit fremdfinanziert werden. Aus diesem Grunde hat sich die Albert Peters KG an ihre Hausbank, die Commerzbank Wertheim, gewendet und nachgefragt, ob die Bank den Kauf des Fahrzeugs finanzieren wird. Der für diese Investition benötigte Betrag liegt bei 28.000,00 €.

Die Bank prüft den Kreditantrag. Die Albert Peters KG ist ein langjähriger und sehr zuverlässiger Kunde und hat bereits eine ganze Reihe von Finanzierungen über dieses Institut abgewickelt. Ihren Zahlungsverpflichtungen ist die Albert Peters KG bisher immer pünktlich nachgekommen.

Unabhängig von einer laufenden Geschäftsverbindung hat die Bank eine fest vorgegebene Vorgehensweise im Vorfeld einer möglichen Kreditvergabe.

Zunächst wird der Kunde aufgefordert, seine letzte Bilanz vorzulegen, um erste Prüfungen vorzunehmen. Die aktuelle Bilanz der Albert Peters KG weist die folgenden Werte über das Unternehmen aus:

Aktiva	Bilanz der Albert Peters KG 20X1 (in €)		Passiva
Anlagevermögen		**Eigenkapital**	640.000,00
Grundstücke/Gebäude	650.000,00	**Fremdkapital**	
Technische Ausstattung und Maschinen/Fuhrpark	357.000,00	Bankdarlehen	988.000,00
Betriebs- und Geschäftsausstattung	230.000,00	Verbindlichkeiten aus Lieferungen und Leistungen	260.000,00
Umlaufvermögen			
Roh-, Hilfs- und Betriebsstoffe	136.000,00		
Handelsware	202.000,00		
Forderungen aus Lieferungen und Leistungen	230.000,00		
Bankguthaben	69.000,00		
Kassenbestand	14.000,00		
	1.888.000,00		**1.888.000,00**

Anmerkung zur Bilanz:

Die Verbindlichkeiten aus Lieferungen und Leistungen sind in voller Höhe kurzfristige Verbindlichkeiten. 138.000,00 € Bankdarlehen sind ebenfalls als kurzfristig anzusehen.

Die Commerzbank Wertheim vergibt Kredite nur nach einer betriebsinternen Bonitätsprüfung.[1] Von der Geschäftsleitung wurden Mindestanforderungen definiert, die die Bilanz des Kreditnehmers erfüllen muss. Danach werden Kredite nur dann genehmigt, wenn unter anderem die folgenden Kriterien erfüllt sind:

Mindestanforderungen an Bilanzkennzahlen	
Liquidität I	15 %
Liquidität II	110 %
Liquidität III	170 %
Eigenkapitalquote	33,3 %

1 Notieren Sie die Formeln für die Ermittlung der Bilanzkennzahlen und berechnen Sie diese.

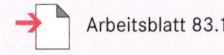 Arbeitsblatt 83.1

2 Beurteilen Sie die Lage der Peters KG aus Sicht der Bank.

3 Entscheiden Sie, ob die Commerzbank auf Grundlage dieser Minimalinformationen der Kreditvergabe an die Peters KG zustimmen sollte.

Arbeitsblatt 83.1 Liquiditätsgrad I – III und Eigenkapitalquote

Formeln für die Bilanzkennzahlen allgemein
Liquidität I
Liquidität II
Liquidität III
Eigenkapitalquote
Fremdkapitalquote

Bilanzkennzahlen der Peters KG
Liquidität I
Liquidität II
Liquidität III
Eigenkapitalquote
Fremdkapitalquote

Aufgaben

1 Die Zederkoff KG legt zum 31.12.20X1 folgende vereinfachte Bilanz vor.
Ermitteln Sie die Liquidität I., II. und III. Grades, den Verschuldungsgrad und die
Eigenkapitalquote.

Aktiva	Bilanz der Zederkoff KG zum 31.12.20X1 (in €)		Passiva
A. Anlagevermögen	13.200.000,00 €	**A. Eigenkapital**	
B. Umlaufvermögen		1. Kapitalanteile persönlich haftender Gesellschafter	7.500.000,00 €
1. Vorräte	1.100.000,00 €	2. Kapitalanteile Kommanditisten	2.050.000,00 €
2. Forderungen	1.400.000,00 €	**B. Fremdkapital**	
3. liquide Mittel	350.000,00 €	Langfristige Darlehen	4.100.000,00 €
		Kurzfristige Darlehen	800.000,00 €
		Verbindlichkeiten aus Lieferung und Leistungen	1.600.000,00 €
Summe	16.050.000,00 €		16.050.000,00 €

2 Die folgende Bilanz der Posse KG ist zu bewerten (Beträge in €).

Aktiva	20X1	20X2	Passiva	20X1	20X2
A. Anlagevermögen			**A. Eigenkapital**		
Grundstücke und Gebäude	2.420.000,00	2.400.000,00	1. Kapitalanteile persönlich haftender Gesellschafter	9.190.000,00	8.500.000,00
Technische Anlagen und Maschinen	4.865.000,00	5.610.000,00	2. Kapitalanteile Kommanditisten	3.795.000,00	3.795.000,00
Fuhrpark	980.000,00	820.000,00	Bilanzgewinn	1.600.000,00	1.720.000,00
BGA	280.000,00	260.000,00			
Finanzanlagen	210.000,00	240.000,00			
B. Umlaufvermögen			**B. Fremdkapital**		
Rohstoffe	6.480.000,00	7.290.000,00	Langfristige Verbindlichkeiten bei Kreditinstituten	6.900.000,00	7.580.000,00
Unfertige Erzeugnisse	5.890.000,00	3.430.000,00	Mittel- u. kurzfristige Verbindlichkeiten bei Kreditinstituten	4.355.000,00	5.215.000,00
Fertigerzeugnisse	1.880.000,00	1.620.000,00	Verbindlichkeiten aus Lieferung und Leistungen	2.980.000,00	2.930.000,00
Forderungen	5.630.000,00	7.810.000,00			
Kasse	5.000,00	3.000,00			
Flüssige Mittel	180.000,00	257.000,00			
Summe	**28.820.000,00**	**29.740.000,00**		**28.820.000,00**	**29.740.000,00**

Berechnen Sie die folgenden Kennzahlen für die Jahre 20X1 und 20X2:

– Verschuldungsgrad,
– Eigenkapitalquote und
– Liquidität I. bis III. Grades.

Berücksichtigen Sie, dass von den mittel- und kurzfristigen Verbindlichkeiten folgende Verbindlichkeiten kurzfristiger Natur sind:

20X1:   1.350.000,00 €
20X2:   1.120.000,00 €

3   Erklären Sie die Liquidität I., II. und III. Grades.

4   Welche Kennzahl wird auf folgende Art und Weise ermittelt:

$$\frac{\text{Fremdkapital} \cdot 100\,\%}{\text{Eigenkapital}}$$

5   Die Bilanz eines Unternehmens weist einen Verschuldungsgrad von 198 % auf. Erläutern Sie, was diese Kennzahl aussagt, und beurteilen Sie die Situation des Unternehmens.

6   Erläutern Sie den Begriff „einzugsbedingte Liquidität".

7   Erläutern Sie die Aussage: „Dieses Unternehmen ist liquide."

8   Erklären Sie, warum es für Unternehmen wichtig ist, eine Liquidität II. Grades von etwa 100 % anzustreben.

9   „Unternehmen sollten auf jeden Fall vermeiden, eine zu hohe Barliquidität zu haben." Nehmen Sie Stellung zu dieser Forderung.

10 Erklären Sie, warum es bei der Berechnung der Kennzahl Liquidität III. Grades sinnvoll ist, auch Vorräte an Stoffen und Warenbeständen mit einzubeziehen.

11 Überprüfen Sie, ob die folgenden Bilanzkennziffern richtig ermittelt wurden.

Liquidität I. Grades:	28 %
Liquidität II. Grades:	88 %
Liquidität III. Grades:	185 %
Verschuldungsgrad:	100 %
Eigenkapitalquote:	46 %
Fremdkapitalquote:	54 %

Aktiva	Bilanz der XY-KG zum 31.12.20XX (in €)		Passiva
A. Anlagevermögen		**A. Eigenkapital**	
Grundstücke und Gebäude	4.800.000,00 €	Komplementärkapital	3.200.000,00 €
Maschinen und technische Anlagen	1.490.000,00 €	Kommanditkapital	1.500.000,00 €
Fuhrpark	72.000,00 €	**B. Fremdkapital**	
sonstiges Anlagevermögen	65.000,00 €	Langfristige Darlehen	
B. Umlaufvermögen		Hypothekendarlehen	2.200.000,00 €
1. Vorräte	2.300.000,00 €	Bankdarlehen	1.467.000,00 €
2. Forderungen	970.000,00 €	Mittel- und kurzfristige Bankdarlehen	800.000,00 €
3. liquide Mittel	350.000,00 €	Verbindlichkeiten aus LL	880.000,00 €
Summe	**10.047.000,00 €**		**10.047.000,00 €**

Von den mittel- und kurzfristigen Bankdarlehen sind 370.000,00 € kurzfristig.

Lernsituation 84
Den Kapitalbedarf planen

Einmal im Monat laden Frau Epstein und Herr Bastian, die Gesellschafter der BE Partners KG, die einzelnen Abteilungsleiter des Unternehmens ein, um anstehende Probleme gemeinsam zu erörtern.

Zentraler Tagungsordnungspunkt der heute anstehenden Sitzung ist die Budgetplanung für das kommende Geschäftsjahr. Dieser Tagungsordnungspunkt wurde in der Einladung so beschrieben:

TOP 1: Budgetplanung

Hier geht es um die Planung des Budgets für das kommende Geschäftsjahr, also um die Frage, wie wir die uns zur Verfügung stehenden finanziellen Mittel am besten einsetzen. Bringen Sie dazu bitte eine Aufstellung der aus Sicht Ihrer Abteilung notwendigen Anschaffungen mit.

Bedenken Sie aber bitte auch diesmal, dass unser Budget begrenzt ist und die Bäume nicht in den Himmel wachsen. Versehen Sie deshalb Ihre Anforderungen bitte mit einer Priorität (1 = sehr wichtig, 2 = wichtig, 3 = könnte evtl. noch warten).

Es treffen sich neben den beiden Gesellschaftern noch Frau Kolder, Leiterin der Druckerei, und Herr Seydlitz, Leiter der Abteilung Allgemeine Verwaltung. Frau Epstein vertritt als Leiterin die Sparte Werbeagentur.

Herr Seydlitz hat für das Treffen einen Auszug aus der Budgetplanung GuV[1] für die einzelnen Quartale des Geschäftsjahres vorbereitet. Er legt die tabellarische Übersicht den Teilnehmern vor.

1 Übersicht Budgetplanung, siehe Folgeseite

Eine zweite Aufstellung enthält eine Übersicht über die gewünschten Anschaffungen[2] der einzelnen Abteilungen.

2 Übersicht „gewünschte Anschaffungen", siehe Folgeseite

Herr Bastian eröffnet die Sitzung mit den Worten: „Ich weiß, Sie alle haben große Erwartungen an diese Sitzung und hoffen, dass alle Ihre Wünsche erfüllt werden. Bitte bedenken Sie aber, dass unsere finanziellen und personellen Ressourcen begrenzt sind. Wir müssen sie dort einsetzen, wo sie uns am meisten nutzen, also werden strenge Maßstäbe an die Forderung nach Wirtschaftlichkeit gestellt. Es geht darum, unsere finanziellen Mittel möglichst effizient und effektiv einzusetzen. Die Anschaffungen sollten so weit wie möglich aus dem erwirtschafteten Jahresüberschuss finanziert werden. Eine neue Kreditaufnahme möchte ich vermeiden."

GuV nach Budgetplanung:

	Ergebnisrechnung (in €)				
	1. Quartal	2. Quartal	3. Quartal	4. Quartal	gesamt
Umsatzerlöse	595.000,00	790.000,00	915.000,00	910.000,00	3.210.000,00
Bestandsveränderungen	0	0	0	6.000,00	6.000,00
Gesamtleistung	**595.000,00**	**790.000,00**	**915.000,00**	**916.000,00**	**3.216.000,00**
Materialaufwand	103.000,00	124.000,00	150.000,00	165.000,00	542.000,00
Aufwendungen Handelsware	150.000,00	203.000,00	267.000,00	280.000,00	900.000,00
Personalaufwendungen	310.000,00	330.000,00	355.000,00	355.000,00	1.350.000,00
Abschreibungen	18.000,00	18.000,00	24.000,00	24.000,00	84.000,00
Zinsaufwendungen	10.000,00	10.000,00	18.000,00	18.000,00	56.000,00
Steuern	7.000,00	7.000,00	7.000,00	7.000,00	28.000,00
sonst. betriebliche Aufwendungen	15.000,00	16.000,00	18.000,00	21.000,00	70.000,00
Summe Kosten	**613.000,00**	**708.000,00**	**839.000,00**	**870.000,00**	**3.030.000,00**
Betriebsergebnis	**−18.000,00**	**82.000,00**	**76.000,00**	**46.000,00**	**186.000,00**
neutrale Erträge	20.000,00	20.000,00	20.000,00	20.000,00	80.000,00
neutrale Aufwendungen	15.000,00	15.000,00	15.000,00	15.000,00	60.000,00
Neutrales Ergebnis	**5.000,00**	**5.000,00**	**5.000,00**	**5.000,00**	**20.000,00**
Unternehmensgewinn	**−13.000,00**	**87.000,00**	**81.000,00**	**51.000,00**	**206.000,00**

Gewünschte Anschaffungen:

Abteilung	Menge	Gegenstand	Priorität	Zeitpunkt/ Quartal	erforderlicher Betrag (in €)		Anmerkungen
					einzel	gesamt	
Druckerei	1	Schneidemaschine	3	I	866,00	866,00	
Druckerei	2	Falzmaschine	1	II	376,00	752,00	
Druckerei	2	Perforiermaschine	1	II	1.899,00	3.798,00	wirklich dringend !!!
Druckerei	6	Hochleistungs-steckregale	2	I	180,00	1.080,00	
Druckerei	1	Twin Stacker	2	IV	56.800,00	56.800,00	evtl. auch gebraucht für ca. 24.000,00 €
Druckerei	1	Offsetdruck-maschine	1	I	74.000,00	74.000,00	gebraucht macht keinen Sinn
Druckerei	2	Arbeitstische	2	III	1.850,00	3.700,00	
Werbung	2	Broschürenfinisher	1	II	2.550,00	5.100,00	
Werbung	1	Konica Minolta Bizhub 652	1	I	7.998,00	7.998,00	die alte Maschine fällt auseinander
Werbung	2	Transferpresse	2	III	720,00	1.440,00	
Verwaltung	2	Schreibtische	1	I	1.200,00	2.400,00	
Verwaltung	2	Schreibtische	1	III	1.200,00	2.400,00	neu: für die Azubis
Verwaltung	2	Drehstühle	1	I	653,00	1.306,00	
Verwaltung	2	Drehstühle	1	III	653,00	1.306,00	neu: für die Azubis
Verwaltung	5	Laptops	3	I	499,00	2.495,00	2 für die Azubis Priorität 1
Verwaltung	1	Digitaldrucker Xerox	1	II	3.448,00	3.448,00	
Verwaltung	1	Kaffeemaschine	3	I	80,00	80,00	
Summe						**168.969,00**	

Bevor es in die Beratungen geht, haben die Abteilungsleiter noch folgende Bemerkungen:

Frau Epstein

Herr Schneider kann den zunehmenden Arbeitsanfall nicht mehr alleine schaffen. Wir müssen möglichst sofort einen Produktioner einstellen.

Frau Kolder

Auch ich brauche Verstärkung für meinen Bereich und zwar eine Druckerin oder einen Drucker mit Kenntnissen sowohl im Digitaldruck als auch im Offsetdruck. Eventuell nicht gleich in Vollzeit, aber eine Teilzeitkraft brauchen wir dringend.

Herr Seydlitz

Frau Öztürk wird im Sommer ihre Ausbildung abschließen und soll ja übernommen werden. Außerdem haben wir beschlossen, zum 01.08. zwei neue Auszubildende einzustellen.

Frau Epstein

Außerdem werden wir mit Preiserhöhungen bei einigen Materialien kalkulieren müssen. Ich weiß jetzt schon von ein paar Lieferanten, die im vierten Quartal nächsten Jahres ihre Preise um bis zu 12 % anheben werden.

1 Systematisieren Sie die gewünschten Anschaffungen der Abteilungsleiter nach Wichtigkeit (Priorität).

Arbeitsblatt 84.1

2 Vergleichen Sie das zur Verfügung stehende Gesamtbudget mit den Budgetanforderungen der Abteilungsleiter.

Arbeitsblatt 84.1

3 Unterbreiten Sie einen begründeten Vorschlag, welche der gewünschten Anschaffungen aus Ihrer Sicht erfüllt werden sollten.

4 Beurteilen Sie, inwieweit die Bemerkungen von Frau Epstein, Frau Kolder und Herrn Seydlitz zu Personalentwicklung und Beschaffung in der Budgetplanung GuV von Herrn Bastian bereits berücksichtigt wurden.

5 Die Darstellung der Budgetplanung GuV vernachlässigt die Tatsache, dass die BE Partners KG den Gewinn noch versteuern muss. Beschreiben Sie die Auswirkung dieser Tatsache auf die Planung.

Folgesituation

Herr Bastian legt sehr strenge Maßstäbe an, wenn er verlangt, dass alle Budgetanforderungen aus den laufenden Betriebsgewinnen finanziert werden müssen. Frau Kolder weist darauf hin, dass es bei größeren Investitionen, wie z. B. bei der dringend benötigten Offset-Druckmaschine zum Preis von 74.000,00 €, unbedingt erforderlich sei, von diesem Prinzip abzuweichen, und dass das Unternehmen dafür auch eine Fremdfinanzierung ins Auge fassen müsste.

Außerdem sollte die Bilanz dahingehend geprüft werden, ob es nicht noch finanzielle Reserven im Unternehmen gibt, die für die Finanzierung der Maschine verwendet werden könnten. Vielleicht ließen sich ja irgendwo und irgendwie noch finanzielle Mittel freimachen, sodass die BE Partners KG auf die Aufnahme eines Kredits verzichten könnte.

6 Beurteilen Sie den Einwand von Frau Kolder, indem sie die beiden Finanzierungsmöglichkeiten (Selbstfinanzierung aus Gewinnen und Fremdfinanzierung durch Darlehensaufnahme) miteinander vergleichen und Vor- und Nachteile für die BE Partners KG herausarbeiten. 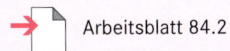 Arbeitsblatt 84.2

7 Überprüfen Sie die Bilanz der BE Partners KG im Hinblick auf die Frage, ob das Unternehmen noch über finanzielle Reserven verfügt, die zur Finanzierung der Maschine (Anschaffungspreis 74.000,00 €) herangezogen werden können.

Aktiva	Bilanz der BE Partners KG zum 31.12.20XX (in €)		Passiva
I. Anlagevermögen		**I. Eigenkapital**	640.000,00
Grundstücke/Gebäude	450.000,00		
TA und Maschinen	370.000,00	**II. Fremdkapital**	
Fuhrpark	87.000,00	Hypothekendarlehen	480.000,00
BGA	330.000,00	Bankdarlehen	750.000,00
Finanzanlagen	130.000,00	Verbindlichkeiten aus LL	148.000,00
	1.367.000,00		1.378.000,00
II. Umlaufvermögen			
Rohstoffe	98.000,00		
Hilfsstoffe	30.000,00		
Betriebsstoffe	8.000,00		
Fertige Erzeugnisse	45.000,00		
Unfertige Erzeugnisse	85.000,00		
Handelswaren	72.000,00		
Forderungen aus LL	245.000,00		
Kassenbestand	14.000,00		
Bankguthaben	54.000,00		
	651.000,00		
Summe	2.018.000,00		2.018.000,00

Arbeitsblatt 84.1 Abgleich Budget und Budgetanforderungen

Anforderungen Bereiche (geordnet nach Priorität)	Budget (in €)			
	1. Quartal	2. Quartal	3. Quartal	4. Quartal
Druckerei	74.000,00 (1)			
Druckerei		3.798,00 (1)		
Summe				
geplanter Unternehmens-gewinn				
Differenz				

Arbeitsblatt 84.2 Selbst- und Fremdfinanzierung

	Vorteil	Nachteil
Selbstfinanzierung aus Gewinnen		
Fremdfinanzierung durch Darlehens- aufnahme		

Aufgaben

1 Informieren Sie sich in Ihrem Ausbildungsbetrieb darüber, welche größeren Investitionen für das nächste Geschäftsjahr geplant sind (Investitionen ab einem Investitionsbetrag von 50.000,00 €).

2 Probieren Sie es selbst aus: Entwickeln Sie in einer Excel-Tabelle Ihren ganz persönlichen monatlichen Budgetplan für das nächste Quartal. Schlüsseln Sie Ihre Ausgabenarten möglichst genau auf und legen Sie fest, wie viel Sie jeweils auszugeben planen. Halten Sie dann Ihre Ausgaben im Planungszeitraum genau fest (sammeln Sie z. B. Quittungen) und vergleichen Sie am Ende der drei Monate Ihre Planung mit der Realität.

3 Eine in der Literatur häufig vorgebrachte Kritik an der Budgetplanung von Unternehmen lautet: „Bei der Budgetplanung, also bei der Zuteilung knapper finanzieller Mittel an die einzelnen Abteilungen eines Unternehmens, geht es häufig wenig sachlich zu. Stattdessen stehen die Eitelkeiten der Abteilungsleiter im Mittelpunkt, bestimmen Machtfragen das Geschehen. Jede/r möchte ein möglichst großes Stück vom Kuchen bekommen und der-/diejenige, der/die das größte Stück bekommen hat, ist der/die Sieger/in."

Zeigen Sie die Gefahren für Unternehmen auf, die mit einer solchen Einstellung der handelnden Personen verbunden sind.

Lernsituation 85

Einen Finanzplan erstellen

Sophie zieht aus.

Die Auszubildende der BE Partners KG, Sophie Fischer, hat bisher noch im Haus ihrer Eltern ein kleines Zimmer unter dem Dach bewohnt. Inzwischen empfindet sie diese Wohnsituation aber als zu beengt. Auch die Eltern sind der Meinung, dass es nun an der Zeit ist, dass Sophie sich eine eigene Wohnung sucht. Im Mai 20X1 wird sie ihre Abschlussprüfung machen und Ende Juni endet ihr Ausbildungsvertrag. Ihr Arbeitgeber ist mit ihrer Arbeit bisher sehr zufrieden und Herr Bastian hat ihr angeboten, sie zum 01.07.20X1 fest anzustellen. Er ist bereit, ihr dann ein Bruttogehalt von 1.900,00 € zu zahlen.

Sophie beschließt also, zum 01.07.20X1 in eine eigene Wohnung zu ziehen, und beginnt, sich umzuschauen. Der Wohnungsmarkt in Bonn ist allerdings begrenzt und die Mieten sind hoch. Dies muss Sophie schnell einsehen, als sie sich in der Zeitung und im Internet nach geeigneten Mietobjekten umsieht. Sie bespricht ihre Pläne mit der Mitauszubildenden Tüley.

Tüley, die schon seit einiger Zeit eine eigene kleine Wohnung bewohnt, rät ihr dringend, zunächst eine genaue Übersicht zu erstellen, in der ihre Einnahmen und Ausgaben genau festgehalten werden. „Erst dann kannst du sehen, was du dir leisten kannst", rät sie der Freundin.

Sophie entscheidet sich, dem Rat der Freundin zu folgen, und plant ihre Einnahmen und Ausgaben.

1 Informieren Sie sich über Sophies Ein- und Ausgaben[1] und ermitteln Sie ihr zukünftiges Gehalt als Angestellte in dem Unternehmen.

1 Informationen zu den Ein- und Ausgaben siehe Folgeseite

2 Erstellen Sie eine Einnahmen-/Ausgabenübersicht über ihre liquiden Mittel für die Monate April bis September 20X1.

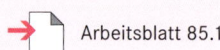 Arbeitsblatt 85.1

3 Beurteilen Sie die Situation Sophies und formulieren Sie schriftlich einen Rat, ob sie die gewünschte Wohnung beziehen sollte.

Informationen über die Einnahmen

Im 3. Ausbildungsjahr verdient Sophie derzeit 890,00 € brutto, von denen ihr 710,00 € ausgezahlt werden (= Netto-Ausbildungsvergütung).

Ab Juli ist ihr Gehalt als Angestellte zu berücksichtigen. Sophie rechnet überschlägig mit 20 % Abzügen für alle Sozialversicherungen und einem Abzug von insgesamt 200,00 € für Steuern und Solidaritätszuschlag.

Gehalt Juli bis September: Festanstellung	
Bruttogehalt	
– Steuern und Solidaritätszuschlag	
= Zwischensumme	
– Sozialversicherungen	
= Nettogehalt	

Sophie verfügt über ein Sparguthaben von insgesamt 2.800,00 €. Sie ist bereit, im Juli einen Teil davon für den Umzug und die damit verbundenen Kosten auszugeben. 1.000,00 € allerdings möchte sie gerne als Rücklage behalten.

Ihre Eltern haben zugesagt, Sophie im Juli mit einem einmaligen Betrag von 2.000,00 € zu unterstützen.

Informationen über die Ausgaben

- Sophie gibt zurzeit im Monat etwa 50,00 € für Verpflegung aus. Frühstück und Abendessen erhält sie in der Regel zu Hause. In Zukunft wird sie Essen und Trinken überwiegend selbst bezahlen müssen. Sie schätzt die Ausgaben hierfür auf ca. 300,00 € monatlich.
- Für Kosmetikartikel gibt sie monatlich 20,00 € aus. Mit der neuen Wohnung werden auch Ausgaben für den Bezug von Medien fällig. Die GEZ-Gebühren betragen 18,00 € monatlich. Ein Zeitungsabonnement würde 25,00 € monatlich kosten. Sophie könnte aber darauf auch verzichten und sich mit den kostenlosen Internetangeboten der Tageszeitungen begnügen.
- Der Posten „Unterhaltung" (Kino-, Konzertbesuche usw.) schlägt mit etwa 50,00 € zu Buche.
- Mit der Handy-Flatrate kommt sie schon seit Langem aus. Hierfür bezahlt sie 35,00 € monatlich.
- Ausgaben für die Ausstattung der Wohnung (Kleinmöbel, Einrichtungsgegenstände): Juni 350,00 €, Juli 1.400,00 €, August 800,00 €, September 400,00 €
- Beim Umzug werden Freunde helfen. Dennoch rechnet Sophie damit, dass der Umzug ca. 300,00 € kosten wird, denn sie muss einen Transporter mieten und benötigt Umzugskartons. Den Helfern will sie eine Pizza spendieren.
- Sophie sorgt für ihre Zukunft vor und hat einen Riester-Sparplan abgeschlossen, auf den sie ab Juli 20X1 monatlich 52,00 € einzahlen will.
- Für die Wohnung, die Sophie gerne mieten möchte, müsste sie eine Kaltmiete von 400,00 € zahlen. Hinzu kommen eine Nebenkostenvorauszahlung von 80,00 € für Wasser und Müllabfuhr und eine Vorauszahlung für Heizkosten in Höhe von 60,00 € und für Strom von 20,00 €.

	April	Mai	Juni	Juli	August	September
Zahlungsmittelbestand						
Einnahmen						
Einkommen netto						
Zuschuss der Eltern						
Sparguthaben						
Summe der Einnahmen						
Ausgaben						
Verpflegung						
Kosmetik						
Unterhaltung/Freizeit						
Medien						
Riester-Sparplan						
Sonstiges						
Ausstattungskosten						
Umzug						
Miete						
Mietnebenkosten						
Summe der Ausgaben						
Überschuss/Fehlbetrag						

Aufgaben

1   In der Hölscher-Media Group KG gilt der Grundsatz, jede Investition „solide" zu finanzieren. Dies ist eines der wichtigsten Ziele des Unternehmens. Aus diesem Grund ist es in dem Unternehmen ganz selbstverständlich, regelmäßig Finanzpläne aufzustellen.

Aktuell plant das Unternehmen eine Sortimentsumstellung, für die eine neue Produktionsanlage angeschafft werden muss. Um sich vor etwaigen finanziellen Risiken abzusichern, sollen dieser Vorgang und seine Konsequenzen für die Liquidität des Unternehmens in einem Finanzplan dargestellt werden.

a) Erstellen Sie aufgrund der unten stehenden Angaben einen Finanzplan für die Hölscher-Media Group KG.

b) Entscheiden Sie begründet, wie mögliche Unterdeckungen finanziert werden sollen.

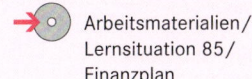 Arbeitsmaterialien/ Lernsituation 85/ Finanzplan

Investitionsplan 20X1

Objekt	CAD – Anlage mit elektronisch gesteuerten Werkzeugen
Anschaffungskosten	400.000,00 €
Anschaffungsnebenkosten	50.000,00 €
Investitionsvolumen	450.000,00 €
Bemerkungen	Die Investition wird im Oktober getätigt, um die stärkere Nachfrage im Herbst erfüllen zu können.

Umsatzplan Jahr 20X1

	Soll	Ist
Juli	962.000,00 €	
August	979.000,00 €	
September	985.000,00 €	
3. Quartal	2.926.000,00 €	
Oktober	1.030.000,00 €	
November	1.100.000,00 €	
Dezember	1.150.000,00 €	
4. Quartal	3.280.000,00 €	

Sonstige Einnahmen: Zinsgutschrift im Juli über 12.000,00 €

Kostenplanung
- monatlicher Materialeinkauf: 550.000,00 €, ab Oktober Steigerung um 10 %
- Personalaufwand monatlich: 400.000,00 €, ab Oktober zusätzlich 15.000,00 € monatlich
- monatliche Steuervorauszahlung: 16.000,00 €, einmalige Steuernachzahlung im Juli 8.000,00 €
- monatliche Zinsbelastung: 7.000,00 €, ab Oktober monatlich zusätzlich 1.500,00 €

2 Auch in der Günther KG, Düsseldorf, einem mittelständischen Kabelhersteller, steht die Aufrechterhaltung der Liquidität ganz oben auf der Rangliste der Unternehmensziele. Um finanziellen Risiken frühzeitig vorzubeugen, soll im Dezember 20X0 für die ersten sechs Monate des neuen Geschäftsjahres ein Finanzplan aufgestellt werden, der eine Übersicht über die zu erwartenden Einnahmen und Ausgaben bietet. Grundlage sind die aktuellen Kostenpläne, der Absatzplan und der Investitionsplan der Günther KG.

a) Erstellen Sie den Finanzplan für das erste Halbjahr 20X1.[1]

1 siehe nachfolgende Seite

b) Unterbreiten Sie Vorschläge, wie mögliche Kapitalbedarfe (= Finanzierungslücken) ausgeglichen werden sollten.

Kostenplanung

– Im Januar ist eine Zinsgutschrift der Bank über 2.000,00 € zu erwarten.

– Wie im letzten Quartal 20X0 wird der Rohstoffeinkauf regelmäßig mit 125.000,00 € monatlich angenommen. Nur zu Saisonbeginn im Februar werden noch zusätzlich Rohstoffe für 45.000,00 € auf Lager genommen. Das Zahlungsziel beträgt 30 Tage, die in Anspruch genommen werden.

– Der Personalbestand bleibt im Betrachtungszeitraum gleich. Das Unternehmen geht davon aus, dass nach den Tarifverhandlungen ab April die Löhne und Gehälter von bisher 100.000,00 € monatlich um 2 % steigen werden.

– Ein Kredit wurde getilgt. Die Zinszahlungen von 52.000,00 € sinken ab Februar auf 45.000,00 €.

– Ab Mai steigen sie dann jedoch wieder, und zwar um 500,00 €, weil das gesamte Investitionsvolumen für die neu angeschaffte Presse zu 100 % fremdfinanziert wurde.

– Die monatlichen Abschlagszahlungen für die betrieblichen Steuern betragen 42.000,00 €.
  Im Februar ist aber zusätzlich mit einer Steuernachzahlung für das vergangene Jahr von 30.000,00 € zu rechnen.

– Die sonstigen Auszahlungen sind monatlich jeweils mit 10.000,00 € zu berücksichtigen.

Investitionsplan Jahr 20X1 (Angaben in €)		
Objekt	Patent zur Oberflächenvergütung von Kunststoff	Presse für Glasfaserverbindungen
Termin	März	Mai
Anschaffungskosten	9.000,00	135.000,00
Anschaffungsnebenkosten		13.000,00
Sonstiges	1.000,00	2.000,00
Investitionsvolumen gesamt	10.000,00	150.000,00
Abteilung	Allgemein	Produktion
Nutzungsdauer		10 Jahre
Bemerkungen		Ersatz für Altanlage

Umsatzplan Jahr 20X1 (in €)		
	Soll	Ist
Januar	322.000.00	
Februar	266.000,00	
März	354.000,00	
1. Quartal	**942.000,00**	
April	343.000,00	
Mai	341.000,00	
Juni	338.000,00	
2. Quartal	**1.022.000,00**	
1. Halbjahr	**1.964.000,00**	

Finanzplan Günther KG, Düsseldorf, 1. Halbjahr 20X1 (in €)

	Januar	Februar	März	April	Mai	Juni
Zahlungsmittelbestand	15.000,00					
Einnahmen						
Umsatzerlöse						
Sonstige Einnahmen						
Einnahmen gesamt						
Ausgaben						
Rohstoffe	100.000,00					
Gehalt + Lohn	52.000,00					
Zinsaufwendungen						
Steuern						
Sonstige Ausgaben						
Investition 1						
Investition 2						
Ausgaben gesamt						
Finanzierungsüberschuss bzw. -lücke						

Lernsituation 86
Unterschiedliche Rechtsformen von Unternehmen vergleichen

Luigi Ferrara, der Sachbearbeiter Einkauf bei der BE Partners KG, wurde vor etwa zwei Jahren von seinem Sohn Frederico, der damals in die Oberstufe des Gymnasiums kam, gefragt, ob er nicht für die gesamte Klasse Motto-Shirts für die Abiturfeier drucken könne. Das technische Know-how habe er doch und so würden die Shirts sicherlich preiswerter, als wenn die Schüler der Klasse sie irgendwo anders drucken lassen würden. Herr Bastian, der Chef von Herrn Ferrara, hatte keine Einwände gegen die Nebenbeschäftigung seines Angestellten, sodass Herr Ferrara seinem Sohn den Wunsch erfüllte und seine ersten T-Shirts entwarf, die mit großer Begeisterung aufgenommen wurden.

Im Laufe der letzten zwei Jahre hat die Nebenbeschäftigung von Herrn Ferrara einen erheblichen Umfang angenommen. Er hat es in Bonn und Umgebung zu einem gewissen Bekanntheitsgrad gebracht und die Absatzzahlen steigen. Zeitlich kann Herr Ferrara die Arbeit, die ihm großen Spaß macht, neben seiner Tätigkeit für die BE Partners KG kaum noch schaffen.

Als er im April 20X0 von einer entfernten Verwandten 20.000,00 € erbt, entschließt er sich, das Beschäftigungsverhältnis bei der BE Partners KG zu kündigen und sich selbstständig zu machen. Er geht davon aus, dass dieser Schritt mit dem Startkapital machbar sein müsste.

Er weiß, dass dies eine wichtige Entscheidung ist, bei der er einen guten Rat benötigt. So beschließt er, seinen Freund Max Schröder zu fragen, der als Betriebswirt bei der Deutschen Bank in Köln arbeitet.

Auszug aus der E-Mail von Luigi an Max:

Von:
An: mschroeder@p-online.de
Betreff: Ich habe da so eine Idee

„(...) Ich habe ja vor einem Jahr schon ein Gewerbe angemeldet. Muss ich dieses jetzt erweitern? Ich habe gelesen, das Gewerbe benötigt eine Rechtsform. Was heißt das denn? (...)

Glaubst du, dass ich mit den 20.000,00 € zunächst auskomme? Ich kann bei mir in der Garage drucken, obwohl das auf Dauer vielleicht etwas eng wird. Auch das Lager platzt eigentlich schon aus allen Nähten. Ich überlege, irgendwann eine eigene Halle zu kaufen, in der ich sowohl produzieren als auch lagern kann. Dann benötige ich wohl auch eine größere Druckpresse. Irgendwann werde ich einen Kredit benötigen, aber da bist du ja der Spezialist.

Ich hätte evtl. auch noch einen Freund, der mitmachen würde. Er würde sich ebenfalls mit einigen Tausend Euro beteiligen. Was hältst du davon?"

Betreff: Ich habe da so eine Idee

Lieber Luigi,

bin in Eile, also zunächst nur so viel in aller Kürze:

Wenn du dich selbstständig machst, gründest du ein Unternehmen. Jeder Unternehmer sollte für
sein Unternehmen bewusst eine Rechtsform wählen. Wenn du dein Unternehmen alleine gründest, ist es automatisch zunächst eine Einzelunternehmung. Möchtest du später weitere Partner
in dein Unternehmen aufnehmen, könntest du die Rechtsform ändern und daraus auch eine Kommanditgesellschaft (KG) oder eine Gesellschaft mit beschränkter Haftung (GmbH) machen.

Die Wahl der Rechtsform der Unternehmung hat ganz entscheidenden Einfluss darauf, inwieweit
dir Banken Kredite gewähren. Das solltest du schon berücksichtigen. Die beiden letztgenannten
Gesellschaftsformen würden eine Finanzierung der Geschäftsidee natürlich deutlich erleichtern.

Alles Weitere demnächst mündlich
Max

1 Erläutern Sie, was Herr Schröder meint, wenn er schreibt: „Jeder Unternehmer sollte für sein Unternehmen bewusst eine Rechtsform wählen."

2 Erklären Sie den Begriff Einzelunternehmen und die Abkürzungen KG und
GmbH.

3 Arbeiten Sie heraus, wie die Haftung in diesen Gesellschaftsformen geregelt ist.

	Wer haftet?	In welchem Umfang wird gehaftet?
Einzelunternehmen		
KG		
GmbH		

4 Erläutern Sie den Satz Max Schröders: „Die beiden letztgenannten Gesellschaftsformen würden eine Finanzierung der Geschäftsidee natürlich deutlich erleichtern."

5 Stellen Sie die Unterschiede der einzelnen Gesellschaften im Hinblick auf Geschäftsführung und Gewinnverteilung in der folgenden Übersicht dar.

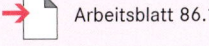 Arbeitsblatt 86.1

Arbeitsblatt 86.1 Unterschiede der Rechtsformen im Hinblick auf Geschäftsführung und Gewinnverteilung

	Geschäftsführung	Gewinnverteilung
Einzelunternehmen		
GbR		
OHG		
KG		
GmbH		
AG		
	Geschäftsführung	Gewinnverteilung

Aufgaben

1 Unterscheiden Sie zwischen Komplementär und Kommanditist.

2 Beurteilen Sie, ob die folgenden Aussagen richtig oder falsch sind.

Aussage	Kommentar
Beim Einzelunternehmen haftet der Inhaber alleine und unbeschränkt mit seinem gesamten Vermögen.	
Ein Kommanditist haftet sowohl mit seinem Privat- als auch mit seinem Geschäftsvermögen.	
Ein Komplementär muss mindestens mit 50.000,00 € haften (Mindesteinlage).	
Der Gewinn einer OHG wird zu gleichen Teilen auf alle Gesellschafter verteilt.	
Eine GmbH hat immer nur einen Geschäftsführer.	
Eine AG wird vom Aufsichtsrat geleitet.	
Die Aktionäre einer AG treffen sich auf einer Hauptversammlung und beschließen dort mehrheitlich über die Geschäftspolitik der AG.	

3 Peter Schulze und Katrin Fester wollen eine GmbH gründen. Das Stammkapital der GmbH wird 100.000,00 € betragen. Davon bringt Frau Fester 60.000,00 € ein und Herr Schulze den Rest.
Herr Schulze wird die Geschäftsführung übernehmen und als Vollzeitbeschäftigter für die GmbH arbeiten. Frau Fester wird ihren Arbeitsplatz in der Justizbehörde nicht aufgeben und nur nebenberuflich für die GmbH tätig sein. Herr Schulze schlägt deshalb vor, einen evtl. erzielten Gewinn im Verhältnis zur eingebrachten Arbeitsleistung aufzuteilen. Er hält es für angemessen, wenn er 80 % des Gewinns erhält.

   a) Klären Sie, welche Gewinnverteilung der Gesetzgeber für die Gesellschafter einer GmbH vorsieht.
   b) Erläutern Sie, ob und wenn ja unter welchen Bedingungen die von Herrn Schulz vorgeschlagene Regelung möglich wäre.
   c) Wie könnte Frau Fester argumentieren, wenn sie mit der von Herrn Schulze vorgeschlagenen Regelung nicht einverstanden wäre.

4 Erläutern Sie den grundlegenden Unterschied zwischen einer Personengesellschaft und einer Kapitalgesellschaft.

5 Erläutern Sie zwei Vorteile einer Kapitalgesellschaft gegenüber einer Personengesellschaft.

Lernsituation 87

Einen Lieferantenkredit beurteilen

Tüley Öztürk trifft ihre Freundin Clara Rommers in der Berufsschule. Clara fragt, was es denn so Neues gäbe.

Tüley: „Ich habe Stress mit meinem Chef. Wie der sich aufgeregt hat, nur weil ich vergessen habe, eine Lieferantenrechnung termingerecht zu bezahlen."

Clara: „Und, hat der Lieferant euch dann gemahnt?"

Tüley: „Nicht mal das. Ich habe nur vergessen, so rechtzeitig zu überweisen, dass wir Skonto hätten abziehen können. Dabei lohnt sich das doch sowieso nicht. 3 % hätten wir abziehen können. Aber wir haben doch gar kein Geld auf dem Konto."

Clara: „Du meinst, das Konto weist einen Sollsaldo auf?"

Tüley: „Ist ja das Gleiche. Also, wir zahlen 12 % Sollzinsen. Warum also 3 % Skonto abziehen? Das ist doch ein Minusgeschäft."

Clara: „So einfach kannst du es dir nicht machen. Du zahlst zwar Zinsen dafür, dass du dein Konto weiter belastest, wenn du die Rechnung begleichst, aber du sparst ja auch dadurch, dass du 3 % weniger bezahlst. Du musst diesen Nachteil mit dem Vorteil vergleichen. Außerdem sagt meine Chefin, dass es sich immer lohnt, Rechnungen unter Abzug von Skonto zu zahlen. Ich wette, das war bei euch auch so. Dein Chef hat recht."

Tüley: „Okay, wir schauen uns den Fall mal genau an. Ich wette dagegen."

1 Überprüfen Sie, wer die Wette gewinnt. Berücksichtigen Sie dabei folgende Daten:

– Die folgende Übersicht zeigt die Entwicklung des Kontostandes der BE Partners KG, nachdem der Rechnungsbetrag unter Abzug von Skonto am 14.04.20XX an den Lieferanten überwiesen wurde (Beträge in €).
– Die BE Partners KG verfügt über einen Dispositionskredit in Höhe von 15.000,00 €.

Datum	Habensaldo (in €)	Sollsaldo (in €)	Datum	Habensaldo (in €)	Sollsaldo (in €)
13.04.	3.500,00		24.04.		9,760,00
14.04.		6.615,00	25.04.		4.930,00
15.04.		4.400,00	26.04.		2.080,00
16.04.		6.200,00	27.04.		1.270,00
17.04.		5.800,00	28.04.		8.390,00
18.04.		2.100,00	29.04.		9.940,00
19.04.		400,00	30.04.		7.050,00
20.04.		1.800,00	01.05.		6.340,00
21.04.		750,00	02.05.		1.290,00
22.04.		5.900,00	03.05.		980,00
23.04.		8.480,00	04.05.		3.740,00

Bromberger Druckmaschinen GmbH

Bromberger Druckmaschinen GmbH · Am Hang 20–24 · 2833 Bromberg · Österreich

BE Partners KG
Schlesienstraße 490–492
53119 Bonn

Ihr Zeichen: 08405/XX/koh
Ihre Nachricht vom: 14.12.20XX

Name: Frau Harrer
Telefon: +43 2629 47-50
Telefax: +43 2629 47-75
E-Mail: eharrer@bromberger-druck.at

Datum: 04.04.20XX

Rechnung 480/20XX

Defekte Andruckrollen geprüft und defekte Rolle ersetzt.

Pos.	Menge	Bezeichnung	Einzelpreis/€	Gesamtpreis/€
1	2,00	Drucker HCP 1256 A	4.250,00	8.500,00
		Umsatzsteuer 19%		1.615,00
		Summe		10.115,00

Zahlbar innerhalb von 30 Tagen netto Kasse, 3% Skonto bei Zahlung innerhalb von 10 Tagen ab Rechnungsdatum.

2 Wie wäre der vorliegende Fall zu beurteilen, wenn der Dispositionskredit der BE Partners KG lediglich 5.000,00 € betragen würde und für Überziehungen des Dispositionskredits 18% in Rechnung gestellt werden würden?

3 Beurteilen Sie die Aussage der Chefin von Clara Rommers:
„Es lohnt sich immer, eine Rechnung unter Abzug von Skonto zu begleichen."

Arbeitsblatt 87.1 Kontokorrent- und Lieferantenkredit

Beschreiben Sie die Merkmale eines Kontokorrentkredits und eines Lieferantenkredits.

Kontokorrentkredit	
Laufzeit	
Kosten	
Sicherheit	
Sonstige Merkmale	

Vorteile	Nachteile

Lieferantenkredit	
Laufzeit	
Kosten	
Sicherheit	
Sonstige Merkmale	

Vorteile	Nachteile

Aufgaben

1 Erläutern Sie die Bedeutung eines Dispositionskredits

a) für Sie persönlich als Privatperson und
b) für Unternehmen.

2 Eine Rechnung geht am 12.06.20XX ein. Die Zahlungsbedingung lautet: „Zahlbar nach 20 Tagen netto oder innerhalb von 7 Tagen mit Abzug von 2 % Skonto."

a) Stellen Sie den Rechnungseingang und die beiden Zahlungsalternativen auf dem Zeitstrahl dar.

```
01.06.                              30.06.
  ├──────────────────────────────────┼──────────────────→
```

b) Erläutern Sie einem Mitschüler oder einer Mitschülerin das Rechenverfahren, mit dem Sie prüfen, ob sich die Inanspruchnahme von Skonto lohnt.
c) Erläutern Sie die Formulierung „zahlbar nach 20 Tagen netto".

3 Die Ricken KG hat von einem Lieferanten in größeren Mengen verschiedene Rohstoffe bezogen. Die Eingangsrechnung weist einen Betrag in Höhe von

– 55.000,00 € netto zuzüglich
– 10.450,00 € Umsatzsteuer

aus. Der Lieferant bietet die Möglichkeit an, innerhalb von 20 Tagen netto Kasse oder innerhalb von 10 Tagen unter Abzug von 2,5 % Skonto zu bezahlen. Die Sachbearbeiterin des Rechnungswesens hat festgestellt, dass das Bankkonto der Ricken KG zurzeit ein Guthaben von 7.500,00 € aufweist. Bei der Bank hat die Ricken KG einen Dispositionskredit (Kontokorrentkredit) in Höhe von 70.000,00 € zu 13 % eingeräumt bekommen.

a) Beschreiben Sie das Wesen eines Dispositionskredits.
b) Treffen Sie eine begründete Entscheidung, an welchem Tag die Sachbearbeiterin die Rechnung begleichen soll.

4 Klären Sie bei mindestens zwei verschiedenen Kreditinstituten, welche Zinsen dort für Dispositionskredite verlangt werden. Klären Sie Gleiches auch durch eine Internet-Recherche für ein Kreditinstitut, das lediglich Internet-Banking anbietet, also über keine Filialen verfügt.

Klären Sie, was geschieht, wenn Sie bei dem Kreditinstitut, bei dem Sie selbst ein Konto führen, ihr Konto oder Ihren Dispositionsrahmen überziehen, z. B. durch eine eingehende Lastschrift Ihres Mobilfunkanbieters.

5 Petra Sonntag erhält die nachfolgende Rechnung der Grüner Fink KG. Die Rechnung wird am 20.05.20XX unter Abzug von Skonto beglichen.

a) Ermitteln Sie den zu überweisenden Betrag.
b) Petra Sonntag muss einen Dispositionskredit nutzen, um die Rechnung begleichen zu können. Die Sollzinsen betragen 11,5 %. Überprüfen Sie rechnerisch, ob es sich ausgezahlt hat, die Rechnung unter Nutzung von Skonto zu begleichen.
c) Erläutern Sie, warum Gläubiger ihren Kunden in der Regel anbieten, Rechnungen unter Abzug von Skonto zu begleichen.

Grüner Fink KG, Friedenstr. 18, 40764 Langenfeld

Fa.
Petra Sonntag
Marktplatz 5
40764 Langenfeld

Langenfeld, 10.05.20XX

Bei Zahlung bitte angeben:
Re-Nr.: 76984
Kunden-Nr.: 534

RECHNUNG

Leistung	Menge/Einheit	Preis je Einheit	Betrag in €
Raufaser-Tapete	2	6,40	12,80 €
Farbe	5	4,50	22,50 €
Ausbesserungsarbeiten	2	5,45	10,90 €
Arbeitslohn	4	60,00	120,00 €
gesamt netto			166,20 €
Umsatzsteuer 19 %			31,58 €
gesamt brutto			197,78 €

Zahlbar innerhalb von 30 Tagen oder innerhalb von 10 Tagen mit 3 % Skonto.

Grüner Fink KG	Steuer-Nr.	Deutsche Bank Langenfeld
Friedenstr. 18	267/3105/3198	375.250.10
40764 Langenfeld	Finanzamt Langenfeld	Kto.-Nr. 13.456.902
Tel.: 02173-44.66-0		
www.gruenerfink.com		

6   Die Römer Werbeagentur KG in Bonn hat ein Konto bei der Sparkasse Köln-Bonn. Die Sparkasse hat der Römer Werbeagentur KG die Möglichkeit eingeräumt, das Geschäftskonto zu überziehen. Sie hat einen Dispositionskredit eingeräumt, der augenblicklich 15.000,00 € beträgt. Der Zinssatz für den Dispositionskredit beträgt 11 % p. a. Sollte die Grenze des Dispositionskredits überschritten werden, werden Überziehungszinsen fällig. Sie betragen derzeit 17 %. Habenzinsen werden nicht gewährt.

Am 01.04.20XX weist das Konto ein Guthaben von 3.500,00 € auf. Danach sind folgende Beträge zu verbuchen (in €):

Datum	Vorgang	Betrag in €
02.04.	Gutschrift	2.400,00
06.04.	Lastschrift	11.800,00
08.04.	Gutschrift	240,00
11.04.	Lastschrift	5.600,00
14.04.	Lastschrift	4.900,00
20.04.	Gutschrift	17.860,00
28.04.	Lastschrift	16.980,00

Zur Erinnerung:

Zinsen werden mithilfe der folgenden Formel ermitelt:
$$Z = \frac{K \cdot p\% \cdot t}{100 \cdot 360}$$

Erläuterung: Z = Zinsen
               p% = Zinssatz
               t = Zeit (in Tagen)
               K = Kapital

a) Stellen Sie in der unten stehenden Grafik dar, wie sich der Kontostand der Werbeagentur Römer KG ändert.

b) Ermitteln Sie die am Ende des dargestellten Zeitraums zu zahlenden Zinsen.

c) Ermitteln Sie den Kontostand am Ende des Zeitraums, nachdem die Zinsen der Bank dem Konto belastet worden sind.

	1	2	3	4	5	6	7	8	9	10	11	12	13	14	15	16	17	18	19	20	21	22	23	24	25	26	27	28	29	30
6.000,00																														
5.000,00																														
4.000,00																														
2.000,00																														
1.000,00																														
0,00																														
1.000,00																														
2.000,00																														
3.000,00																														
4.000,00																														
5.000,00																														
6.000,00																														
7.000,00																														
8.000,00																														
9.000,00																														
10.000,00																														
11.000,00																														
12.000,00																														
13.000,00																														
14.000,00																														
15.000,00																														
16.000,00																														
17.000,00																														

Lernsituation 88
Über langfristige Finanzierungen entscheiden

Herr Finke, der Mitarbeiter der BE Partners KG, der für den digitalen Druck zuständig ist, hat sich an seine Vorgesetzte, Frau Kolder, gewandt:

„Frau Kolder, es ist schon wieder vorgekommen, dass unsere alte Druckanlage ihren Dienst eingestellt hat. Wie Sie wissen, ist dies in letzter Zeit häufig passiert. Die Anlage ist einfach veraltet und extrem störanfällig. Diesmal konnten wir einen wichtigen und eiligen Auftrag nicht termingerecht fertigstellen und ausliefern. Außerdem entspricht die Anlage wirklich nicht mehr dem neuesten technischen Standard. Deshalb benötigen wir dringend eine neue Anlage."

Frau Kolder, die Leiterin der Druckerei, hat sich davon überzeugt, dass es so nicht mehr weitergehen kann. Herr Finke hat recht, es muss etwas geschehen. Deshalb wendet sie sich an Herrn Bastian und beantragt die Genehmigung der Anschaffung einer neuen Digitaldruckmaschine. Da Frau Kolder erst kürzlich die Hannover-Messe besuchte und sich über neuere Digitaldruckanlagen informiert hat, kann sie Herrn Bastian einen konkreten Vorschlag für die Anschaffung einer geeigneten Anlage machen. Die Anschaffungskosten dieser Anlage betragen 120.000,00 €.

Herr Bastian lässt sich von Frau Kolder überzeugen und stimmt dem Kauf der neuen Anlage zu. Als Nächstes muss jetzt bei den Geschäftsbanken der BE Partners KG nachgefragt werden, zu welchen Konditionen diese bereit sind, den Kauf der Anlage zu finanzieren, und mit welchen Finanzierungskosten das Unternehmen demzufolge rechnen muss.

Dafür werden Kreditangebote bei verschiedenen Kreditinstituten eingeholt.

1 Formulieren Sie eine Kreditanfrage an die Volksbank Bonn Rhein-Sieg e.G., Heinemannstr. 15, 53175 Bonn. Die Laufzeit des Kredits soll 8 Jahre betragen. Recherchieren Sie in Ihrem Ausbildungsbetrieb, in welcher Art Kreditanfragen dort formuliert werden.

   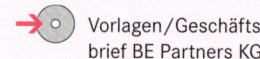 Vorlagen/Geschäftsbrief BE Partners KG

   Schreiben Sie den entsprechenden Brief und beachten Sie die formalen Vorgaben für Geschäftsbriefe.

2 Die Antwort der Sparkasse KölnBonn liegt inzwischen vor. Herr Bastian bereitet sich auf das Gespräch in der Sparkasse KölnBonn vor. Er bittet die Auszubildende Tüley, ihm in tabellarischer Form die jeweiligen jährlichen Zins- und Tilgungszahlungen sowie die jeweilige Restschuld der drei unterschiedlichen Darlehensformen darzustellen.

    Arbeitsblatt 88.1

   Erstellen Sie die drei Übersichtstabellen. Nutzen Sie das Arbeitsblatt.

Sparkasse KölnBonn

Sparkasse KölnBonn, Postfach 1213, 53293 Bonn

BE Partners KG
Schlesienstraße 490–492
53119 Bonn

Bonn, 18.02.20XX

Ihre Finanzierungsanfrage vom 15. Februar 20XX

Sehr geehrter Herr Bastian,

vielen Dank für Ihr Schreiben vom 15. Februar. Gerne sind wir bereit, Ihnen für die Anschaffung der neuen Maschine den gewünschten Kredit in Höhe von 120.000,00 € einzuräumen. Das Darlehen wird zu 100 % ausgezahlt. Die Konditionen liegen derzeit bei

4 % Zinsen p. a.

Da wir schon seit Jahren eine erfreuliche Geschäftsbeziehung zu Ihnen führen, entstehen

keinerlei weitere Gebühren oder Kosten.

Bei einer Kreditlaufzeit von acht Jahren ergeben sich unterschiedliche Möglichkeiten der Rückzahlung (Tilgung) des Kredites. Unter diesem Aspekt bieten wir Ihnen drei unterschiedliche Möglichkeiten an:

a) ein Ratendarlehen

b) ein Fälligkeitsdarlehen oder

c) ein Annuitätendarlehen.

Bitte beachten Sie hierzu unsere beigefügte Verbraucherinformation. Die Annuität würde bei dem von Ihnen beantragten Darlehen 17.823,34 € betragen.

Gerne würden wir in einem persönlichen Gespräch mit Ihnen das für Sie günstigste Angebot auswählen. Wir bitten Sie, hierfür einen Gesprächstermin mit der Unterzeichnerin abzustimmen.

Mit freundlichem Gruß

i. A. *Frederike von Sternen*

Verbraucherinformation der Sparkasse Köln-Bonn

Sparkasse KölnBonn

**Zu Ihrer persönlichen Sicherheit –
Finanzieren mit der Sparkasse**

Für Ihren ganz individuellen Bankkredit bieten wir Ihnen drei Varianten.

Fälligkeitsdarlehen

Was ist ein Fälligkeitsdarlehen?	Wie tilgen Sie?	Wie hoch sind Ihre Kreditkosten?
Wir zahlen Ihnen die Darlehenssumme aus und Sie zahlen während der Laufzeit nur die Zinsen. Die Rückzahlung ist am Ende der Laufzeit fällig.	Sie tilgen die gesamte Kreditsumme am Ende in einer Summe.	Die Zinsen werden während der gesamten Laufzeit vom Gesamtdarlehen berechnet. Sie bleiben also über die gesamte Zeit hinweg gleich. Evtl. fallen Bearbeitungsgebühren an.

Abzahlungsdarlehen

Was ist ein Abzahlungsdarlehen?	Wie tilgen Sie?	Wie hoch sind Ihre Kreditkosten?
Wir zahlen Ihnen die Darlehenssumme aus und Sie zahlen während der Laufzeit den Kredit nach und nach zurück. Weil die Restschuld somit kontinuierlich kleiner wird, zahlen sie auch entsprechend immer weniger Zinsen, das heißt, dass ihre Liquiditätsbelastung kontinuierlich abnimmt.	Sie tilgen jährlich, und zwar am Jahresende, einen gleichbleibenden Betrag, sodass zum Ende der Laufzeit keine Restschuld mehr vorhanden ist.	Die Zinsen werden von dem durch die regelmäßige Tilgung immer kleiner werdenden Restdarlehensbetrag berechnet. Sie sind also am Anfang relativ hoch und nehmen dann kontinuierlich ab. Evtl. fallen Bearbeitungsgebühren an.

Annuitätendarlehen

Was ist ein Annuitätendarlehen?	Wie tilgen Sie?	Wie hoch sind Ihre Kreditkosten?
Wir zahlen Ihnen die Darlehenssumme aus und Sie zahlen während der Laufzeit eine fest vereinbarte Rate (Annuität). Diese setzt sich aus Zinszahlungen und einem Betrag für die Tilgung des Darlehens zusammen. Sie können mit dem Annuitätendarlehen prima planen, da die Höhe Ihrer Zahlungen immer gleich bleibt.	Jede gezahlte Rate (Annuität) hat einen Tilgungsanteil. Dieser steigt während der Laufzeit kontinuierlich an.	Jede gezahlte Rate hat einen Zinsanteil. Da sich durch die regelmäßige Tilgung der geschuldete Kreditbetrag kontinuierlich verringert, verringern sich auch die zu zahlenden Zinsen – der Tilgungsanteil steigt. Im Verlauf haben Sie also sinkende Zinszahlungen. Evtl. fallen Bearbeitungsgebühren an.

Folgesituation

Kreditentscheidung

Mittlerweile liegen auch von zwei weiteren Kreditinstituten Angebote vor, und zwar von der Volksbank Bonn Rhein-Sieg e. G., zu der die BE Partners KG bereits eine langjährige Geschäftsbeziehung unterhält, und von der Commerzbank Bonn, zu der bislang keine Geschäftsbeziehung besteht.

COMMERZBANK

Ihr Kreditersuchen vom 15.02.20XX

Sehr geehrter Herr Bastian,

vielen Dank für Ihr Schreiben vom 15. Februar. Wir würden uns freuen, Ihnen für das geplante Investitionsvorhaben finanzielle Mittel zur Verfügung zu stellen. Die aktuell günstige Lage an den Finanzmärkten erlaubt es uns, Ihnen das folgende sehr attraktive Angebot unterbreiten zu können:

Kreditsumme:	120.000,00 €
Kreditart:	Abzahlungsdarlehen
Nominalzinssatz:	4,5 % p. a. – zahlbar am Ende des Jahres
Bearbeitungsgebühr:	1 % der Kreditsumme
Laufzeit:	8 Jahre

Wir würden uns freuen, auch Sie demnächst zu unseren zufriedenen Kunden zählen zu dürfen.

Mit freundlichem Gruß

Volksbank Bonn Rhein-Sieg e. G.

Ihr Schreiben vom 15.02.20XX

Sehr geehrter Herr Bastian,

wir bedanken uns für das uns entgegengebrachte Vertrauen. Die Finanzierung Ihres Investitionsvorhabens ist bei uns in den besten Händen. Das versichern wir Ihnen. Den gewünschten Kreditbetrag können wir Ihnen zu den folgenden Konditionen zur Verfügung stellen:

benötigte Kreditsumme:	120.000,00 €
Kreditart:	Abzahlungsdarlehen
Nominalzinssatz:	3,8 % jährlich – nachschüssig
Bearbeitungsgebühr:	2.000,00 €
gewünschte Laufzeit:	8 Jahre

Gerne sehen wir Ihrer Antwort entgegen und freuen uns auf die weitere Zusammenarbeit mit Ihnen.

Mit freundlichem Gruß

Alexander Hebauf

Alexander Hebauf
Abteilungsleiter Gewerbedarlehen

3 a) Informieren Sie sich über die dargestellten Kreditangebote der beiden Banken und vergleichen Sie diese, indem Sie Zins- und Tilgungspläne für die beiden Angebote erstellen.[1] Nutzen Sie das Arbeitsblatt.

b) Ermitteln Sie das günstigere der beiden Abzahlungsdarlehen.

Gehen Sie bei beiden Angeboten davon aus, dass die Bearbeitungsgebühr den Kreditbetrag nicht erhöht, sondern aus eigenen finanziellen Mitteln getragen wird, also vom Konto der BE Partners KG abgebucht wird.

→ Arbeitsblatt 88.2

1 Da es sich nur um Auszüge von Geschäftsbriefen handelt, entsprechen sie nicht der DIN 5008.

Was kostet der Kredit?	bei der Volksbank Bonn Rhein-Sieg e. G.	bei der Commerzbank Bonn
Zinsen über die gesamte Kreditlaufzeit von 8 Jahren		
Bearbeitungsgebühren		
Kreditkosten insgesamt		

4 Die Gespräche mit der Sparkasse KölnBonn haben ergeben, dass der dortige Kreditsachbearbeiter zu einem Annuitätendarlehen geraten hat. Beurteilen Sie diesen Vorschlag.

5 Treffen Sie eine begründete Entscheidung, bei welchem Kreditinstitut die BE Partners KG den Kauf der Maschine finanzieren soll.

Arbeitsblatt 88.1 Vergleich Fälligkeits-, Abzahlungs- und Annuitätendarlehen

Angebot der Sparkasse KölnBonn

1. Fälligkeitsdarlehen der Sparkasse KölnBonn

Jahr	Darlehensbetrag am Beginn des Jahres	Tilgung (= Rückzahlung) pro Jahr	Zinsen pro Jahr[1]	Liquiditäts-belastung[2]	Darlehensbetrag am Ende des Jah-res (= Restschuld)
1	120.000,00 €				
2					
3					
4					
5					
6					
7					
8					

1 Die Zinsen werden immer auf die jeweilige Restschuld berechnet.
2 Die BE Partners KG muss die jeweilige Summe aus Tilgung und Zinsen an die Sparkasse KölnBonn zahlen. Die Summe führt also zu einer Auszahlung, die die Liquidität des Unternehmens belastet.

Arbeitsblatt 88.1 Vergleich Fälligkeits-, Abzahlungs- und Annuitätendarlehen (Fortsetzung)

2. Abzahlungsdarlehen der Sparkasse KölnBonn

Jahr	Darlehensbetrag am Beginn des Jahres	Tilgung (= Rückzahlung) pro Jahr	Zinsen pro Jahr[1]	Liquiditätsbelastung[2]	Darlehensbetrag am Ende des Jahres (= Restschuld)
1	120.000,00 €				
2					
3					
4					
5					
6					
7					
8					

3. Annuitätendarlehen der Sparkasse KölnBonn

Jahr	Darlehensbetrag am Beginn des Jahres	Tilgung (= Rückzahlung) pro Jahr	Zinsen pro Jahr[1]	Liquiditätsbelastung[2]	Darlehensbetrag am Ende des Jahres (= Restschuld)
1	120.000,00 €			17.823,34 €	
2					
3					
4					
5					
6					
7					
8					

1 Unter Annuität wird die über die gesamte Laufzeit des Kredits gleichbleibende Summe aus Tilgung und Zinsen verstanden. Da die Tilgung die verbleibende Restschuld Jahr für Jahr weiter mindert, sinken die zu zahlenden Zinsen und der Anteil der Annuität, der für die Tilgung des Darlehens verwendet wird, steigt kontinuierlich.

Arbeitsblatt 88.2 Darlehensvergleich Commerzbank und Volksbank

Angebot der Commerzbank Bonn

Jahr	Darlehensbetrag am Beginn des Jahres	Tilgung	Zinsen und andere Kosten	Liquiditäts-belastung	Darlehensbetrag am Ende des Jahres
1					
2					
3					
4					
5					
6					
7					
8					

Angebot der Volksbank Bonn Rhein-Sieg e.G.

Jahr	Darlehensbetrag am Beginn des Jahres	Tilgung	Zinsen und andere Kosten	Liquiditäts-belastung	Darlehensbetrag am Ende des Jahres
1					
2					
3					
4					
5					
6					
7					
8					

Aufgaben

1 Die Auszubildende Sophie Fischer äußert sich im Rahmen des betriebsinternen Unterrichts der BE Partners KG wie folgt:
„Wir müssen jetzt für eine über 8 Jahre laufende Finanzierung 4 % Zinsen zahlen. Eine kurzfristige Finanzierung für ein Jahr wäre aber schon für 3,6 % zu haben gewesen. Da ließe sich doch einiges sparen. Wir könnten den Kredit dann jedes Jahr verlängern. Falls es dem Unternehmen gut geht, könnten wir außerdem vielleicht mehr und schneller zurückzahlen und hätten so noch einmal Kreditkosten gespart."
Nehmen Sie Stellung zu dieser Aussage.

2 Erläutern Sie, welcher Teil der Annuität als Aufwand in die GuV-Rechnung eingeht und somit den steuerpflichtigen Gewinn senkt.

3 Unterscheiden Sie die Begriffe „Liquiditätsbelastung" und „Zinsen (= Zinsaufwendungen)".

4 Erläutern Sie den Zusammenhang zwischen der Situation eines Unternehmens und der Wahl der Darlehensart an folgendem Beispiel:
Die Hansen KG produziert bislang hochwertiges Kinderspielzeug aus Holz. Nunmehr sollen auch Kinderfahrräder ins Produktionsprogramm aufgenommen werden. Das Unternehmen möchte diese selbst herstellen. Hierzu ist die Anschaffung von Maschinen und speziellem Werkzeug erforderlich. Die Investitionssumme beläuft sich auf 800.000,00 €, die in voller Höhe durch ein Darlehen finanziert werden soll.

5 Für die Finanzierung selbst genutzter Immobilien, z. B. einer Eigentumswohnung, bieten die Banken in der Regel ein Annuitätendarlehen an. Beschreiben Sie die Vorteile, die eine solche Finanzierung für die Käufer der Immobilie haben kann.

6 Auszug aus einem Darlehensvertrag:
„Die gleichbleibenden monatlichen Raten betragen 572,80 €."
Beschreiben Sie begründet, welche Darlehensart vorliegt.
Überlegen Sie, ob Sie in diesem Fall für die ersten zwölf Monate einen Zins- und Tilgungsplan aufstellen können. Gehen Sie davon aus, dass der Darlehensbetrag 160.000,00 € beträgt.

7 Caroline und Peter Römer kaufen sich ihre erste Eigentumswohnung. Einen Teil des Kaufpreises in Höhe von 120.000,00 € finanzieren sie über ihre Hausbank. Die Zinsen sind günstig, sie zahlen lediglich 3 % im Jahr. Der Vertrag sieht außerdem eine jährliche Tilgung von 2,5 % vor.

a) Ermitteln Sie die Liquiditätsbelastung im ersten Jahr und die Restschuld am Ende des ersten Jahres.
b) Ein Freund der beiden rät ihnen, mit der Bank ein sogenanntes Sondertilgungsrecht zu vereinbaren. Recherchieren Sie, was genau ein Sondertilgungsrecht bedeutet, und beurteilen Sie den Vorschlag des Freundes.
c) Im Rahmen ihrer Suche nach der bestmöglichen Finanzierung haben die beiden festgestellt, dass Darlehen, bei denen die Zinsen für 10 Jahre fest vereinbart werden sollten, günstiger waren als solche, bei denen eine längere Festschreibung der Zinsen erfolgen sollte. Begründen Sie diese Anbieterpolitik der Banken.

8 Vergleichen Sie das Fälligkeits-, das Abzahlungs- und das Annuitätendarlehen entsprechend den drei Gesichtspunkten in der ersten Spalte.

Gesichtspunkt	Fälligkeitsdarlehen	Abzahlungsdarlehen	Annuitätendarlehen
Entwicklung der Zinszahlungen während der Kreditlaufzeit			
Entwicklung des gesamten Tilgungsbetrages während der Kreditlaufzeit			
Entwicklung der Liquiditätsbelastung während der Kreditlaufzeit			

Lernsituation 89

Über Kredit oder Leasing entscheiden

Rolf Bastian, Geschäftsführer der BE Partners KG, traf kürzlich seinen ehemaligen Schulkameraden Fritz Wehking wieder. Beide hatten sich lange nicht gesehen, so dass es viel zu erzählen gab. Fritz berichtete, dass er seit vielen Jahren für eine Leasinggesellschaft in Hamburg arbeitet, und bot seine Mithilfe für den Fall an, dass die BE Partners KG in Zukunft einmal die Neuanschaffung eines Anlagegutes über Leasing erwägen würde.

Dieser Fall ist nun – schneller als es Herrn Bastian lieb ist – eingetroffen, denn der bisher vom Unternehmen genutzte Kleinlieferwagen hat einen größeren Motorschaden. Nach Auskunft der Werkstatt lohnt sich die Reparatur in Anbetracht des Alters und der Laufleistung des Fahrzeugs nicht.

Für die Anschaffung eines neuen Kleinlieferwagens bieten sich der BE Partners KG nunmehr eine Darlehensfinanzierung bei der Geschäftsbank oder eben ein Leasingvertrag an. Herr Bastian schreibt deshalb Herrn Wehking die folgende E-Mail:

Von:	rolf.bastian@bepartners.de
An:	fritz@wehking.de
Betreff:	Dein guter Rat ist gefragt

Hallo Fritz,

war schön, dich so überraschend wiederzusehen, habe es sehr genossen, die alten Zeiten wieder aufleben zu lassen. Allerdings habe ich nicht gedacht, dass ich so schnell deine angebotene geschäftliche Hilfe in Anspruch nehmen müsste. Wir benötigen geschäftlich einen neuen Kleinlieferwagen im Wert von ca. 30.000,00 €. Bitte erkläre mir doch noch einmal, wie das eigentlich mit dem Leasing funktioniert, und schildere mir die Vorteile des Leasings gegenüber einem kreditfinanzierten Kauf.

Mit herzlichem Gruß

Rolf

1 Formulieren Sie eine Antwortmail. Diese sollte eine Definition von Leasing enthalten und das Wesen von Leasing als Mittel der Fremdfinanzierung im Unterschied zu einer Kreditfinanzierung darstellen.

Außerdem sollten drei Vorteile von Leasing gegenüber der Kreditfinanzierung genannt werden.

Die wesentlichen Vertragsbedingungen des Leasingvertrages sollten kurz angesprochen werden (Kündigungsmöglichkeiten, Übernahme des Leasingobjektes nach Vertragsende, Höhe der Raten, Bilanzierung, Kosten für Reparaturen und Wartung).

Strukturieren Sie Ihre Gedanken zunächst mithilfe von Arbeitsblatt 89.1, formulieren Sie dann die Antwortmail.

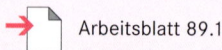 Arbeitsblatt 89.1

Folgesituation

Vergleich von Kredit- und Leasingangebot

Herr Bastian hat sich inzwischen entschieden, welches Fahrzeug die BE Partners KG anschaffen wird. Der Kleinlastwagen wird Anschaffungskosten in Höhe von 36.000,00 € verursachen. Herr Bastian geht aufgrund der Erfahrungen mit dem „alten" Fahrzeug davon aus, dass die Nutzungsdauer des Fahrzeugs 6 Jahre betragen wird. Finanziert werden sollen in jedem Fall die Gesamtkosten inklusive aller eventuellen Gebühren. Jetzt muss also noch die Frage geklärt werden, wie die Finanzierung erfolgen soll.

Herr Wehking hat Herrn Bastian mittlerweile ein konkretes Angebot geschickt (siehe Folgeseite). Außerdem hat Herr Bastian ein Angebot der Sparkasse KölnBonn vorliegen, die der BE Partners KG ein Darlehen für die Anschaffung des Kleinlieferwagens zur Verfügung stellen will.

Auszug aus dem Angebot der Sparkasse KölnBonn

(...)

Wir danken Ihnen für Ihre Anfrage vom 12.11.20XX

Nach Prüfung der Unterlagen für den Kauf des Kleinlastwagens in Höhe von 36.000,00 € können wir Ihnen die folgenden Konditionen anbieten:

Ratendarlehen mit Zinszahlungen am Jahresende. Die Tilgung erfolgt in 6 gleichen Raten am Ende des Jahres.

Nominalzins: 5 % p. a.

Einmalige Bearbeitungsgebühr: fällt nicht an

Laufzeit: 6 Jahre

Die Laufzeit des Kredites entspricht damit der geplanten Nutzungsdauer des Kraftfahrzeuges.

(...)

Brief der EASY–LEASE 24 GmbH mit dem Leasing-Angebot:

EASY–LEASE 24 GmbH

Easy-Lease 24 GmbH, Schlenzigstr. 148, 21000 Hamburg

BE Partners KG
Herrn Rolf Bastian
Schlesienstraße 490–492
53119 Bonn

Ihr Zeichen:
Ihre Nachricht vom: 12.11.20XX
Unser Zeichen: wef
Unsere Nachricht vom:

Name: Fritz Wehking
Telefon: 040 178940-10
Telefax: 040 178940-225
E-Mail: fritz.wehking@easylease.de

Datum: 15.11.20XX

Leasingangebot

Sehr geehrter Herr Bastian,

wir freuen uns, Ihnen für das in Ihrer Anfrage beschriebene Kraftfahrzeug das folgende Leasing-angebot unterbreiten zu können.

Die Grundmietzeit beträgt vier Jahre und ist für beide Seiten unkündbar. Mit der ersten Leasing-rate ist eine Abschlussgebühr in Höhe von 2 % der investierten Summe in Höhe von 36.000,00 € fällig.

Die Leasingraten betragen

1. während der Grundmietzeit monatlich 1,8 % der investierten Summe
2. nach Ablauf der Grundmietzeit lediglich 500 € jährlich.

Kosten für Maßnahmen zur Werterhaltung des Fahrzeugs, wie z. B. regelmäßige Wartungs-arbeiten, sowie für die Versicherung trägt der Leasingnehmer.

Nach Ablauf der Grundmietzeit geben Sie das Fahrzeug bequem zurück und Sie erhalten, bei entsprechendem Abschluss eines Folgevertrages, ein neues. Sie können alternativ das Fahrzeug zum Restwert kaufen oder den Leasingvertrag zu den obigen Bedingungen verlängern.

Wir würden uns über eine Auftragserteilung freuen.

Mit freundlichem Gruß

i. A. *Fritz Wehking*

Fritz Wehking
Account-Manager

2 Ermitteln Sie für die beiden Finanzierungsarten die jeweilige Aufwands- und Liqui-ditätsbelastung. Arbeitsblatt 89.2

3 Entscheiden Sie sich begründet für eine der beiden Finanzierungsalternativen.

Arbeitsblatt 89.1 Vergleich Leasing und Kreditfinanzierung am Beispiel des Kleinlieferwagens

	Merkmale von Leasing	Merkmale der Kreditfinanzierung
Wer wird Eigentümer des Lieferwagens?		
Wer weist den Lieferwagen in seiner Bilanz aus?		
Welche Kosten entstehen dem Kreditnehmer/dem Leasingnehmer?		
Wie lange läuft der Vertrag?		
Was geschieht mit dem Lieferwagen, wenn der Kreditvertrag/Leasingvertrag ausläuft?		
Wer zahlt die Wartung und die Reparaturen am Fahrzeug während der Laufzeit?		
Ist es erforderlich, zu Vertragsbeginn eine Anzahlung für das Fahrzeug zu leisten?		

Beurteilung des Leasings als Finanzierungsform

Vorteile	Nachteile

Leasingangebot EASY–LEASE 24 GmbH

Jahr	Leasingraten und andere Kosten
1	
2	
3	
4	
5	
6	
Summe	

Ratenkredit Sparkasse KölnBonn

Jahr	Schuld am Jahresanfang	Tilgung	Zinsen	Gesamte Auszahlung (Liquiditätsbelastung)	Abschreibung	gesamter Aufwand
1						
2						
3						
4						
5						
6						
Summe						

Aufgaben

1   Für die Erweiterung der Produktionskapazitäten benötigt
die TMS-KG eine neue EDV-Anlage. Ausführliche
Gespräche mit dem Hersteller haben ergeben, dass mit
einer Investition von 112.000,00 € zu rechnen ist. Über
entsprechende liquide Mittel in dieser Höhe verfügt die
TMS-KG zurzeit nicht. Zur Finanzierung dieser neuen
EDV-Anlage, deren betriebsgewöhnliche Nutzungsdauer
10 Jahre bei linearer Abschreibung beträgt, stehen zwei
Finanzierungsarten zur Auswahl:

Die Hansabank Münster gewährt ein Darlehen über
112.000,00 € mit einer Laufzeit von fünf Jahren.
Die Tilgung erfolgt in gleichbleibenden Raten. Der
Zinssatz beträgt 4,5 % p. a.

Das Leasingangebot der LMB Leasing GmbH erstreckt sich über eine Grundmietzeit von fünf Jahren bei einer Leasinggebühr von 24.000,00 € pro Jahr. Die
EDV-Anlage kann nach Ende dieser Grundmietzeit für zusätzliche fünf Jahre gegen
eine Jahresmiete von 6.500,00 € geleast werden. Danach geht sie in das Eigentum
der TMS-KG über.

a) Ermitteln Sie für die beiden Finanzierungsalternativen die jeweilige Aufwands-
und Liquiditätsbelastung.
b) Treffen Sie auf der Grundlage Ihrer Ergebnisse und weiterer Aspekte, die Sie
selbst für wichtig halten, eine begründete Entscheidung für eine der beiden
Finanzierungsalternativen.

Leasingangebot LMB Leasing GmbH

Jahr	Leasingraten und andere Kosten
1	
2	
3	
4	
5	
6	
7	
8	
9	
10	
Summe	

Kreditangebot der Hansabank Münster

Jahr	Schuld am Jahresanfang	Tilgung	Zinsen	Liquiditäts-belastung	Abschreibung	gesamter Aufwand
1						
2						
3						
4						
5						
6						
7						
8						
9						
10						
Summe						

2 Die Penon GmbH produziert hochwertige Trinkgläser. Da die Nachfrage steigt, wird in der Unternehmensleitung darüber nachgedacht, die Kapazität für eine dauerhafte Ausweitung der Gläserproduktion zu schaffen. Hierfür müsste das Unternehmen einen Brennofen kaufen, dessen Anschaffungskosten 60.000 € betragen. Der Hersteller gibt die betriebsübliche Nutzungsdauer mit 5 Jahren an. Die Abschreibung erfolgt linear.

Zur Finanzierung des Brennofens stehen zurzeit nur geringe eigene finanzielle Mittel zur Verfügung, da das Unternehmen bereits in der Vergangenheit erheblich investiert hat. Die Produktionsverfahren verbessern sich aufgrund des technischen Fortschritts erfahrungsgemäß in relativ kurzer Zeit.

Dem Unternehmen liegen zwei Finanzierungsangebote vor:

Leasingangebot des Herstellers
Bei einer Grundmietzeit der Maschine von 5 Jahren betragen die Leasingraten 14.000 € pro Jahr. Nach 5 Jahren kann die Maschine zum Preis von 5.000 € erworben werden. Außerdem wird eine Abschlussgebühr in Höhe von 1.500,00 € fällig.

Kreditangebot der Hausbank
Die Bank bietet einen Ratenkredit über 60.000 € zu folgenden Konditionen:
Laufzeit: 5 Jahre
Nominalzinssatz: 5,0 %
Auszahlung: 100 %
Tilgung in gleichen Raten, erstes Jahr tilgungsfrei

a) Vergleichen Sie beide Angebote unter den Gesichtspunkten der jährlichen Liquiditätsbelastung und der Kosten. Nutzen Sie hierzu die beiden Tabellen.
b) Entscheiden Sie sich dann begründet für eine Finanzierungsalternative.

Leasingangebot des Herstellers

Jahr	Leasingraten und andere Kosten
1	
2	
3	
4	
5	
Summe	

Kreditangebot der Hausbank

Jahr	Schuld am Jahresanfang	Tilgung	Zinsen	Gesamte Auszahlung (Liquiditätsbelastung)	Abschreibung	gesamter Aufwand
1						
2						
3						
4						
5						
Summe						

Ihr Autohaus

„So macht LEASING Spaß – nur 54,00 €
im Monat

Unsere jungen
Gebrauchten kann
sich jeder leisten."

So lautet die Werbeaussage eines großen Autohauses.

Auf Nachfrage teilt das Autohaus die folgenden Konditionen für den Leasingvertrag mit:

Preis: 17.800,00 €

Preisnachlass aufgrund eines Sonder-
angebots: 1.000,00 € (nur bei Leasing-
verträgen)

Anzahlung: 5.400,00 €

Sollzins: 2,9 %

Monatliche Leasingprämie: 54,00 €

Laufzeit des Vertrags: 48 Monate

Jährliche Fahrleistung: 10.000 km

Schlussrate: 10.200,00 €

a) Nehmen Sie unter Berücksichtigung der Konditionen kritisch Stellung zu der
   Werbeaussage des Autohauses.

b) Das gewünschte Auto ließe sich auch durch ein Bankdarlehen finanzieren.
   Erläutern Sie, welche einzelnen Aspekte beim Vergleich dieses Leasingangebotes
   mit einem Bankdarlehen berücksichtigt werden müssten.

Lernsituation 90

Kreditsicherheiten beurteilen und Kreditkosten berechnen

In der Kreditabteilung der Commerzbank Bonn, Sektion Geschäftskunden, sitzen Frau Stitz und Herr Dünnhoff zusammen, um eine Kreditanfrage der BE Partners KG zu beantworten. Aus einem nur kurz vorher angefragten Kredit hat sich keine Geschäftsbeziehung entwickelt, was die Bank bedauert.

Die Commerzbank möchte gerne ein Angebot machen, das die BE Partners KG überzeugt, denn sie will sie unbedingt als neuen Kunden gewinnen. Wie aus dem Schreiben der BE Partners KG hervorgeht, handelt es sich um die Finanzierung einer Immobilie.

<u>BE Partners KG, Postfach 10 01 04, 53100 Bonn</u>

Commerzbank Bonn
Rheinaue 380 – 384
53117 Bonn

Ihr Zeichen:
Ihre Nachricht vom:
Unser Zeichen: Bar/bee
Unsere Nachricht vom:

Name: Rolf Bastian
Telefon: +49 228 1236-277
Telefax: +49 228 1236-111
E-Mail: r.bastian@bepartners.de

Datum: 18.05.20X2

Kreditanfrage

Sehr geehrte Damen und Herren,

sicherlich sind wir Ihnen als ein bedeutender regionaler Anbieter von Werbeagenturleistungen bereits bekannt, auch wenn wir zu Ihnen bisher noch keine Geschäftsbeziehung pflegen.

Dies könnte sich aber in Zukunft ändern. Wir beabsichtigen nämlich, den Verwaltungsbereich unseres Unternehmens durch den Ankauf eines weiteren Gebäudes zu modernisieren. Die dafür geschätzten Anschaffungskosten liegen bei etwa 300.000,00 €. Diese sollen durch ein langfristiges Darlehen finanziert werden. Damit Sie sich ein besseres Bild der BE Partners KG machen können, fügen wir die aktuelle Bilanz und die aktuelle Gewinn- und Verlustrechnung bei.

Wir bitten Sie höflich, uns mitzuteilen, ob und zu welchen Konditionen Sie bereit sind, unser Investitionsprojekt zu finanzieren. Gerne laden wir Sie zu einem persönlichen Gespräch in unsere Geschäftsräume ein, damit Sie sich vor Ort ein Bild unseres Unternehmens machen können.

Mit freundlichem Gruß

Rolf Bastian

Rolf Bastian
Geschäftsführer

BE Partners KG

Anlagen zu unserem Schreiben vom 18.05.20X2

GuV zum 31.12.20X1 (in €)

Aufwendungen		Erträge	
Materialaufwand	530.000,00	Umsatzerlöse	2.928.000,00
Aufwendungen Handelsware	874.000,00	Bestandsveränderungen	5.000,00
Fertigungslöhne	218.000,00	Mieterträge	16.000,00
Gehälter	810.000,00	Sonstige Erträge	55.000,00
Soziale Aufwendungen	190.000,00		
Abschreibungen auf Anlagen	72.000,00		
Zinsaufwendungen	48.000,00		
sonstige Aufwendungen	127.000,00		
Steuern	30.000,00		
Gewinn	105.000,00		
Summe	**3.004.000,00**		**3.004.000,00**

Bilanz zum 31.12.20X1 (in €)

Aktiva			Passiva		
I. Anlagevermögen			Eigenkapital		640.000,00
Grundstücke/Gebäude	450.000,00				
TA und Maschinen	370.000,00		**Fremdkapital**		
Fuhrpark	87.000,00		Hypothekendarlehen	480.000,00	
BGA	330.000,00		Bankdarlehen (davon kurzfristig: 156.000,00)	750.000,00	
Finanzanlagen	130.000,00		Verbindlichkeiten aus LL	148.000,00	
		1.367.000,00			1.378.000,00
II. Umlaufvermögen					
Rohstoffe	98.000,00				
Hilfsstoffe	30.000,00				
Betriebsstoffe	8.000,00				
Fertige Erzeugnisse	45.000,00				
Unfertige Erzeugnisse	85.000,00				
Handelswaren	72.000,00				
Forderungen aus LL	245.000,00				
Kassenbestand	14.000,00				
Bankguthaben	54.000,00				
		651.000,00			
Summe		**2.018.000,00**			**2.018.000,00**

Frau Stitz und Herr Dünnhoff besprechen, wie sie mit der Anfrage umgehen sollen. Bei ihrem Angebot müssen sie sich an die internen Richtlinien ihres Arbeitgebers halten. Hierin heißt es u. a.:

COMMERZBANK ◆

„(...) Die Commerzbank Bonn stellt ihren Kunden Immobilienkredite nur dann zur Verfügung, wenn sie durch Eintragung einer Grundschuld abgesichert werden.

60 % bis maximal 65 % des Darlehensbetrages werden dabei durch eine erstrangige Grundschuld abgesichert. Immobilien werden in der Regel bis maximal 80 % des Kaufpreises beliehen, in begründeten Ausnahmefällen kann eine 100 %ige Beleihungsgrenze (Vollfinanzierung) zugrunde gelegt werden.“

Für die Kreditvergabe an gewerbliche Kunden heißt es in den betriebsinternen Vorschriften u. a.:

„... Handelt es sich bei dem Kreditsuchenden um einen Neukunden, muss der Antragsteller die folgenden Unterlagen vorlegen:

– aktuelle Bilanz
– aktuelle Gewinn- und Verlustrechnung

Entscheidungsbefugnis:

Anforderungen für die Kreditvergabe auf Sachbearbeiterebene:

– Liquiditätsgrad II ≥ 100 %
– Liquiditätsgrad III ≥ 150 %.
– Verschuldungsgrad (branchenspezifisch)
  Medienbranche: Verschuldungsgrad ≤ 280 %
– Rentabilität des Eigenkapitals ≥ 8 %

Bei schlechteren Kennzahlen liegt die Entscheidung beim Abteilungsleiter bzw. der Geschäftsführung.“

Aus der aktuellen Zinstabelle entnehmen sie die folgenden Werte:

COMMERZBANK ◆

„Immobilienfinanzierung: 2,2 % p. a. (Annuitätendarlehens mit anfänglich 1 % Tilgung) – maximaler Beleihungswert 60 %.

3,8 % p. a. (Beleihungswerte über 60 %)

Tendenz leicht fallend“

Die beiden Kreditsachbearbeiter erarbeiten auf der Grundlage dieser Vorgaben das folgende Angebot für die BE Partners KG.

COMMERZBANK

Commerzbank, 53291 Bonn

BE Partners KG
Postfach 10 01 04
53100 Bonn

Bonn, 21.05.20X2

Finanzierung Ihres geplanten Verwaltungsbaus

Sehr geehrter Herr Bastian,

vielen Dank für Ihre Anfrage vom 18.05.20X2 und das unserem Hause somit
entgegengebrachte Vertrauen.

Gerne sind wir bereit, die Finanzierung der geplanten Erweiterung Ihres Verwaltungs-
bereichs zu übernehmen. Es freut uns, Ihnen aufgrund Ihrer guten Bonität hierfür
ganz besonders günstige Konditionen anbieten zu können.

Immobilienkredit als Annuitätendarlehen bei anfänglicher Tilgung von 2 %	300.000,00 €
Bearbeitungsgebühr	0,5 % des Darlehensbetrages
Nominalzinssatz pro Jahr	2,8 %
Leistungsraten	1.200,00 € zahlbar jeweils am Ende des Monats nachschüssig
Laufzeit/Festschreibungszeit für den Zinssatz	10 Jahre

Diese Kondition ist daran gebunden, dass das Darlehen durch die Eintragung einer
erstrangigen Grundschuld besichert wird.

Gerne sind wir bereit, Ihnen unser Angebot in einem persönlichen Gespräch ausführlich
zu erläutern, und freuen uns auf einen Besuch in Ihrem Hause.

Mit freundlichem Gruß

i. A. *Heike Stitz*

Heike Stitz
Kreditsachbearbeiterin

1 Ermitteln Sie die Kennziffern und prüfen Sie, ob eine Anfrage vorliegt, die nach
den betriebsinternen Vorgaben auf Sachbearbeiterebene bearbeitet werden darf.

2 Zum schriftlichen Angebot der Commerzbank

a) Erläutern Sie die Bezeichnung „bei anfänglicher Tilgung von 2 %".
b) Klären Sie mithilfe einer Internetrecherche den Begriff „erstrangige Grundschuld".
c) Begründen Sie, warum die Commerzbank in diesem Fall eine Finanzierung des
gesamten Kaufpreises anbietet.

3 Erläutern Sie, warum Banken den Erwerb von Immobilien häufig nur bis zu einer
Höhe von 80 % des Kaufpreises finanzieren (Beleihungsgrenze).

4 Erläutern Sie, warum der Zinssatz für die Finanzierung einer Immobilie, bei der 60 % des Kaufpreises fremdfinanziert sind und der Käufer 40 % Eigenkapital einbringt, geringer ist, als wenn die Bank 80 % und der Käufer nur 20 % selbst finanziert.

Folgesituation

Das Gespräch zwischen Herrn Bastian und Frau Epstein auf der einen Seite und den Vertretern der Commerzbank auf der anderen Seite ist erfolgreich verlaufen. Die BE Partners KG wird das Angebot der Commerzbank Bonn genauso wie vorgelegt annehmen. Frau Bernle, Assistentin der Geschäftsführung, hat mittlerweile die mit der Eintragung der Grundschuld verbundenen Kosten ermittelt. Diese gehen aus der nachstehenden Übersicht hervor.

COMMERZBANK

Kosten für die Eintragung der Grundschuld

Darlehenssumme: 300.000,00 €

Notarkosten	
Beurkundung der Grundschuld	635,00 €
Schreibgebühren pauschal	80,00 €
Postgebühren pauschal	20,00 €
Umsatzsteuer auf Notardienstleistungen	139,65 €
Summe Notarkosten	**874,65 €**
Grundbuchgebühren	635,00 €
Gesamtkosten	1.370,00 €

5 Erstellen Sie für das von der Commerzbank Bonn angebotene Annuitätendarlehen den Zins- und Tilgungsplan. 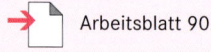 Arbeitsblatt 90.1

6 Alternativ hätte die BE Partners KG auch ein Ratendarlehen der Sparkasse KölnBonn in Anspruch nehmen können. Die Konditionen hierfür lauteten:

2,9 % Zinsen pro Jahr
2 % Tilgung

Erstellen Sie auch hierfür den Zins- und Tilgungsplan und vergleichen Sie die Restschuld nach 10 Jahren. Nehmen Sie zu diesem Ergebnis kritisch Stellung. 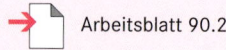 Arbeitsblatt 90.2

7 Ermitteln Sie die gesamten Kreditkosten (einschließlich Eintragung der Grundschuld).

8 Zeigen Sie auf, über welche Möglichkeiten Unternehmen noch verfügen, um Kredite abzusichern. 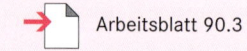 Arbeitsblatt 90.3

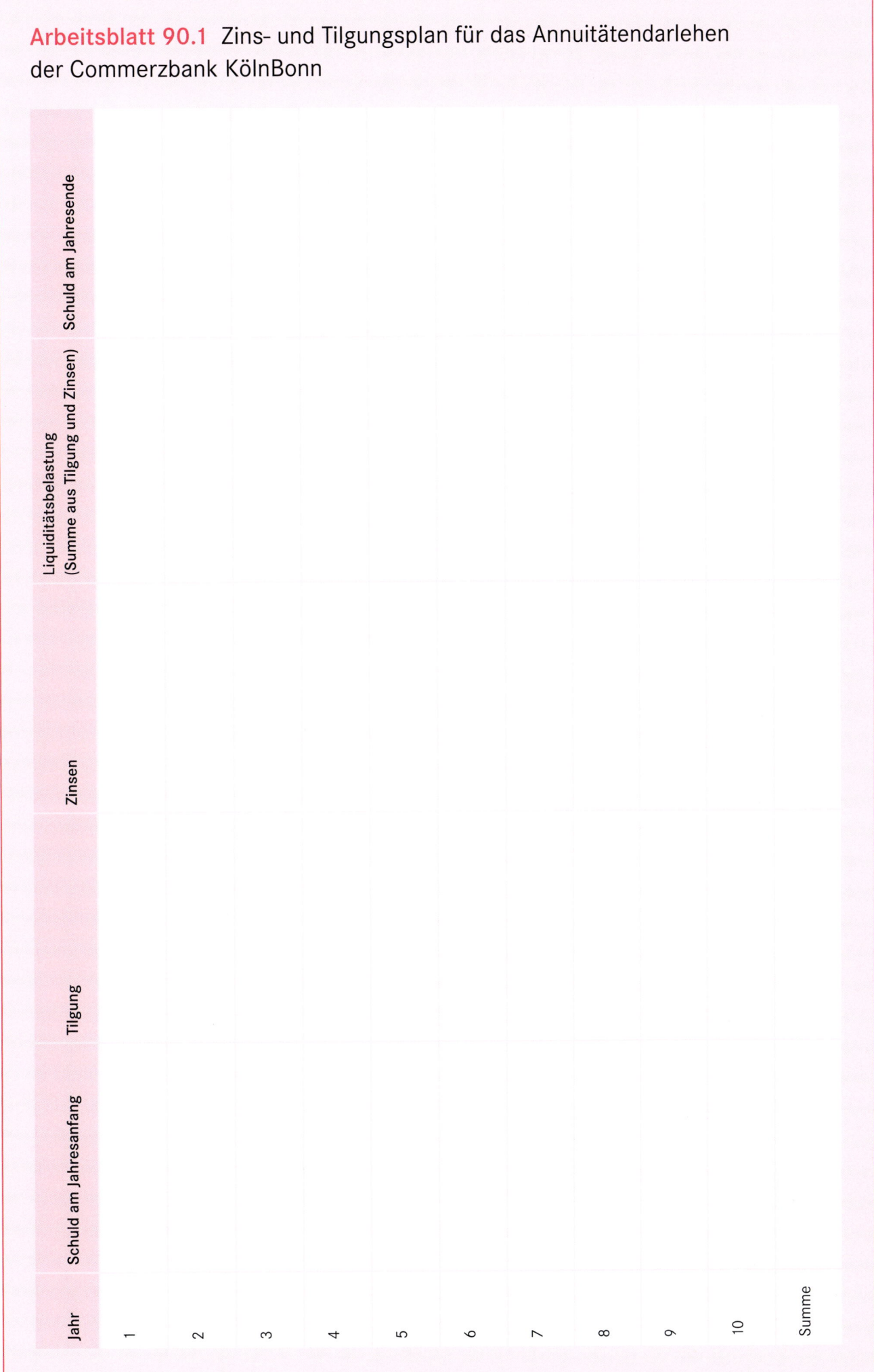

Arbeitsblatt 90.1 Zins- und Tilgungsplan für das Annuitätendarlehen der Commerzbank KölnBonn

Jahr	Schuld am Jahresanfang	Tilgung	Zinsen	Liquiditätsbelastung (Summe aus Tilgung und Zinsen)	Schuld am Jahresende
1					
2					
3					
4					
5					
6					
7					
8					
9					
10					
Summe					

Arbeitsblatt 90.2 Zins- und Tilgungsplan für das Tilgungsdarlehen der Sparkasse KölnBonn

Jahr	Schuld am Jahresanfang	Tilgung	Zinsen	Liquiditätsbelastung (Summe aus Tilgung und Zinsen)	Schuld am Jahresende
1					
2					
3					
4					
5					
6					
7					
8					
9					
10					
Summe					

Kreditsicherheit	Erläuterung (kurze Beschreibung des Wesens der Kreditsicherheit)	Vorteile für einen Kreditnehmer	Nachteile für einen Kreditnehmer	Vorteile für einen Kreditgeber
Bürgschaft				
Eigentumsvorbehalt				
Sicherungsübereignung				

Kreditsicherheit	Erläuterung (kurze Beschreibung des Wesens der Kreditsicherheit)	Vorteile für einen Kreditnehmer	Nachteile für einen Kreditnehmer	Vorteile für einen Kreditgeber
Lombardkredit				
Grundschuld				
Hypothek				

Aufgaben

1 Zur Sicherung eines Kredits kann eine Bürgschaft genutzt werden.

   a) Erläutern Sie anhand eines eigenen Beispiels, das Wesen einer Bürgschaft und welche Arten von Bürgschaften unterschieden werden.
   b) Zeichnen Sie zur Verdeutlichung ein Schaubild, das die Beziehung zwischen dem Bürgen, dem Kreditnehmer und dem Kreditgeber veranschaulicht.
   c) Unterscheiden Sie zwischen selbstschuldnerischer und Ausfallbürgschaft.

2 Die Hohfritz Natur GmbH hat sich auf die Herstellung ökologischer Sportbeklei-dung spezialisiert. Aufgrund der guten Auftragslage plant das Unternehmen, die Produktion auszuweiten. Hierzu sollen neue Nähmaschinen angeschafft werden, deren Anschaffungskosten 50.000,00 € betragen. Bei den Nähmaschinen handelt es sich um gängige Modelle, die auch in anderen Produktionsprozessen einsetzbar sind (Universalmaschinen). Das Unternehmen möchte die Anschaffungskosten in voller Höhe durch ein Bankdarlehen finanzieren. Die Geschäftsführerin, Frau Hohfritz, geht davon aus, dass sich zur Sicherung des Darlehens eine Sicherungsübereignung am besten eignet.

   a) Erläutern Sie das Prinzip der Sicherungsübereignung.
   b) Beschreiben Sie, welche Vorteile eine Sicherungsübereignung in diesem Fall für die Fa. Hohfritz Natur GmbH und welche Vorteile sie für den Kreditgeber hätte.
   c) Erläutern Sie, wie sich die Situation verändern würde, wenn es sich nicht um Universalmaschinen handeln würde, sondern wenn der Kauf von Maschinen finanziert werden sollte, die ganz speziell auf die Produktion der Fa. Hohfritz aus-gerichtet wären (Spezialmaschinen).

3 Beurteilen Sie die grundlegende Eignung der folgenden Bilanzpositionen für eine Sicherungsübereignung.

   a) Lkw
   b) Bestand an Fertigerzeugnissen
   c) Büroeinrichtungsgegenstände
   d) Computer
   e) Grundstücke und Gebäude

4 Beurteilen Sie, welche Art der Kreditsicherung zu den folgenden Bilanzposten passt.

   a) Grundstücke
   b) Maschinen
   c) Fuhrpark
   d) Betriebs- und Geschäftsausstattung
   e) Rohstoffe und Handelswaren
   f) Forderungen aus Lieferungen und Leistungen

Lernsituation 91

Eine Betriebsergebnisrechnung durchführen

Die Gesellschafter der BE Partners KG, Frau Epstein und Herr Bastian, legen beide großen Wert darauf, die Kostenentwicklung ständig zu kontrollieren, und suchen nach Möglichkeiten, Kosten zu senken. So wurde z. B. im abgelaufenen Quartal die Lagerhaltung neu organisiert. Dadurch konnte ein Teil der Lagereinrichtung verkauft und ein Lagerraum vermietet werden.

Nun liegt der vollständige Abschluss für das vergangene Quartal vor. Frau Epstein und Herr Bastian sind mit dem Ergebnis dennoch nicht zufrieden. Herr Bastian bemängelt: „Der Gewinn ist von 258.000,00 € im vorletzten Quartal auf nun 198.000,00 € zurückgegangen, das entspricht einer Reduzierung von etwa 20 %."[1]

1 Siehe dazu das GuV-Konto auf der nächsten Seite.

Dörthe Epstein schlägt vor, ein Übernahmeangebot der Speedprint GmbH anzunehmen und die Drucksparte zu verkaufen: „Ohnehin stehen in den nächsten Jahren größere Investitionsausgaben für eine neue Offsetdruckmaschine an, die können wir uns dann sparen."

Rolf Bastian will das nicht so widerspruchslos akzeptieren, schließlich ist die Druckerei sein „Kind". Außerdem will er keine voreiligen Schlüsse ziehen: „Wir können aus der Gewinn- und Verlustrechnung nicht ohne Weiteres ableiten, dass eine unserer beiden Sparten unwirtschaftlich ist. Immerhin haben sich die wesentlichen Aufwendungen „Material" und „Personal" gegenüber dem vorherigen Quartal kaum verändert und auch der Umsatz ist fast genauso hoch wie im vorherigen Quartal. Wir haben doch einige außergewöhnliche Positionen, die den Gewinn gerade in diesem Quartal erheblich beeinflusst haben, sodass erst eine genauere Analyse der Gewinn- und Verlustrechnung klären kann, ob sich die Lage unseres Unternehmens in diesem Quartal wirklich stark verschlechtert hat. Lass uns doch die Zahlen mal genau ansehen."

Tüley Öztürk ist im Rahmen ihrer Ausbildung gerade im Rechnungswesen und soll Tanja Wagner bei der Aufbereitung der Zahlen der Gewinn- und Verlustrechnung für die Beurteilung der Geschäftstätigkeit des letzten Quartals helfen.

Soll	Gewinn- und Verlustrechnung aktuelles Quartal (in €)		Haben
Aufwendungen für Rohstoffe/Fertigungsmaterial	130.000,00	Umsatzerlöse für eigene Erzeugnisse	774.000,00
Fremdinstandhaltung	15.000,00	Mehrbestand an fertigen Erzeugnissen	1.000,00
Personalaufwendungen	312.000,00	Erträge aus Beteiligungen (Aktien)	4.000,00
Abschreibungen auf Anlagevermögen	18.000,00	Mieterträge (aus Vermietung der Lagerhalle)	5.000,00
Aufwendungen für Mieten	16.000,00		
Verlust aus Schadensfällen	32.000,00		
Büromaterial und Werbung	22.000,00		
Gewerbeertragsteuer aktuelles Jahr	8.000,00		
Zinsaufwendungen	12.000,00		
Steuernachzahlung für Vorjahre	21.000,00		
Gewinn	**198.000,00**		
Summe	784.000,00		784.000,00

1 Formulieren Sie in Stichworten das Problem der BE Partners KG.

2 Bereiten Sie eine Beurteilung der Gewinn- und Verlustrechnung des aktuellen Quartals vor, indem Sie entsprechend Ihren Überlegungen in zwei getrennten Ergebnis-Konten das Betriebsergebnis und das Neutrale Ergebnis ermitteln.

Betriebsergebnis (eigentlicher Betriebszweck) aktuelles Quartal (in Tsd. €)			

Neutrales Ergebnis aktuelles Quartal (in Tsd. €)			

3 In der Praxis werden die Ergebnisse der Geschäftsbuchführung (Rechnungskreis I) dem Rechnungskreis II mit dem Neutralen Ergebnis und dem Betriebsergebnis in einer Gesamttabelle gegenübergestellt.

Erstellen Sie aus den obigen beiden Konten diese Ergebnistabelle der betriebsbezogenen Abgrenzung für das vergangene Quartal.

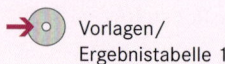 Vorlagen/
Ergebnistabelle 1

BE Partners KG

ERGEBNISTABELLE betriebsbezogene ABGRENZUNG (in Tsd. €)					Quartal	
RECHNUNGSKREIS I			RECHNUNGSKREIS II			
Ergebnisrechnung der Geschäftsbuchführung (GuV)			Abgrenzungsbereich		KLR-Bereich	
			Neutrales Ergebnis		Betriebsergebnis	
Konto	Aufwand	Ertrag	Aufwand	Ertrag	Kosten	Leistungen
Summe						
Ergebnis						
Kontrollsumme						

4 Nehmen Sie Stellung zu dem Vorschlag von Dörthe Epstein, den Geschäftsbereich Druck aufzugeben und zu verkaufen.

5 Nennen Sie je ein Beispiel für:

Ertragsart	Beispiel
betriebsfremde Erträge	
periodenfremde Erträge	
außerordentliche betriebliche Erträge	

6 Richtig oder falsch? Korrigieren Sie gegebenenfalls die Aussage.

a)	Die Aufwendungen für Roh- und Hilfsstoffe stellen Kosten dar.	
b)	Aufwendungen für Instandhaltung gehören zu den außerordentlichen Aufwendungen.	
c)	Erträge aus Vermietung sind Leistungen des Betriebes.	
d)	Umsatzerlöse für Handelswaren gehören zu den betriebsfremden Erträgen.	
e)	Zinserträge sind den neutralen Erträgen zuzuordnen.	
f)	Zinsaufwendungen für einen Kredit des letzten Jahres sind Kosten.	
g)	Steuern sind betriebliche Aufwendungen.	
h)	Der durch einen Verkehrsunfall entstandene Schaden am betrieblich genutzten Lkw ist den betrieblichen außerordentlichen Aufwendungen zuzurechnen.	

Arbeitsblatt 91.1 Betriebliche oder neutrale Aufwendungen?

Bei der BE Partners KG sind im Monat Juni 20XX die folgenden Aufwendungen angefallen.
Beurteilen Sie, ob diese Aufwendungen betrieblicher oder neutraler Art sind.

Aufwendungen	Betrieblich	Neutral	Falls neutral – welcher Art?
Beispiel: Brandschaden		X	außerordentlich
Kraftfahrzeugsteuer für den Pkw der Geschäfts-leitung			
Reparaturaufwendungen an der Heizungsanlage des Bürogebäudes			
Lohnvorauszahlung für einen Mitarbeiter			
Maschinenschaden aufgrund eines Bedienungs-fehlers eines Mitarbeiters			
Zinsaufwendungen für ein Hypothekendarlehen für eine vermietete Lagerhalle			
Diebstahlversicherung für das Papierlager			
Soziale Abgaben (Arbeitgeberanteil) auf Gehälter der Mitarbeiter			
Abfälle aus der Produktion können für 260,00 € verkauft werden.			
Die Kasse weist am 30.06. einen Fehlbetrag von 41,20 € auf.			
Die BE Partners KG erhält eine Steuerrückzahlung aus dem Vorjahr.			

Arbeitsblatt 91.2 Abgrenzung Aufwand/Ertrag – Kosten/Leistung

Entscheiden Sie, ob die folgenden Aufwendungen bzw. Erträge der BE Partners KG

– den Betriebszweck betreffen (Kosten oder Leistungen sind),
– betrieblich außerordentlich sind,⎫
– betrieblich periodenfremd sind,⎬ neutraler Ertrag/Aufwand
– betriebsfremd sind.⎭

BE Partners KG

Aufwendungen und Erträge von A bis Z	Kosten/ Leistungen	außer- ordentlich	perioden- fremd	betriebs- fremd
Ausgangsfrachten für Kundenlieferungen				
Gewerbeertragsteuernachzahlung für das vergangene Geschäftsjahr				
Gehaltszahlungen an Angestellte des Unternehmens				
Telefongebühren für den aktuellen Monat				
Rohstoffverbrauch für einen Kundenauftrag				
Lohnfortzahlung für einen kranken Mitarbeiter				
Kassenfehlbetrag				
Kursgewinne durch den Verkauf von Aktien				
Soziale Aufwendungen (Arbeitgeberanteil zur Sozial- versicherung)				
Totalschaden bei einem Betriebs-Pkw durch einen Unfall				
Zahlung von Verzugszinsen an einen Lieferanten wegen verspäteter Zahlung				
Verkauf einer gebrauchten Maschine über Buchwert				
Aufwendungen für eine Werbeanzeige in einer Fachzeitschrift				
Erlöse aus dem Verkauf von Werbeartikeln an einen Kunden				
Mieteinnahmen für eine vermietete Lagerhalle				
Rohstoffverderb durch falsche Lagerhaltung				
Zahlung von Gewerbeertragsteuer				
Reparaturaufwand für die vermietete Lagerhalle				
Leasingrate für eine gemietete Produktionsmaschine				
Rückzahlung zuviel gezahlter Energieaufwendungen des Vorjahres				
Bestandsminderung bei fertigen Erzeugnissen				
Instandhaltungsaufwand für Maschinen				
Schadenersatzzahlung für eine Reklamation aus dem letzten Jahr				
Provisionsaufwand für die Vermittlung eines Geschäftes				
Prämienzahlung an einen Angestellten für einen Verbesserungsvorschlag				
Zinserträge für Bankguthaben				

Aufgaben

1 Die Max Kluge KG ist ein führender deutscher Hersteller von Skateboards, Wakeboards, Surfboards und Inline-Skatern. Ende August 20XX weist das GuV-Konto der Max Kluge KG die in untenstehender GuV ersichtlichen Daten auf.

Der Geschäftsführer, Herr Karaoglu, möchte wissen, wie hoch der Betriebsgewinn ist und welcher Teil des Gewinns nicht auf die eigentliche Betriebstätigkeit, die Produktion und den Verkauf von Sportartikeln, zurückzuführen ist. Zudem möchte er mithilfe der Daten die Entwicklung der Wirtschaftlichkeit und der Umsatzrentabilität überprüfen.

a) Ermitteln Sie das Betriebsergebnis und das neutrale Ergebnis in Kontenform. Verwenden Sie hierzu die Tabellen auf der nächsten Seite und berücksichtigen Sie dabei die folgenden Zusatzangaben:

- Im GuV-Konto noch nicht erfasst ist die Tatsache, dass eine Produktionshalle, die bis auf 50.000,00 € abgeschrieben war, für 150.000,00 € verkauft werden konnte. Daraus ergibt sich der Betrag für Erträge aus dem Abgang von Vermögensgegenständen.
- In der Gewerbeertragsteuer ist eine Steuernachzahlung für das vorherige Jahr in Höhe von 5.000,00 € enthalten.
- In den Löhnen ist ein Betrag von 80.000,00 € für Arbeiten an einem vermieteten Wohngebäude enthalten, die Arbeiter aus dem Betrieb durchgeführt haben.
- Die Miete in Höhe von 50.000,00 € wird für ein dringend benötigtes Rohstofflager gezahlt.
- 5.000,00 € Reisekosten wurden als Vorschuss gezahlt für eine Geschäftsreise der Verkäuferin Wernheim, die sie im Januar des kommenden Jahres antreten wird.

Soll	Gewinn- und Verlustrechnung Max Kluge KG, August 20XX (in €)		Haben
Aufwendungen für Rohstoffe	1.300.000,00	Umsatzerlöse	3.500.000,00
Löhne	900.000,00	Bestandsmehrung Fertigerzeugnisse	90.000,00
Gehälter	500.000,00	Erträge aus Abgang von Vermögensgegenständen	?
Arbeitgeberanteil zur Sozialversicherung	200.000,00	Zinserträge	40.000,00
Abschreibungen auf Sachanlagen	150.000,00	Mieterträge	160.000,00
Verluste aus Abgang von Vermögensgegenständen	30.000,00		
betriebliche Steuern	50.000,00		
Bestandsminderung an unfertigen Erzeugnissen	80.000,00		
Mietaufwendungen	50.000,00		
Gewerbeertragsteuer	12.000,00		
Reisekosten	8.000,00		

Soll	Betriebsergebnis, August 20XX (in €)				Haben

Soll	Neutrales Ergebnis, August 20XX (in €)				Haben

b) Beurteilen Sie die Wirtschaftlichkeit und die Umsatzrentabilität des Unternehmens im Vergleich zu den Zahlen der zurückliegenden Jahre.

Wirtschaftlichkeit der letzten Jahre			Umsatzrentabilität der letzten Jahre		
drei Jahre zurück (–3)	Jahr (–2)	Jahr (–1)	drei Jahre zurück (–3)	Jahre (–2)	Jahr (–1)
1,22	1,20	1,18	16,81	15,65	14,10

c) Das Unternehmen hat mit einem durchschnittlichen Eigenkapital in Höhe von 1.830.000,00 € und mit einem durchschnittlichen Gesamtkapital in Höhe von 4.500.000,00 € gearbeitet. Ermitteln Sie auf Basis dieser Zahlen die Eigenkapitalrentabilität.

2 Die Max Kluge KG hat am Jahresanfang 20XX im Anlagevermögen u. a. einen Pkw als Betriebsfahrzeug bilanziert. Der aktuelle Buchwert am 01.01. des Jahres beträgt 8.700,00 €.
Am 20.01.20XX wird die monatliche Abschreibung in Höhe von 1.800,00 € gebucht. Am 28.01.20XX wird der Pkw schließlich für 5.500,00 € verkauft und es wird ein Neuwagen als Ersatz zum Preis von 58.000,00 € zzgl. USt angeschafft.

a) Stellen Sie diese Vorgänge auf dem Konto Fuhrpark dar.
b) Erklären Sie dann ausführlich, wie der Vorgang in der Ergebnistabelle behandelt werden muss und wie diese Vorgänge die Ergebnistabelle des Unternehmens beeinflussen.

Soll		Kto. 0840 Fuhrpark	Haben
Anfangsbestand			

3 In der Ergebnisrechnung der Allfit Sportartikel KG des letzten Quartals ergab sich als Betriebsergebnis ein Verlust von 5.000,00 €. Auch in diesem Quartal verspricht das Gewinn- und Verlustkonto nichts Gutes.
Ermitteln Sie, inwieweit sich das Ergebnis im aktuellen Quartal verbessert hat.

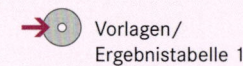 Vorlagen/ Ergebnistabelle 1

Gewinn- und Verlustrechnung	akt. Quartal in €	
	Aufwand	Ertrag
Umsatzerlöse für eigene Erzeugnisse		1.580.000,00
Zinserträge aus Kapitalanlagen		26.000,00
Pachterträge (betrieblich nicht benötigtes Grundstück)		16.000,00
Rohstoffaufwand	380.000,00	
Personalaufwendungen einschließlich Lohnnebenkosten	820.000,00	
Abschreibungen auf Anlagen und Geschäftsausstattung	120.000,00	
Aufwendungen Leasing (Spezialmaschinen)	60.000,00	
Verlust aus Schadensfällen (Wasserschaden)	45.000,00	
Verwaltungsaufwand und Marketing	112.000,00	
Betriebliche Steuern aktuelles Jahr	32.000,00	
Zinsaufwendungen	45.000,00	
Steuernachzahlung für Vorjahre	22.000,00	
Summe	1.636.000,00	1.622.000,00
Verlust		14.000,00

Lernsituation 92

Kostenarten ermitteln und Produktionskosten berechnen

Die BE Partners KG bietet ihren Kunden auch den Druck von Fotobüchern mit 20 Seiten pro Buch an. Für die Herstellung setzt sie eine Digitaldruckmaschine ein. Obwohl die Konkurrenz durch Internetanbieter sehr groß ist, wird der Verkaufspreis von 15,00 € pro Stück von den Kunden angenommen. Die BE Partners KG überzeugt durch guten Service und exzellente Qualität.

Damit sich die Herstellung für die BE Partners KG bei diesem Verkaufspreis lohnt, ist es wichtig, die Maschine weitestgehend auszulasten. Die maximale Kapazität liegt bei 5 000 Stück pro Monat. Die aktuelle Auslastung beträgt zur Zeit 4 000 Stück. Dies entspricht einer Auslastungsquote von 80 %.

Für Tüley Öztürk ergibt sich die Frage, ob mit dieser Auslastung bei einer so teuren Maschine und bei diesen Verkaufspreisen überhaupt ein Gewinn zu erzielen ist.

1 Ordnen Sie die Kostenarten in der Tabelle den fixen oder den variablen Kosten zu und berechnen Sie jeweils die Gesamtsumme.

BE Partners KG

Kostenart	Betrag	fixe Kosten	variable Kosten
Kalkulatorische Abschreibung	8.200,00 €		
Kalkulatorische Zinsen	5.400,00 €		
Versicherung	400,00 €		
Papierverbrauch	32.000,00 €		
Druckfarbe	8.000,00 €		
Wartungspauschale	1.200,00 €		
Energieverbrauch	2.600,00 €		
Gesamtkosten			

2 Ermitteln Sie die Gesamtkosten und die Stückkosten bei unterschiedlichen Produktionsmengen und stellen Sie die Kostenverläufe grafisch dar. Erklären Sie auf Grundlage Ihrer Ergebnisse das „Gesetz der Massenproduktion".

 Arbeitsblatt 92.1

Arbeitsblatt 92.1 Gesetz der Massenproduktion

Gesamtkosten in €

bei Stück	0	1 000	2 000	3 000	4 000	5 000
K_V						
K_F						
K						

Kosten pro Stück in €

bei Stück	0	1 000	2 000	3 000	4 000	5 000
k_v						
k_f						
k						

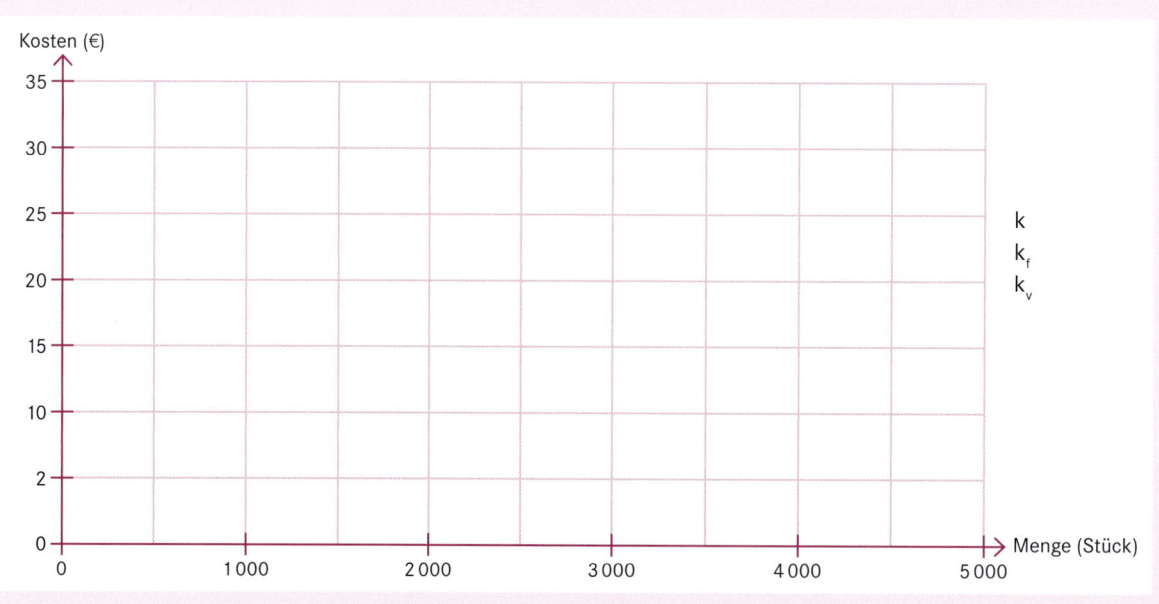

Aufgaben

1 Ordnen Sie die folgenden Kostenarten dem entsprechenden Feld der unten stehenden Tabelle zu.

	Fixkosten	Sprungfixe Kosten	Variable Kosten
Abschreibungen für einen neu angeschafften Pkw			
Ausbildungsvergütungen der Auszubildenden			
Farbe für den Druck von Prospekten			
Miete für den Betriebskindergarten			
Verbrauch von Kunststoffmasse für die Herstellung von Untersetzern			
Mobilfunkkosten (Flatrate)			
Energieverbrauch für die Druckpresse			
Kalkulatorischer Unternehmerlohn			
Mobilfunkkosten (Prepaid-Karte, je Anruf ins eigene Netz 0,09 €, in fremde Netze 0,14 €)			
Stilllegung einer nicht mehr benötigten Druckpresse			

2 Erklären Sie die Begriffe „Fixkosten" und „variable Kosten".

3 Das Unternehmen Kühlfix GmbH stellt Aggregate für Kühlschränke her. Der Verkaufspreis beträgt 102,00 €. Zurzeit arbeitet das Unternehmen in diesem Bereich mit der folgenden Kostenfunktion.[1]

$K(x) = 85x + 258.000,00$ €.

Stellen Sie die Kostenfunktion (K) in einem Graphen dar.

Für das nächste Geschäftsjahr wird ein Absatz von 20 000 Stück prognostiziert. Ermitteln Sie für diese Absatzmenge den Gewinn und die Stückkosten.

1 Gleichungen
→ in FK 1, Mathetrainer

4 a) Erklären Sie, weshalb in einem Unternehmen die Kosten, wie sie in das Betriebsergebnis einfließen, und nicht die Gesamtaufwendungen die Grundlage für die Preiskalkulation darstellen.
   b) Begründen Sie, weshalb Sonderzahlungen wie Urlaubs- und Weihnachtsgeld den betrieblichen Kosten und nicht den neutralen Aufwendungen zuzuordnen sind.
   c) Die bilanziellen Abschreibungen gehen vom tatsächlichen Anschaffungswert aus. Warum wird bei der Berechnung der kalkulatorischen Abschreibungen der Wiederbeschaffungswert genutzt?

Lernsituation 93

Kalkulatorische Kosten in der Betriebsergebnisrechnung berücksichtigen

Frau Epstein lässt sich die Berechnung des Betriebsergebnisses des letzten Quartals noch einmal erklären. Sie ist allerdings mit den Daten, die ja die Grundlage für die Kalkulation der Verkaufspreise darstellen, nicht zufrieden.

> Kapitalgesellschaften, z. B. eine GmbH, haben Bezahlte Geschäftsführer, die in vergleichbaren Unternehmen etwa 40.000,00 € pro Quartal verdienen. Unsere Arbeit als Gesellschafter der KG wird nicht bezahlt und deshalb auch nicht unter Personalaufwendungen in der Finanzbuchhaltung gebucht. So wird sie also auch nicht in die Produktionskosten und damit in die Verkaufspreise eingerechnet.

> Zudem werden nur die Zinsen für das Fremdkapital in der Finanzbuchhaltung erfasst. Eigentlich müssten auch für das von uns als Gesellschafter zur Verfügung gestellte Eigenkapital Zinsen berechnet bzw. wenigstens rechnerisch in die Kalkulation unserer Preise einbezogen werden. Am Kapitalmarkt würde man schließlich zurzeit ca. 4 % Zinsen für eine Geldanlage erhalten. Wenn das gesamte notwendige Betriebsvermögen fremdfinanziert wäre, müssten wir ca. 38.000,00 € pro Jahr Zinsen zahlen.

> Auch die Sache mit den Abschreibungen ist „Augenwischerei". Wir haben die zulässige steuerliche Abschreibung gebucht, beispielsweise bei den Maschinen 20 % von den Anschaffungswerten. Ich weiß aber aus Erfahrung, dass wir unsere Maschinen tatsächlich etwa zehn Jahre nutzen. Wenn wir solche „Fantasiekosten" in unsere Preise einkalkulieren, entsprechen unsere Selbstkostenberechnungen nicht den tatsächlichen Verhältnissen.

1 Überprüfen Sie die Richtigkeit der einzelnen Aussagen und beurteilen Sie mögliche Auswirkungen auf das bisher ermittelte Betriebsergebnis.

2 Erstellen Sie eine Ergebnistabelle, die u. a. die obigen Einwände berücksichtigt: → Arbeitsblatt 93.1

    a) Die kalkulatorischen Abschreibungen betragen 24.000,00 €.
    b) Die kalkulatorischen Zinsen in Höhe von 38.000,00 € werden berücksichtigt.
    c) Die Entlohnung des Geschäftsführers wird mit dem von Frau Epstein angegebenen Wert angesetzt.
    d) 4.000,00 € Fremdinstandhaltungen entstehen im Zusammenhang mit der vermieteten Lagerhalle.
    e) In den Gehältern ist ein Gehaltsvorschuss für den nächsten Monat in Höhe von 5.000,00 € enthalten.

BE Partners KG

ERGEBNISTABELLE (in Tsd. €)

Quartal

	RECHNUNGSKREIS I			RECHNUNGSKREIS II					
				Abgrenzungsbereich				KLR-Bereich	
	Ergebnisrechnung der Geschäftsbuchführung (GuV)			Unternehmens-bezogene Abgrenzung		Kostenrechnerische Korrekturen		Betriebsergebnis-rechnung	
Konto	Aufwand	Ertrag		Aufw.	Ertrag	Aufw.	Ertrag	Kosten	Leistung
Umsatzerlöse	–	774							
Bestandsveränderungen an Fertigerzeugnissen	–	1							
Erträge aus Beteiligungen	–	4							
Mieterträge	–	5							
Rohstoffaufwendungen	130	–							
Fremdinstandhaltung	15	–							
Personalaufwendungen	312	–							
Abschreibungen auf Anlagevermögen	18	–							
Mietaufwendungen	16	–							
Verluste aus Schadensfällen	32	–							
Büromaterial/Werbung	22	–							
Gewerbeertragsteuer	8	–							
Zinsaufwendungen	12	–							
Periodenfremde Aufwendungen	21	–							
Summe	586	784							
Ergebnis	198	–							
Kontrollsumme	784	784							

Aufgaben

1 Auch in der Allfit Sportartikel KG soll die Aussagekraft der Ergebnisrechnung verbessert werden. Deshalb sind für den neuen Monatsabschluss die folgenden kalkulatorischen Kosten zu berücksichtigen:

- Kalkulatorische Abschreibungen 36.000,00 €
- Kalkulatorische Zinsen 45.000,00 €
- Kalkulatorischer Unternehmerlohn 18.000,00 €

Gewinn- und Verlustrechnung in €	Aufwand	Ertrag
Umsatzerlöse		1.180.000,00
Mieterträge aus vermieteter Lagerhalle		8.000,00
Rohstoffaufwendungen	280.000,00	
Personalaufwendungen einschließlich Lohn-nebenkosten	520.000,00	
Abschreibungen auf Anlagen und Geschäfts-ausstattung	30.000,00	
Aufwendungen für Miete	12.000,00	
Verlust aus Schadensfällen (Wasserschaden)	15.000,00	
Verwaltungsaufwendungen und Aufwendungen für Werbung	130.000,00	
Zinsaufwendungen	24.000,00	
Sonstige Kosten	122.000,00	

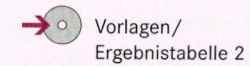 Vorlagen/
Ergebnistabelle 2

ERGEBNISTABELLE (in Tsd. €) Allfit Sportartikel KG							Monat	
RECHNUNGSKREIS I			RECHNUNGSKREIS II					
			Abgrenzungsbereich				KLR-Bereich	
Ergebnisrechnung der Geschäftsbuchführung (GuV)			Unternehmensbez. Abgrenzung		Kostenrechneri-sche Korrekturen		Betriebsergebnis-rechnung	
Konto	Aufw.	Ertrag	Aufw.	Ertrag	Aufw.	Ertrag	Kosten	Leistung
Summe								
Ergebnis								
Kontrollsumme								

2 Die Storch GmbH, Hersteller von Zeichenbedarf, hat im abgelaufenen Geschäftsjahr laut GuV-Rechnung folgende Aufwendungen und Erträge ermittelt.

a) Erstellen Sie eine Ergebnistabelle und ermitteln Sie das

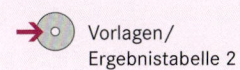
Vorlagen/
Ergebnistabelle 2

- Gesamtergebnis,
- das Ergebnis der unternehmensbezogenen und betriebsbezogenen Abgrenzung
  und
- das Betriebsergebnis.

Soll	930 GuV-Konto (Beträge in €)		Haben
Roh- und Hilfsstoffe	1.800.000,00	Umsatzerlöse	3.100.000,00
Zinsaufwendungen	70.000,00	Mieterträge vermieteter Gebäude	60.000,00
Personalkosten	668.000,00	Zinserträge und Dividenden	4.000,00
Betriebliche Steuern	30.000,00		
Versicherungen	9.000,00		
Werbung und Reisekosten	62.000,00		
Vertriebsprovisionen	51.000,00		
Ausgangsfrachten	47.000,00		
Fremdinstandhaltung	22.000,00		
Büromaterial und Postgebühren/Telefon	48.000,00		
Abschreibungen auf Anlagevermögen	90.000,00		
Gewinn	267.000,00		

Für die Abgrenzungsrechnung stehen folgende Informationen zur Verfügung:
(Fehlende Informationen erfordern eigene Entscheidungen!)

	Kommentar zur Abgrenzung	Beträge in €
Kalkulatorische Kosten	Kalkulatorische Zinsen vom betriebsnotwendigen Kapital	90.000,00
	Kalkulatorische Abschreibungen	60.000,00
Aufwendungen	Die Zinsaufwendungen laut GuV enthalten Zinsen für ein Grund-schulddarlehen für vermietete Gebäude.	15.000,00
	In den Personalkosten ist ein Anteil der Entlohnung für den Hausmeister des vermieteten Gebäudes enthalten.	6.000,00
	In den Steueraufwendungen ist ein Anteil für die Grundsteuer für das vermietete Gebäude enthalten.	4.000,00
	Ein Anteil der Versicherungen betrifft die Gebäudeversicherung für das vermietete Gebäude.	2.500,00
	Anzeigenkosten wegen der Mietersuche für das betriebsfremde Gebäude sind bei den Anzeigenkosten (Werbung) enthalten.	1.000,00
	Ein Anteil der Reparaturen entfällt auf das vermietete Gebäude.	6.000,00
	Auf das vermietete Gebäude entfallen Büromaterial und Postgebüh-ren/Telefon	2.000,00
	Anteil der Abschreibungen für das vermietete Gebäude.	24.000,00

b) Erläutern und beurteilen Sie die Ergebnisse.

Lernsituation 94

Kalkulatorische Kosten ermitteln

Bei ihrer Mitarbeit am Quartalsabschluss ist Tüley Öztürk deutlich geworden, dass es sinnvoll ist, in der Betriebsergebnisrechnung für die Abschreibungen und Zinsaufwendungen andere Beträge als in der Finanzbuchhaltung anzusetzen. Sie erhält von Frau Wagner den Auftrag, für den Jahresabschluss die Berechnung dieser sogenannten Anderskosten vorzubereiten. „Schätzen ist uns dabei zu ungenau", sagt Frau Wagner.

Frau Wagner gibt ihr die dazu benötigten Daten aus der Anlagendatei. Die Rechnungswesenabteilung stellt ihr aus den aktuellen Bilanzwerten die Höhe der betriebsnotwendigen Vermögenswerte zusammen.

Bei den bisherigen Besprechungen hat Tüley sich einige Notizen gemacht.

Auflistung des betriebsnotwendigen Kapitals:

Bilanzposition	Beträge in €
Grundstücke/Gebäude	450.000,00
Techn. Anlagen/Maschinen	370.000,00
Fuhrpark	87.000,00
BGA	330.000,00
Roh-, Hilfs- und Betriebsstoffe	62.000,00
Waren und Erzeugnisse	123.000,00

> *Bilanzielle Abschreibung = Anschaffungswert/gewöhnliche Nutzungsdauer*
>
> *Abschreibungen werden in die Verkaufspreise eingerechnet.*
> *Abschreibungen dienen der Ersatzinvestition.*
>
> *Kalkulatorische Abschreibung = Wiederbeschaffungswert/tatsächliche Nutzungsdauer*

Als Kreditzinsen werden zurzeit 5 % pro Jahr zugrunde gelegt.

Zusammengefasste Daten aus der Anlagendatei:

Bilanzposition	Anschaffungswerte in €	Wiederbeschaffungswerte in €	Gewöhnliche betriebliche Nutzung in Jahren	tatsächliche betriebliche Nutzung in Jahren
Gebäude	510.000,00	600.000,00	50	60
Maschinen	420.000,00	460.000,00	14	10
Fuhrpark	90.000,00	105.000,00	8	5
BGA	360.000,00	400.000,00	8	10

1 Ermitteln Sie die bilanziellen und die kalkulatorischen Abschreibungen.

2 Bergründen Sie Ihre Berechnung der kalkulatorischen Abschreibung.

3 Ermitteln Sie die Höhe der kalkulatorischen Zinsen.

4 Am 04.01.20XX ist für die Auslieferung der Erzeugnisse ein Anhänger gekauft worden. Die Anschaffungskosten betrugen 4.400,00 €. In der Buchhaltung soll die bilanzielle und die kalkulatorische Abschreibung für das Jahr 20XX ermittelt werden.

Folgende Informationen sind dabei noch zu berücksichtigen:

– Bilanziell soll das Anlagegut so schnell wie möglich in sechs Jahren abgeschrieben werden.
– Das Unternehmen geht davon aus, dass der Anhänger tatsächlich nach acht Jahren verschlissen wird.
– Es wird damit gerechnet, dass sich bis zur Wiederbeschaffung aufgrund der Inflation der Preis für den Anhänger um insgesamt 12 % erhöht.

Aufgabe

1 Das Unternehmen Schöndörfer & Wörz KG hat sich auf die Herstellung von Kleinmotoren für Haushaltsgeräte spezialisiert.

Carla Kommern, Auszubildende im ersten Ausbildungsjahr, hat von ihrem Abteilungsleiter die Aufgabe erhalten, für den Monat November 20XX eine Ergebnistabelle zu erstellen. Sie sollte die folgenden Besonderheiten berücksichtigen:

– 4.000,00 € Löhne wurden als Vorschuss für den folgenden Monat gezahlt.
– In den Fremdinstandhaltungen ist ein Betrag in Höhe von 28.000,00 € für das vermietete Lager enthalten.
– In den bilanziellen Abschreibungen der GuV ist ein Betrag von 7.000,00 € für ein vermietetes Lager enthalten.
– Die kalkulatorischen Zinsen betragen 8.000,00 €.
– Der kalkulatorische Unternehmerlohn beträgt monatlich 38.000,00 €.
– Die kalkulatorischen Abschreibungen sollen noch errechnet werden.
  Hierzu dienen folgende Angaben:

Bilanzposition	Summe der Anschaffungskosten	Gewöhnliche Nutzungsdauer	Wiederbeschaffungskosten	Tatsächliche Nutzungsdauer	AfA-Methode
Pkw	72.000,00 €	6 Jahre	120.000,00 €	10 Jahre	linear
Maschinen	4.320.000,00 €	12 Jahre	6.000.000,00 €	10 Jahre	linear

a) Überprüfen Sie die Richtigkeit der von der Auszubildenden erstellten Ergebnistabelle und korrigieren Sie Fehler, indem Sie die richtigen Werte in die Ergebnistabelle eintragen.
b) Ergänzen Sie Werte, die die Auszubildende noch nicht berücksichtigt hat.
c) Ermitteln Sie das neutrale, das Betriebs- und das Ergebnis aus kostenrechnerischen Korrekturen und stimmen Sie diese mit dem Gesamtergebnis des GuV-Kontos ab.
d) Begründen Sie, warum die von Ihnen korrigierten Werte falsch sind.
e) Carla Kommern hatte in einer kurzen Stellungnahme geschrieben: „Das Unternehmen hat sich im Monat November gut präsentiert. Der Betriebsgewinn lag deutlich über dem Unternehmensgewinn. Das ist ein Zeichen für die erfolgreiche Arbeit." Nehmen Sie Stellung zu dieser Aussage und interpretieren Sie das von Ihnen ermittelte richtige Betriebsergebnis, indem Sie die Ursachen für die Abweichung zwischen dem Ergebnis von Rechnungskreis I (steuerpflichtiger Gewinn) und dem Ergebnis von Rechnungskreis II (Betriebsgewinn) aufzeigen.

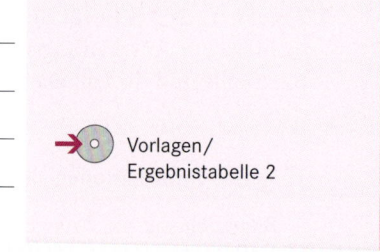
Vorlagen/
Ergebnistabelle 2

ERGEBNISTABELLE (in €)			Schöndörfer & Wörz KG				Monat November 20XX	
RECHNUNGSKREIS I			**RECHNUNGSKREIS II**					
			Abgrenzungsbereich				KLR-Bereich	
Ergebnisrechnung der Geschäftsbuchführung (GuV)			Unternehmensbezogene Abgrenzung		Kostenrechnerische Korrekturen		Betriebsergebnisrechnung	
Konto	Aufw.	Ertrag	Aufw.	Ertrag	Aufw.	Ertrag	Kosten	Leistung
Umsatzerlöse		1.500.000,00						1.500.000,0
Steuerrückzahlungen		18.000,00		18.000,00				
Zinserträge		132.000,00						132.000,0
Rohstoffaufwand	710.000,00						710.000,00	
Fertigungslöhne	460.000,00						460.000,00	
Fremdinstandhaltung	120.000,00						120.000,00	
Abschreibungen	31.000,00				31.000,00			
Mietaufwendungen	65.000,00		6.000,00				59.000,00	
Büromaterial	14.000,00						14.000,00	
Verluste aus Abgang von Vermögens- gegenständen	46.000,00		46.000,00					
Zinsaufwendungen	28.000,00				8.000,00	28.000,00	8.000,00	
Außerordentliche Aufwendungen	7.000,00		7.000,00					
Kalkulatorischer Unternehmerlohn	38.000,00							
Summe	1.481.000,00	1.650.000,00	59.000,00	180.000,00	39.000,00	28.000,00	1.371.000,00	1.632.000,00
Ergebnis	+ 169.000,00		+ 121.000,00		– 11.000,00		+ 261.000,00	
Kontrollsumme	1.650.000,00	1.650.000,00	180.000,00	180.000,00	28.000,00	28.000,00		

Abstimmung der Ergebnisse	
Betriebsergebnis	261.000,00
Neutrales Ergebnis	121.000,00
Ergebnis aus Abgrenzgsbereich	– 11.000,00
GuV: steuerpflichtiger Gewinn	169.000,00

Lernsituation 95
Die Kostenstellenrechnung durchführen

Das kleine Unternehmen Ledermanufaktur A. Schrör OHG ist auch Zulieferer für Lederwaren für die BE Partners KG. Das Unternehmen hat sich auf die Herstellung von Stanzteilen aus Leder und einfachen Lederhüllen spezialisiert. Die große Flexibilität der Werkstattfertigung ermöglicht es, auf individuelle Vorgaben und Wünsche der Kunden einzugehen.

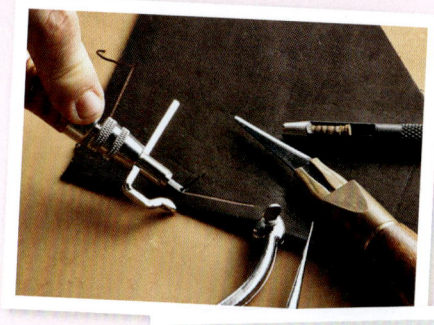

Regelmäßig wird bei der Ledermanufaktur A. Schrör OHG das Betriebsergebnis erstellt, um alle Kosten verursachungsgemäß zu erfassen. Nur so können marktgerechte Preise genau kalkuliert und die Entwicklung der Kosten kontrolliert werden.

Für den Monat November 20XX liegen die folgenden Daten aus dem Betriebsergebnis für das gesamte Sortiment vor.

Kosten im KLR-Bereich	in €
Rohstoffaufwand	300.000,00
Hilfsstoffaufwand	18.000,00
Energieaufwand	30.000,00
Fertigungslöhne	420.000,00
Hilfslöhne	35.000,00
Gehälter	182.000,00
Abschreibungen auf Anlagen	63.000,00
Fremdinstandhaltung	10.000,00
Miet- und Pachtaufwendungen	64.000,00
Zinsaufwendungen	16.000,00
Sonstige betriebliche Aufwendungen	36.000,00
Übrige allgemeine Kosten	66.000,00
Gesamtkosten	1.240.000,00

Sorgen bereitet dem Fimeninhaber, Herrn Schrör, der Bereich Produktion. In den letzten Monaten sind insbesondere die Energiekosten stark angestiegen, eine Entwicklung, die Herr Schrör sehr genau beobachten will, damit ihm „die Sache nicht aus dem Ruder läuft". Im Durchschnitt der letzten 6 Monate ergaben sich folgende Daten:

Zudem liegt eine Anfrage der BE Partners KG über die Sonderanfertigung einer Dokumentenmappe vor. Hierfür muss auf der Basis der Selbstkosten ein Angebotspreis ermittelt werden. Aufgrund der angefragten Größe und Qualität kann davon ausgegangen werden, dass die Rohstoffkosten 2,00 € und die reinen Lohnkosten für die Fertigung 4,00 € betragen werden.

Kostenbereich (Kostenstelle) Fertigung/Produktion	Kosten in €
Energiekosten	21.500,00
Gemeinkosten insges. (ohne Fertigungslöhne und Rohstoffe)	195.000,00

Bleibt zu klären, wie hoch der Aufschlag für die allgemeinen Kosten (Gemeinkosten) für Beschaffung, Produktion, Verwaltung und Vertrieb sein muss.

BE Partners KG, Postfach 10 01 04, 53100 Bonn

Ihr Zeichen:
Unser Zeichen: af
Ihre Nachricht vom:
Unsere Nachricht vom:

Name: A. Foss
Telefon: +49 228 1236-235
Telefax: +49 228 1236-122
E-Mail: a.foss@bepartners.de

Datum: 13.12.20XX

Ledermanufaktur A. Schrör OHG
Konradstraße 11
53100 Bonn

Anfrage wegen Dokumententaschen

Sehr geehrter Herr Schrör,

für einen Sonderverkauf benötigen wir 400 Dokumentenmappen A4 aus echtem Leder. Nähere Angaben und Musterzeichnungen finden Sie in der Anlage.

Die Ausführung sollte so gewählt werden, dass der Nettopreis von 11,00 € pro Stück nicht überschritten wird.

Die Lieferung soll innerhalb von zwei Wochen erfolgen.

Wir freuen uns auf Ihr Angebot.

Mit freundlichem Gruß

i. A. *Anna Voss*

Anna Voss

---

1 Ermitteln Sie die Gemeinkosten und die Gemeinkostenzuschlagssätze für die einzelnen Kostenstellen im BAB. ➡ Arbeitsblatt 95.1

2 Führen Sie die Kostenträgerrechnung für das gesamte Produktionsprogramm durch. ➡ Arbeitsblatt 95.2

Einzelkosten und Bestandsveränderungen in €	
Rohstoffaufwand/Fertigungsmaterial	300.000,00
Fertigungslöhne	420.000,00
Bestandsminderungen fertige Erzeugnisse	0,00
Bestandsmehrungen unfertige Erzeugnisse	8.000,00

3 Beurteilen Sie die Kostenentwicklung in der Kostenstelle Fertigung und bei den Energiekosten dieser Kostenstelle.

4 Entscheiden Sie über die Anfrage der BE Partners KG.

Arbeitsblatt 95.1 BAB der Ledermanufaktur A. Schrör OHG (November 20XX)

Gemeinkostenarten	Gesamtkosten €	Kostenstellen €			
		Material	Fertigung	Verwaltung	Vertrieb
Hilfsstoffaufwand	18.000,00				
Energieaufwand	30.000,00				
Hilfslöhne	35.000,00				
Gehälter	182.000,00				
Abschreibungen auf Anlagen	63.000,00				
Fremdinstandhaltung	10.000,00				
Miet- und Pachtaufwendungen	64.000,00				
Zinsaufwendungen	16.000,00				
Aufwendungen für Verwaltung	36.000,00				
Übrige allgemeine Kosten	66.000,00				
Summe/Gem.-Kosten	520.000,00				
Zuschlagsgrundlagen					
Zuschlagssätze					

Verteilungsgrundlage für Gemeinkosten im BAB	Verteilung	Kostenstellen			
		Material	Fertigung	Verwaltung	Vertrieb
Hilfsstoffe	Materialent-nahmescheine	3.000,00 €	15.000,00 €	– €	– €
Energie	Zähler kwh	15 000 kwh	90 000 kwh	30 000 kwh	15 000 kwh
Hilfslöhne	Stunden	280 Std.	1 120 Std.	0 Std.	0 Std.
Gehälter	Stellenplan	13.000,00 €	39.000,00 €	104.000,00 €	26.000,00 €
Abschreibungen auf Anlagen	Anlagewerte	280.000,00 €	1.120.000,00 €	560.000,00 €	560.000,00 €
Fremdinstandhaltung	Anteile	1	2	1	1
Miet- und Pacht-aufwendungen	Quadratmeter	0 qm	1 600 qm	1 600 qm	0 qm
Zinsaufwendungen	Anteile	1	2	1	1
Aufwendungen für Verwaltung	Anteile	1	1	4	0
Übrige allgemeine Kosten	Anteile	0	2	2	2

Arbeitsblatt 95.2 Kostenträgerrechnung der Ledermanufaktur A. Schrör OHG

Kostenträgerrechnung	Gesamte Produktion		Dokumentenmappe	
	in €		pro Stück in €	
Rohstoffaufwand/ Fertigungsmaterial	300.000,00		2,00	
+ Materialgemeinkosten (MGK)				
= Materialkosten		=		
Fertigungslöhne			4,00	
+ Fertigungsgemeinkosten (FGK)				
= Fertigungskosten		=		=
= Herstellkosten Fertigung (produzierte Menge)		=		=
+ Minderbestand an fertigen Erzeugnissen				
− Mehrbestand an unfertigen Erzeugnissen				
= Herstellkosten des Umsatzes (der abgesetzten Menge)		=		=
+ Verwaltungsgemeinkosten (VwGK)				
+ Vertriebsgemeinkosten (VtGK)				
= Selbstkosten des Umsatzes				

Aufgaben

1 Die folgenden Gemeinkosten der Schaltelemente GmbH sollen aufgrund von Verteilungsschlüsseln auf die Kostenstellen verteilt werden. Ermitteln Sie mithilfe der unten stehenden Tabelle die Gemeinkosten je Kostenstelle.

Konto	Summe Gemeinkosten	Verteilung	Material	Fertigung	Verwaltung	Vertrieb
Betriebsstoffaufwendungen	7.000,00 €	Verhältnis	5	25	2	3
Aufwendungen für Energie	66.000,00 €	nach Kilowattstunden	5 000 kwh	125 000 kwh	12 000 kwh	8 000 kwh
Fremdinstandhaltung	39.000,00 €	Verhältnis	2	9	3	1
Kalkulatorische Abschreibungen	320.000,00 €	nach Anlagewerten	120.000 €	1.200.000 €	180.000 €	100.000 €
Mietaufwendungen	120.000,00 €	nach Fläche (qm)	880 qm	1 720 qm	250 qm	150 qm
Reisekosten	18.000,00 €	im Verhältnis	2	4	4	8
Versicherungen	44.000,00 €	im Verhältnis	15 %	65 %	8 %	12 %
Gewerbeertragsteuer	90.000,00 €	im Verhältnis	2	18	7	3

Gemeinkosten je Kostenstelle Schaltelemente GmbH

Konto	Summe Gemeinkosten	Material	Fertigung	Verwaltung	Vertrieb
Betriebsstoffaufwendungen	7.000,00 €				
Aufwendungen für Energie	66.000,00 €				
Fremdinstandhaltung	39.000,00 €				
Kalkulatorische Abschreibung	320.000,00 €				
Mietaufwendungen	120.000,00 €				
Reisekosten	18.000,00 €				
Versicherungen	44.000,00 €				
Gewerbeertragsteuer	90.000,00 €				
Summe					

2 Die Abteilung Kosten- und Leistungsrechnung der MedTec GmbH hat für das erste
Halbjahr des Jahres 20XX folgende Daten ermittelt:

- Rohstoffaufwand/Fertigungsmaterial   420.000,00 €
- Fertigungslöhne   480.000,00 €
- Umsatzerlöse   1.420.000,00 €
- Bestandsmehrung unfertige Erzeugnisse   15.000,00 €
- Bestandsminderung fertige Erzeugnisse   37.000,00 €

		MGK	FGK	VwGK	VtGK
Summe Gemeinkosten	471.000,00 €	63.000,00 €	140.000,00 €	186.000,00 €	82.000,00 €
Zuschlagsgrundlage					
Istzuschlagssätze					

a) Ermitteln Sie die Istzuschlagssätze.

Kostenträgerrechnung der MedTec GmbH

Kostenträgerrechnung	Zuschlagssatz %	Betrag €	Betrag €
Rohstoffaufwand/Fertigungsmaterial			
+ Materialgemeinkosten (MGK)			
= **Materialkosten**			=
Fertigungslöhne			
+ Fertigungsgemeinkosten (FGK)			
= **Fertigungskosten**			=
= **Herstellkosten der Fertigung**			=
+ Minderbestand an fertigen Erzeugnissen			
– Mehrbestand an unfertigen Erzeugnissen			
= **Herstellkosten des Umsatzes**			=
+ Verwaltungsgemeinkosten (VwGK)			
+ Vertriebsgemeinkosten (VtGK)			
= **Selbstkosten des Umsatzes**			
Umsatzerlöse			
= **Gewinn (realisiert)**			

b) Ermitteln Sie den im ersten Halbjahr erzielten Gewinn.

3 Vervollständigen Sie die folgende Kostenträgerrechnung für das Gesamtsortiment des Unternehmens Udo Herzlich GmbH. Die fehlenden Größen sind mit einem Fragezeichen gekennzeichnet.

Kostenträgerrechnung	Zuschlagssatz %	Beträge in €	
Rohstoffaufwand/Fertigungsmaterial		24.000,00	
+ Materialgemeinkosten (MGK)	??	6.000,00	
= **Materialkosten**			= 30.000,00
Fertigungslöhne		15.200,00	
+ Fertigungsgemeinkosten (FGK)	150,00%	??	
= **Fertigungskosten**			= 38.000,00
= **Herstellkosten der Fertigung**			??
+ Minderbestand an fertigen Erzeugnissen			0,00
− Mehrbestand an fertigen Erzeugnissen			0,00
= **Herstellkosten des Umsatzes**			??
+ Verwaltungsgemeinkosten (VwGK)	10%		??
+ Vertriebsgemeinkosten (VtGK)	??		10.200,00
= **Selbstkosten des Umsatzes**			??

4 Die Hermann & Hermann KG aus Ingolstadt stellt Blechspielzeug her. Am Ende eines jeden Monats werden mithilfe eines Betriebsabrechnungsbogens (BAB) die Gemeinkosten auf die Kostenstellen verteilt und die Zuschlagssätze errechnet. Für den Monat November 20XX ermittelte die Abteilung Kostenrechnung die folgenden Daten:

Gemeinkostenart	
Aufwendungen für Hilfsstoffe	30.000,00 €
Aufwendungen für Energie	38.700,00 €
Gehälter	96.800,00 €
Soziale Abgaben	18.900,00 €
Betriebliche Steuern	56.000,00 €
Versicherungen	98.000,00 €
Kalkulatorische Abschreibungen	25.000,00 €

Die Einzelkosten betrugen:

Fertigungsmaterial	293.280,00 €
Fertigungslöhne	168.875,00 €

Bestandsveränderungen liegen nicht vor.

a) Verteilen Sie die Gemeinkosten im BAB mithilfe der folgenden Verteilungsschlüssel und ermitteln Sie die Zuschlagssätze.

Konto	Verteilung	Material	Fertigung	Verwaltung	Vertrieb
Aufwendungen für Hilfsstoffe		300,00 €	27.000,00 €	2.000,00 €	700,00 €
Aufwendungen für Energie	nach kwh	10 000 kwh	47 400 kwh	15 000 kwh	5 000 kwh
Gehälter		14.800,00 €	28.500,00 €	31.900,00 €	21.600,00 €
Soziale Abgaben	im Verhältnis	2	9	3	1
Betriebliche Steuern	im Verhältnis	1	15	6	3
Versicherungen	im Verhältnis	10 %	50 %	24 %	16 %
Kalkulatorische AfA	nach Anlage-werten	80.000,00 €	640.000,00 €	220.000,00 €	60.000,00 €

Gemeinkosten je Kostenstelle (BAB) der Hermann & Hermann KG

Gemeinkostenart	Gemeinkosten	Kostenstellen			
		Material	Fertigung	Verwaltung	Vertrieb
Aufwendungen Hilfsstoffe					
Aufwendungen Energie					
Gehälter					
Soziale Abgaben					
Betriebliche Steuern					
Versicherungen					
Kalkulatorische AfA					
Summe der Gemeinkosten					
Zuschlagsgrundlage					
Zuschlagssatz					

b) Ermitteln Sie die Selbstkosten der Hermann & Hermann KG.

Kostenträgerrechnung		Zuschlagssatz %	€	€
	Rohstoffaufwand/Fertigungsmaterial			
+	Materialgemeinkosten (MGK)			
=	**Materialkosten**			=
	Fertigungslöhne			
+	Fertigungsgemeinkosten (FGK)			
=	**Fertigungskosten**			=
=	**Herstellkosten der Fertigung (prod. Menge)**			=
				=

5 a) Erläutern Sie Ihrem Nachbarn/Ihrer Nachbarin die folgende Aussage:
„Der Materialgemeinkostenzuschlagssatz in meinem Unternehmen betrug im Monat Januar 20XX 15 %."

b) Bei der Ermittlung von Zuschlagssätzen wird davon ausgegangen, dass sich die Gemeinkosten und die dazugehörigen Einzelkosten proportional zueinander verhalten. Erläutern Sie diese Aussage.

c) Erklären Sie allgemein die Auswirkungen der folgenden Veränderungen auf die Höhe der Zuschlagssätze:

– Bei gleichbleibenden Fertigungsgemeinkosten steigen im Folgemonat die Fertigungslöhne.
– Bei gleichbleibenden Fertigungslöhnen sinken im Folgemonat die Fertigungsgemeinkosten.

d) Bestandsminderungen im Lager bei fertigen und unfertigen Erzeugnissen werden in der Kostenträgerrechnung zu den Herstellkosten der Fertigung addiert. Begründen Sie diese Vorgehensweise.

e) Die IG Medien (Mediengewerkschaft) führt mit den Arbeitgebern Tarifverhandlungen, die offenbar kurz vor einem Abschluss stehen. Die Geschäftsleitung der BE Partners KG geht deshalb davon aus, dass die Löhne und Gehälter um 2,4 bis 2,7 % linear ansteigen werden.
Unterbreiten Sie einen begründeten Vorschlag, welche Zuschlagssätze für die Gemeinkosten zukünftig angesetzt werden sollen.

6 Die Sonne KG ist ein mittelständischer Hersteller von Taschenrechnern. Die Kosten- und Leistungsrechnung des Unternehmens hat für den Monat Februar 20XX die folgenden Daten ermittelt:

Aufwendungen für Rohstoffe/Fertigungsmaterial   400.000,00 €
Fertigungslöhne   250.000,00 €
Umsatzerlöse   1.000.000,00 €

Betriebsabrechnungsbogen (BAB) der Sonne KG

Kostenstellen / Gemein-kostenarten	Gesamtbetrag	Material	Fertigung	Verwaltung	Vertrieb
Hilfsstoffaufwendungen	30.000,00 €	4.000,00 €	24.000,00 €	1.600,00 €	400,00 €
Energie und Betriebsstoffe	28.000,00 €	3.000,00 €	17.000,00 €	4.000,00 €	4.000,00 €
Fremdinstandhaltung	8.000,00 €	400,00 €	3.600,00 €	2.000,00 €	2.000,00 €
Hilfslöhne	52.000,00 €	8.000,00 €	39.000,00 €	0,00 €	5.000,00 €
Gehälter	65.000,00 €	12.000,00 €	6.000,00 €	37.000,00 €	10.000,00 €
Kalkulatorische Abschreibungen	72.000,00 €	13.000,00 €	39.000,00 €	11.000,00 €	9.000,00 €
Betriebliche Steuern	37.800,00 €				
Kalkulatorische Zinsen	24.000,00 €				
Kalkulatorischer Unternehmerlohn	9.600,00 €				
Summe der Gemeinkosten					

Der Betriebsabrechnungsbogen (BAB) ist noch mithilfe der nachfolgend angegebenen Verteilungsschlüssel zu vervollständigen:

Kostenstellen / Gemein kostenart	Verteilungs-schlüssel	Material	Fertigung	Verwaltung	Vertrieb
Betriebliche Steuern	Verhältniszahl	1	3	2	1
Kalkulatorische Zinsen	Verteilung nach Buchwerten AV in €	200.000,00 €	1.000.000,00 €	300.000,00 €	100.000,00 €
Kalkulatorischer Unternehmerlohn	Verhältniszahl	1	2	5	2

a) Vervollständigen Sie den Betriebsabrechnungsbogen (BAB) mithilfe der oben angegebenen Verteilungsschlüssel.
b) Ermitteln Sie die Gemeinkostenzuschlagsätze in Prozent (Rundung auf zwei Nachkommastellen).
c) Errechnen Sie die Selbstkosten der Gesamtproduktion des Monats unter Berücksichtigung der folgenden Bestandsveränderungen:

    – Minderbestand an fertigen Erzeugnissen 16.000,00 €
    – Mehrbestand an unfertigen Erzeugnissen 10.000,00 €

d) Erläutern Sie, welche Aufgaben der Betriebsabrechnungsbogen (BAB) und die Gemeinkostenzuschlagssätze in der Kostenrechnung erfüllen.

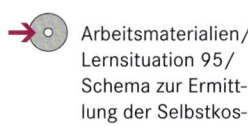 Arbeitsmaterialien/ Lernsituation 95/ Schema zur Ermittlung der Selbstkosten

7 „Funny-kite"-Taschendrachen ist die neueste Idee der Firma Luftig GmbH & Co KG für den Sektor Freizeit und Fun. Eine Werbeaussage des Unternehmens lautet: „Während der 'Papa' die Kunstfiguren seines Hochleistungslenkdrachens am Strand genießt, beschäftigt sich der 'Filius' mit der kleineren Variante, die bequem zu transportieren in jede Jackentasche passt."

Das Unternehmen könnte monatlich 30 000 Stück dieser Kleinstdrachen ohne große Produktionsumstellung produzieren. Im Oktober erzielten die „Funny-kites" einen Umsatzerlös in Höhe von 242.000,00 €.

Bezogen auf die Preisgestaltung ist der Unternehmensleitung klar, dass bei erfolgreicher Positionierung auf dem Markt die Konkurrenten in kürzester Zeit ähnliche Produkte anbieten werden. Somit ist es notwendig, dass man sich auf der Grundlage einer genauen Kostenanalyse auf einen entsprechenden Preiswettbewerb einstellen muss.

Zukünftige Verkaufspreise sollen auf der Grundlage der Daten des Monats Oktober 20XX ermittelt werden.

Daten Monat Oktober 20XX:

Kosten	Oktober	Bestandsveränderungen	Oktober
Fertigungsmaterial	48.650,00 €	Minderbestand unfertige Erzeugnisse	11.200,00 €
Fertigungslöhne	65.800,00 €	Mehrbestand fertige Erzeugnisse	15.050,00 €
Summe der Gemeinkosten	102.213,00 €		

Verteilen Sie die Gemeinkosten auf die 4 Kostenstellen des Betriebes und berechnen Sie die Istzuschlagssätze für die einzelnen Kostenbereiche. Ermitteln Sie den im Monat Oktober 20XX erzielten Gewinn.

Verteilungsgrundlage der Gemeinkosten der Luftig GmbH & Co KG Oktober 20XX

Gemeinkosten-arten	Summe der Gemeinkosten	Verteilung	Kostenbereiche			
			Material I	Fertigung II	Verwaltung III	Vertrieb IV
Hilfsstoffkosten	15.160,00 €	in €	684,00 €	13.107,00 €	0	1.369,00 €
Stromkosten	4.360,00 €	kwh	1 000 kWh	16 200 kWh	3 000 kWh	1 600 kWh
Hilfslöhne	7.235,00 €	in €	600,00 €	4.500,00 €	1.435,00 €	700,00 €
Gehälter	21.000,00 €	in €	1.720,00 €	6.980,00 €	9.100,00 €	3.200,00 €
Sozialkosten	10.500,00 €	Verhältnis	1	20	5	2
Abschreibung	7.450,00 €	in €	0	5.650,00 €	1.200,00 €	600,00 €
Miete	18.550,00 €	qm	300 qm	1 700 qm	150 qm	500 qm
Versicherung	5.720,00 €	qm	300 qm	1 700 qm	150 qm	500 qm
Steuern	12.238,00 €	Verhältnis	0	271	129	21
Summe	102.213,00 €					

Betriebsabrechnungsbogen der Luftig GmbH & Co KG (Oktober 20XX)

Gemeinkosten-arten	Summe der Gemeinkosten	Kostenstellen/Kostenbereiche			
		Material I	Fertigung II	Verwaltung III	Vertrieb IV
Hilfsstoffkosten	15.160,00 €	684,00 €	13.107,00 €	0,00 €	1.369,00 €
Stromkosten	4.360,00 €				
Hilfslöhne	7.235,00 €	600,00 €	4.500,00 €	1.435,00 €	700,00 €
Gehälter	21.000,00 €	1.720,00 €	6.980,00 €	9.100,00 €	3.200,00 €
Sozialkosten	10.500,00 €				
Abschreibungen	7.450,00 €	0,00 €	5.650,00 €	1.200,00 €	600,00 €
Miete	18.550,00 €				
Versicherung	5.720,00 €				
Steuern	12.238,00 €				
Summe	102.213,00 €				
Zuschlagsgrundlage					
Zuschlagssatz					

Kostenträgerrechnung Oktober 20XX	Zuschlagssatz %	€	€
Rohstoffaufwand/Fertigungsmaterial			
			=
			=
			=
			=
Umsatzerlöse Oktober 20XX			
Gewinn Oktober 20XX			

Lernsituation 96

Angebotspreise kalkulieren

Herr Schurns aus dem Verkauf ist wieder einmal in Eile. Er spricht die Auszubildende Tüley Öztürk an und sagt: „Ich habe einen wichtigen Auswärtstermin bei einem Kunden. Gleichzeitig habe ich aber auch eine dringende Kundenanfrage, die erledigt werden muss. Bitte kümmern Sie sich doch darum."

„Hier ist der Brief des Kunden Buchenstork. Informationen zu den Konditionen und Zuschlagssätzen erhalten Sie bei Frau Wagner."

Buchenstork Schuhe GmbH

Buchenstork Schuhe GmbH | Am Wassergraben 2 | 53721 Siegburg

BE Partners KG
Schlesienstraße 490–492
53119 Bonn

Ihr Zeichen:	
Ihre Nachricht vom:	
Unser Zeichen:	EK/MÜ
Unsere Nachricht vom:	
Name:	Anette Münz
Telefon:	02241 564-0
Telefax:	02241 564-534
E-Mail:	einkauf@buchenstork.de
Internet:	www.buchenstork.de
Datum:	12.04.20..

Anfrage

Sehr geehrte Damen und Herren,

wir benötigen 450 T-Shirts (jeweils 150 Stück in den Größen M, L und XL) mit dem Namensaufdruck und dem Logo unseres Unternehmens (Datei liegt Ihnen bereits vor) auf der Vorderseite mittig. Die T-Shirts sollten kurzärmlig und in der gewohnten Baumwollqualität geliefert werden.

Bitte unterbreiten Sie uns ein Angebot.

Mit freundlichen Grüßen

Münz

A. Münz

Tüley wendet sich an Frau Wagner und erhält für die Erstellung des Angebots folgende weiteren Informationen:

„Wir kalkulieren den Verkaufspreis für diesen Kunden immer auf Vollkostenbasis, weil wir versuchen, alle unsere Kosten durch den Preis zu decken. Gehen Sie bitte davon aus, dass pro Stück 2,00 € Materialeinzelkosten entstehen und die Herstellung 1,20 € Fertigungslohn als Einzelkosten verursacht. Denken Sie bitte auch daran, die Gemeinkosten zu berücksichtigen.

Wir wollen 20 % an dem Auftrag verdienen. Der Kunde hat bisher immer 10 % Rabatt erhalten. Bei dieser kleinen Menge können wir allerdings nur 5 % Rabatt gewähren.

Die Informationen über die aktuelle Höhe der Gemeinkostenzuschlagssätze habe ich Ihnen notiert.

Außerdem gebe ich Ihnen ein Berechnungsbeispiel mit einer Kalkulationstabelle für die Stückkalkulation – beziehungsweise Angebotskalkulation."

Materialgemeinkostenzuschlagssatz: 15 %

Fertigungsgemeinkostenzuschlagssatz: 120 %

Verwaltungsgemeinkostenzuschlagssatz: 20 %

Vertriebsgemeinkostenzuschlagssatz: 5 %

1 Kalkulieren Sie den Angebotspreis pro Stück. Rechnen Sie kaufmännisch gerundet mit zwei Stellen hinter dem Komma.

→ Arbeitsblatt 96.1

Folgesituation

Angebotspreise dem Markt anpassen

Herr Schurns teilt der Auszubildenden mit, dass der Kunde geantwortet hat. Er legt folgendes Schreiben vor.

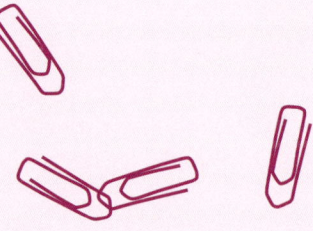

Buchenstork Schuhe GmbH

Buchenstork Schuhe GmbH | Am Wassergraben 2 | 53721 Siegburg

BE Partners KG
Schlesienstraße 490 – 492
53119 Bonn

Ihr Zeichen:	
Ihre Nachricht vom:	
Unser Zeichen:	EK/MÜ
Unsere Nachricht vom:	
Name:	Anette Münz
Telefon:	02241 564-0
Telefax:	02241 564-534
E-Mail:	einkauf@buchenstork.de
Internet:	www.buchenstork.de
Datum:	16.04.20XX

Ihr Angebot

Sehr geehrte Damen und Herren,

vielen Dank für Ihr Angebot vom ….

Wir sind bereit, die 450 Stück T-Shirts zu dem von Ihnen angebotenen Listenpreis in Auftrag zu geben, gehen aber davon aus, dass es bei der bisherigen Rabattkondition bleibt und Sie uns 10 % Rabatt einräumen werden.

Wir bitten um eine kurze positive Antwort.

Mit freundlichen Grüßen

Münz

A. Münz

2 Ermitteln Sie anhand des nachfolgenden Formulars den absoluten Gewinn in Euro und in Prozent der Selbstkosten für den Gesamtauftrag (kaufmännisch gerundet mit zwei Stellen hinter dem Komma), wenn die BE Partners KG dem Wunsch des Kunden entspricht.

	Zuschlag in %	Betrag in €/Stück	Betrag in € für den Auftrag insgesamt
Listenverkaufspreis		7,81	
Kundenrabatt			
Barverkaufspreis			
Gewinn			
Selbstkosten			

3 Erläutern Sie die Situation, wenn der Kunde einen unter den kalkulierten Selbstkosten liegenden Angebotspreis von nur 6,00 € verlangen würde. Diskutieren Sie die in diesem Fall möglichen Handlungsalternativen der BE Partners KG.

4 Was ändert sich bei der Angebotserstellung, wenn es sich bei dem anfragenden Unternehmen Buchenstork Schuhe GmbH um einen Neukunden handelt. Machen Sie sich für diesen Fall Stichworte zu dem Text für ein betriebswirtschaftlich begründetes Angebot.

Arbeitsblatt 96.1 Kostenträgerstückrechnung

Achtung: Rabatt ist aus Sicht des Kunden zu berechnen!

	Kostenträgerrechnung	Zuschlag in %	Betrag in €/Stück		Zuschlag in %	Betrag in €/Stück	
		Beispiel			Angebotskalkulation T-Shirt		
	Fertigungsmaterial/Stück		10,00				
+	Materialgemeinkosten (MGK)	15	+ 1,50				
=	**Materialkosten**			= 11,50			
	Fertigungslöhne/Stück		20,00				
+	Fertigungsgemeinkosten (FGK)	120	+ 24,00				
=	**Fertigungskosten**			= 44,00			
=	**Herstellkosten**			= 55,50			
+	Verwaltungsgemeinkosten (VwGK)	20		+ 11,10			
+	Vertriebsgemeinkosten (VtGK)	5		+ 2,78			
=	**Selbstkosten**			= 69,38			
+	Gewinnzuschlag	20		+ 13,88			
=	**Barverkaufspreis**			= 83,26			
+	Kundenrabatt	5		= 4,38			
=	**Listenverkaufspreis/Stück**			= 87,64			

Aufgaben

1 Die BE Partners KG erhält eine Anfrage eines Getränkehandels nach Flaschenöffnern aus Edelstahl für Kronkorken mit einer Gravur des Firmenlogos. Der Kunde möchte 2 200 Stück dieser Flaschenöffner beziehen.

– Die Selbstkosten einschließlich Anbringen der Gravur betragen 0,25 € pro Stück.
– Zuschlagssätze: Gewinnzuschlag 20 %, Kundenskonto 2 %, Kundenrabatt 15 %.

Ermitteln Sie den Listenverkaufspreis und den Angebotspreis insgesamt für diesen Auftrag.

Achtung: Bei der Berechnung des Skontobetrages ist zu beachten, dass der Kunde den Skontoabzug aus seiner Sicht berechnet und abzieht.

		Zuschlag %	Einzelpreis	Gesamtpreis
=	Selbstkosten je Stück		0,25 €	
+	Gewinnzuschlag			
=	Barverkaufspreis			
+	Kundenskonto			
=	Zielverkaufspreis			
+	Kundenrabatt			
=	Listenverkaufspreis (Angebotspreis)			

2 Der Auszubildende Axel Peterson hat den Auftrag, einen Angebotspreis zu kalkulieren. Auf der Basis der ihm mitgeteilten Prozentsätze für den Gewinnzuschlag sowie für Skonto und Rabatt legt er seiner Ausbilderin die folgende Rechnung vor:

Selbstkosten	21,85 €
Gewinnzuschlag 18 %	3,93 €
Barverkaufspreis	25,78 €
Kundenskonto 2 %	0,52 €
Zielverkaufspreis	26,30 €
Kundenrabatt 10 %	2,63 €
Angebotspreis	28,93 €

Überprüfen Sie, ob Axel Peterson richtig gerechnet hat. Erläutern Sie Ihr Ergebnis.

3 Die Storch GmbH, ein Anbieter von hochwertigen Mal- und Schreibutensilien,
muss ihr Sortiment an Design-Schreibgeräten neu kalkulieren. Dabei gelten für die
unterschiedlichen Artikel verschiedene Gewinnzuschläge und Zahlungskonditionen.

Bei dem Spitzenmodell STORCH AMBITION kann durch die Marktsituation
ein höherer Gewinn durchgesetzt werden. Rabatte müssen hier kaum eingeräumt
werden.

Storch Design	Gewinn-zuschlag	Kunden-skonto	Kunden-rabatt
STORCH BASIC	8 %	2 %	20 %
STORCH POCKET	8 %	2 %	20 %
STORCH AMBITION	15 %	2 %	5 %

Design-Schreibgeräte	STORCH BASIC		STORCH POCKET		STORCH AMBITION	
	%	€	%	€	%	€
Selbstkosten €/Stück		5,00		8,00		25,00

Lernsituation 97

Normalgemeinkostenzuschlagssätze im Rahmen der Kalkulation anwenden

Der Auszubildenden Tüley Öztürk geht mittlerweile die Preis- und Angebotskalkulation richtig leicht von der Hand. Ein Angebot über 2 500 Stück Hochglanzkataloge an die Klose Elektronik KG – ein Hersteller von Elektronikteilen für große Elektrogeräte – ist vorzubereiten.

– Fertigungsmaterial   800,00 €
– Fertigungslohn   600,00 €

Eine telefonische Rückfrage im Rechnungswesen liefert Tüley Öztürk die aktuell im Betriebsabrechnungsbogen errechneten Zuschlagssätze (= Istzuschlagssätze).

Der Gewinnzuschlag und die Konditionen für Rabatt und Skonto wurden der Marktsituation mittlerweile angepasst und geringfügig verändert.

Zuschlagssätze in %	August
Materialgemein- kostenzuschlag	15,2
Fertigungsgemein- kostenzuschlag	115,0
Verwaltungsgemein- kostenzuschlag	13,9
Vertriebsgemein- kostenzuschlag	19,1

	%
Gewinn	15,0
Skonto	2,0
Rabatt	20,0

Frau Tanja Wagner, Mitarbeiterin der Abteilung Rechnungswesen, weist darauf hin, dass die Istzuschlagssätze des Fertigungsbereichs im aktuellen Monat deutlich unter den Durchschnittswerten der vergangenen Monate gelegen hätten und dass sich dieser Zuschlagssatz im nächsten Monat sicherlich wieder verändern würde. Sie schlägt deshalb vor, die Selbstkosten auf der Basis der Erfahrungswerte (= Durchschnittswerte) der Istgemeinkostenzuschläge der letzten Monate zu ermitteln.

Hierfür legt sie die folgenden Daten vor:

Zuschlagssätze in %	März	April	Mai	Juni	Juli	August
Materialgemeinkostenzuschlag	15,2	15,6	14,2	14,9	14,9	15,2
Fertigungsgemeinkostenzuschlag	124,0	125,0	123,0	122,0	123,0	115,0
Verwaltungsgemeinkostenzuschlag	14,2	13,7	14,2	13,8	14,2	13,9
Vertriebsgemeinkostenzuschlag	20,4	20,4	19,9	20,6	19,6	19,1

1 Formulieren Sie das Problem und berechnen Sie die sogenannten Normalzuschlagssätze aus den Daten der vergangenen Monate.

2 Ermitteln Sie, welcher Angebotspreis sich bei Nutzung der im August ermittelten Istkostenzuschläge gegenüber den längerfristigen Erfahrungswerten ergeben würde.

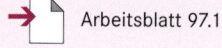 Arbeitsblatt 97.1

Folgesituation

Frau Fuchs aus der Kundenbetreuung wendet gegen den Vorschlag von Frau Wagner ein, dass ein erhöhter Angebotspreis eher dazu führen würde, dass sich die Klose Elektronik KG einen anderen Lieferanten suchen würde.

3 Beurteilen Sie diesen Einwand unter der Bedingung, dass

a) die Klose Elektronik KG eine einmalige Anfrage nach Hochglanzkatalogen stellt und auch nicht davon auszugehen ist, dass sie in Zukunft häufiger Produkte bei uns nachfragen wird;

b) die Klose Elektronik KG ein Stammkunde von uns ist, der regelmäßig Druckerzeugnisse bei und ordert.

Arbeitsblatt 97.1 Vergleich der Kalkulation mit Ist- und Normalzuschlagssätzen

Kostenart		Ist-zuschlag %	Beträge in €		Normal-zuschlag %	Beträge in €	
	Fertigungsmaterial						
+	Materialgemeinkosten (MGK)						
=	Materialkosten						
	Fertigungslöhne						
+	Fertigungsgemeinkosten (FGK)						
=	Fertigungskosten						
=	Listenverkaufspreis (Angebotspreis)						

Aufgabe

1   Die Kaiser Kunststoffe AG erhält im Dezember 20XX eine Anfrage der Herzog
    GmbH über 500 Druckergehäuse vom Typ „Davos". Die Herzog GmbH erwartet
    grundsätzlich 2,5 % Skonto und einen Rabatt in Höhe von 10 %.

Arbeitsmaterialien/
Lernsituation 97/
Schema zur Ermittlung
des Angebotspreises

Die Kosten- und Leistungsrechnung der Kaiser Kunststoffe AG liefert die folgenden
Daten:

- Fertigungsmaterial: 12,00 € je Stück
- Gewinnzuschlag (normal):   8 %
- Fertigungslöhne: 8,00 € je Stück

Zuschlagssätze	Istgemeinkosten Vormonat November	Normalgemeinkosten aktuell
MGK	27 %	25 %
FGK	210 %	200 %
VerwGK	13 %	10 %
VertrGK	15 %	16 %

Die Geschäftsleitung der Kaiser Kunststoffe AG erwartet einen umfassend begründeten Vorschlag, ob und wenn ja zu welchem Angebotspreis dem Kunden Herzog
GmbH ein Angebot unterbreitet werden soll. Es ist bekannt, dass dem Kunden
bereits ein Angebot der Konkurrenz zu einem Listenverkaufspreis von 32.900,00 €
vorliegt.

Auch wenn zurzeit die Auftragslage der Kaiser Kunststoffe AG sehr gut ist, stehen
noch ausreichende Kapazitäten zur Verfügung.

Überprüfen Sie, ob ein Angebot wirtschaftlich sinnvoll ist und wenn ja, ermitteln
Sie den Angebotspreis.

Lernsituation 98

Über- und Unterdeckung der Istgemeinkostenzuschläge analysieren

Frau Wagner, die Leiterin der Abteilung Rechnungswesen und derzeitige Ausbilderin von Tüley Öztürk, spricht die Auszubildende heute nochmals wegen des Verkaufs der T-Shirts, Artikel Nr.: 88-30-560/2, an den Kunden Fit & Flott Reifenservice Holding AG an.

„Wollen wir doch mal sehen", sagt Frau Wagner, „was uns dieser Auftrag denn rückblickend für einen Gewinn gebracht hat."

„Aber wir wissen doch schon", entgegnet Frau Öztürk, „dass wir unsere eigentlichen Gewinnvorstellungen nicht durchsetzen konnten. Der Gewinn für den Auftrag über 2 000 Stück lag nur bei ca. 188,00 €."

Sie nimmt sich daraufhin noch einmal die Angebotskalkulation aus dem vorletzten Monat vor.

	Auftrag Fit & Flott	Normalzu-schlagssatz	Beträge in €	Beträge in €
	Fertigungsmaterial		3.600,00	
+	Materialgemeinkosten (MGK)	14 %	504,00	
=	Materialkosten			4.104,00
	Fertigungslöhne		2.200,00	
+	Fertigungsgemeinkosten (FGK)	125 %	2.750,00	
=	Fertigungskosten			4.950,00
=	Herstellkosten			9.054,00
+	Verwaltungsgemeinkosten (VwGK)	22 %		1.991,88
+	Vertriebsgemeinkosten (VtGK)	11 %		995,94
=	**Selbstkosten**			**12.041,82**
+	Gewinn	1,6 %		188,58
=	Barverkaufspreis (Zahlung des Kunden)			12.230,40

Frau Wagner antwortet: „Der Verkaufspreis ist dadurch zustande gekommen, dass wir die Selbstkosten mit durchschnittlichen Zuschlagssätzen der Vergangenheit, den Normalzuschlagssätzen, berechnet haben. Wir haben auf diese Weise Normalgemeinkosten ermittelt.

Tatsächlich aber sind wahrscheinlich rückblickend andere Gemeinkosten angefallen. Wir nennen diese Istgemeinkosten. Auch die Einzelkosten, die wir dem Angebot zugrunde gelegt haben, können eventuell zum Zeitpunkt der Produktion anders gewesen sein. Wir werden eine Nachkalkulation des Auftrags anfertigen und schauen, inwieweit die Zahlen des Angebots von den tatsächlichen Zahlen abweichen."

Tüley nimmt Einblick in den BAB des Monats November 20XX, in dem die Produktion durchgeführt wurde. Ihm entnimmt sie die folgenden Istzuschlagssätze:

Die tatsächlichen Einzelkosten (Fertigungsmaterial und Fertigungslöhne) entsprachen denjenigen Einzelkosten, mit dem der Auftrag kalkuliert wurde.

Materialgemeinkostenzuschlagssatz	16 %
Fertigungsgemeinkostenzuschlagssatz	114 %
Verwaltungsgemeinkostenzuschlagssatz	20 %
Vertriebsgemeinkostenzuschlagssatz	12 %

– Fertigungsmaterial   3.600,00 €
– Fertigungslöhne   2.200,00 €

1 Ermitteln Sie den tatsächlichen Gewinn, den die BE Partners KG durch den Verkauf der T-Shirts erzielt hat.

➡ Arbeitsblatt 98.1

2 Erläutern Sie anschließend Ihr Ergebnis und beurteilen Sie abschließend, ob sich der Verkauf der T-Shirts für die BE Partners KG gelohnt hat.

Arbeitsblatt 98.1 Nachkalkulation des Auftrags Nr. 20461/20XX

Debitor 12820	Fit & Flott Reifenservice Holding AG Hans-Bunte-Straße 50–52 69123 Heidelberg		Artikel Nr.: 88-30-560/2 2 000 Stück T-Shirt, Farbe Weiß, vierfarbig bedruckt		
	Ermittlung des Angebotspreises mit Normalzuschlagssätzen (in € je Stück)		Nachkalkulation mit Istzuschlagssätzen		Abweichung*
Kostenart	Normal-zuschlag in %	Wert in €	Istzuschlag in %	Wert in €	Wert in €
Fertigungsmaterial		3.600,00		3.600,00	
+ Materialgemeinkosten	14				
= Materialkosten					
Fertigungslöhne		2.200,00		2.200,00	
+ Fertigungsgemeinkosten	125				
= Fertigungskosten					
= Herstellkosten der Fert.					
+ Verwaltungsgemeinkosten	22				
+ Vertriebsgemeinkosten	11				
= Selbstkosten					
Umsatzerlös					
geplanter/realisierter Gewinn					

* Falls die tatsächlichen Gemeinkosten (= Istgemeinkosten) über den geplanten Gemeinkosten (= Normalgemeinkosten) liegen, markieren Sie die Abweichung mit einem Minus-Zeichen. Es handelt sich in diesem Fall um eine Kostenunterdeckung.

Umgekehrt, wenn die Istgemeinkosten unter den Normalgemeinkosten liegen (Markierung durch ein Plus-Zeichen), handelt es sich um eine Kostenüberdeckung.

Aufgaben

1 Im Rahmen der Kostenkontrolle für das gesamte Sortiment will die Storch GmbH die kalkulierten Normalkosten der vergangenen Abrechnungsperiode mit den tatsächlich entstandenen Istkosten vergleichen. Zusätzlich soll festgestellt werden, inwieweit der geplante Gewinn realisiert werden konnte.

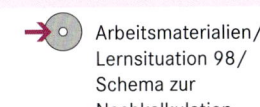

Arbeitsmaterialien/ Lernsituation 98/ Schema zur Nachkalkulation

Folgende Informationen sind zu berücksichtigen:

– Die Normal- und die Istzuschlagssätze sind der Tabelle zu entnehmen.
– Der Verbrauch an Rohstoffen (Fertigungsmaterial) betrug 300.000,00 €.
– Die Fertigungslöhne dieser Abrechnungsperiode belaufen sich auf 500.000,00 €.
– Der erzielte Umsatz betrug 1.810.000,00 €.

Der geplante Verbrauch an Rohstoffen und die geplante Höhe der Fertigungslöhne stimmen jeweils mit den Istwerten überein.

	Kostenart	Normal-zuschlag	Wert in €	Istzuschlag	Wert in €	Über-/Unter-deckung in €
	Fertigungsmaterial					
+	Materialgemeinkosten	16,0 %		17,3 %		
=	Materialkosten					
	Fertigungslöhne					
+	Fertigungsgemeinkosten	80,0 %		84,0 %		
=	Fertigungskosten					
=	Herstellkosten der Fertigung					
+	Verwaltungsgemeinkosten	30,0 %		28,3 %		
+	Vertriebsgemeinkosten	10,0 %		9,4 %		
=	Selbstkosten					
	Umsatzerlöse					
	geplanter/realisierter Gewinn					

2 Ein Sporthaus hat bei der TextilTec KG den Preis für 100 Funktionsjacken „Clara" angefragt. Die TextilTec KG kalkuliert mit folgenden Normalzuschlagssätzen:

Material 12 %, Fertigung 200 %, Verwaltung 10 %, Vertrieb 8 %.

Für den Auftrag wird mit einem gesamten Materialverbrauch von 750,00 € gerechnet. Ferner geht das Unternehmen davon aus, dass die Fertigung 15 Stunden dauern wird. Die Stundenlöhne betragen in diesem Bereich 22,00 €.

Das Unternehmen kalkuliert mit einem Gewinnzuschlag von 15 %. Dem Kunden werden 2 % Skonto und 10 % Rabatt eingeräumt.

Ermitteln Sie den Listenverkaufspreis dieses Auftrages. Nach abgeschlossener Produktion ergeben sich folgende Daten:

Istzuschlagssätze	
Materialgemeinkostenzuschlagssatz	11 %
Fertigungsgemeinkostenzuschlagssatz	165 %
Verwaltungsgemeinkostenzuschlagssatz	9 %
Vertriebsgemeinkostenzuschlagssatz	7 %
Tatsächliche Produktionszeit	14 Std.

Materialverbrauch und Stundenlöhne fallen wie geplant an.

Errechnen Sie den tatsächlichen Gewinn absolut und in Prozent.

Kostenart	Normal-zuschlag in %	Beträge in €	Ist-zuschlag in %	Beträge in €	Über-/Unter-deckung in €

Arbeitsmaterialien/ Lernsituation 98/ Schema zur Nachkalkulation

3 a) Erläutern Sie den Begriff „Normalgemeinkosten" und seine Bedeutung für die Ermittlung von Verkaufspreisen.

b) Frau Detlefsen ist bisher als Handelsvertreterin im Vertrieb eines großen Spielwarenherstellers tätig gewesen. Nunmehr hat sie in der Abteilung Kosten- und Leistungsrechnung ein neues Betätigungsgebiet gefunden. Es ist hier üblich, die Listenverkaufspreise mit Normalzuschlagssätzen zu ermitteln. Frau Detlefsen schlägt vor, in Zukunft besser mit Istzuschlagssätzen zu kalkulieren, da diese doch viel aktueller seien.

Beurteilen Sie diesen Vorschlag.

Lernsituation 99

Rückwärtskalkulation im Rahmen der Angebotserstellung anwenden

Diesmal fragt die Fit & Flott Reifenservice Holding AG nach, ob und zu welchem Preis die BE Partners KG den folgenden Werbeartikel liefern kann:

2 000 Stück T-Shirt mit Rundausschnitt, diverse Größen, Farbe weiß, Artikel Nr.: 88-30-560/2, vierfarbig bedruckt.

Für Tüley Öztürk sollte die Erstellung dieses Angebots kein größeres Problem darstellen. Es liegen aber zurzeit nur veraltete interne Preislisten des Artikels vor. Sie muss also zunächst die Aktualität dieser Preisliste prüfen.

Hierzu stehen ihr die folgenden Daten aus dem Rechnungswesen zur Verfügung:

Preisliste (in € pro Stück)				
Artikel Nr.: 88-30-560/2				
Bei Bestellmenge Stück	50	100	500	1 000
Preis ohne Druck	4,56	4,50	4,32	3,92
Bedrucken 1-farbig	1,36	1,36	1,30	1,18
Bedrucken 2-farbig	2,50	2,48	2,38	2,16
Bedrucken 3-farbig	3,42	3,38	3,24	2,94
Bedrucken 4-farbig	4,10	4,04	3,88	3,52
Bestickung	nach individueller Absprache			

Artikel Nr.: 88-30-560/1		
Einzelkosten	Fertigungsmaterial	Fertigungslöhne
	1,80 €/Stück	1,10 €/Stück

Aktuelle Zuschlagssätze in %	
Materialgemeinkostenzuschlagssatz	14,0 %
Fertigungsgemeinkostenzuschlagssatz	125,0 %
Verwaltungsgemeinkostenzuschlagssatz	22,0 %
Vertriebsgemeinkostenzuschlagssatz	11,0 %

Einige Tage später trifft eine E-Mail der Fit & Flott Reifenservice Holding AG ein, in der sich der Kunde für das Angebot bedankt. Gleichzeitig weist er aber darauf hin, dass ihm ein günstigeres Angebot vorliegt und er deshalb nur einen Listenpreis von 7,80 € pro T-Shirt akzeptieren kann. Tüley ist klar, dass sie das durch eine Rückwärtsrechnung prüfen muss.

1 Ermitteln Sie den Angebotspreis pro T-Shirt, wenn die BE Partners KG einen Gewinn von 15 % anstrebt. Dem Kunden sollen 2 % Skonto und ein Rabatt von 20 % eingeräumt werden.

→ Arbeitsblatt 99.1

2 Beschreiben Sie das Problem, das sich nunmehr für die BE Partners KG stellt, und erklären Sie die möglichen Auswirkungen.

_____

_____

_____

_____

_____

_____

_____

_____

_____

_____

_____

_____

3 Ermitteln Sie den tatsächlichen Gewinn (in € und in %), wenn die BE Partners KG die T-Shirts zu dem vom Kunden verlangten, reduzierten Listenpreis anbietet.

Folgesituation

Die BE Partners KG erreichte eine Kundenanfrage eines Bekleidungshauses nach 1 000 Stück hochwertig bedruckten Kalendern (A5) mit Motiven in Fotoqualität. Sie hat diesem Kunden einen Angebotspreis von 20,00 € je Stück unterbreitet. Die Selbstkosten betragen 14,00 € pro Stück.

4 Ermitteln Sie, welchen Gewinn dieser Auftrag erwirtschaftet (absolut in € und prozentual).

	Zuschläge	€
Selbstkosten		14,00
Gewinnzuschlag		
Barverkaufspreis		
Kundenskonto	2 %	
Zielverkaufspreis		
Kundenrabatt	20 %	
Angebotspreis		20,00

Arbeitsblatt 99.1 Ermittlung des Angebotspreises pro Stück

	Kostenart	Zuschlag (%)	Betrag (€)		Ermittlung des tatsächlichen Gewinns
	Fertigungsmaterial		1,80		
+		14	0,25		
=	Materialkosten			2,05	
	Selbstkosten				
					%
					%
					%

Aufgaben

1 Die Konkul Leuchten KG unterbreitet einem neuen Kunden im Januar 20XX ein Angebot über 4 Stück hochwertige Designer-Schreibtischleuchten zum Listenverkaufspreis von 422,85 € je Stück (netto). Diesem Preis liegen kalkulierte Selbstkosten in Höhe von 301,88 € zugrunde.

Die Konkul Leuchten KG kalkuliert dabei mit einem Gewinnzuschlag von 25 %.

Dem Kunden werden 3 % Skonto und 8 % Rabatt gewährt.

Der Kunde stellt der Konkul Leuchten KG einen größeren Auftrag in Aussicht, wenn die Lampen zu einem um 72,85 € reduzierten Listenverkaufspreis von 350,00 € je Stück bei sonst gleichen Konditionen geliefert werden können.

Die Geschäftsleitung der Konkul Leuchten KG ist an diesem Erstauftrag sehr interessiert und möchte den Auftrag unbedingt erhalten. Allerdings scheint ihr dieser Preis kaum noch akzeptabel.

Erläutern Sie rechnerisch begründet, ob die Konkul Leuchten KG den Großauftrag des Kunden zu dem geforderten Listenverkaufspreis annehmen soll. Überlegen Sie dabei auch kurzfristige und langfristige Folgen und Möglichkeiten.

	Kalkulation des Listenverkaufspreises (Vorwärtskalkulation)		Ermittlung des tatsächlichen Gewinns bei Annahme (Rückwärtskalkulation)	
	Zuschläge %	€	Zuschläge %	€

2 Von einem Großabnehmer erhält die BE Partners KG einen Spezialauftrag zur Herstellung von 10 000 Schmuckgläsern mit Gravur. Der Listenpreis für solche Gläser ohne Gravur beträgt normalerweise 5,50 € pro Stück. Durch die Gravur entsteht ein erheblich höherer Aufwand (Sondereinzelkosten), so dass allein die Selbstkosten eines Glases 5,60 € betragen. Bei Gläsern dieser Art rechnet die BE Partners KG mit einem Gewinnzuschlag von 25 %. Es werden normalerweise 2 % Kundenskonto und 5 % Kundenrabatt eingeräumt. In einer Auftragsbestätigung hat der Kunde diese Konditionen akzeptiert. Die BE Partners KG hat einen Gesamtgewinn von 14.000,00 € für diesen Auftrag fest eingeplant.

Durch einen Schreibfehler auf der Rechnung werden dem Kunden irrtümlicherweise aber 10 % Kundenrabatt, also 7.518,80 € und 2 % Skonto eingeräumt. Aufgrund der unsicheren rechtlichen Lage akzeptiert die BE Partners KG den geringeren Zahlungseingang.

Ermitteln Sie den Überweisungsbetrag aus Sicht des Kunden und die Gewinneinbuße durch die falsche Rechnungsstellung.

	Kalkulation des Listenverkaufspreises (Vorwärtskalkulation)		Ermittlung des tatsächlichen Gewinns bei Annahme (Rückwärtskalkulation)	
	Zuschläge %	€	Zuschläge %	€

Von welchem Recht hätte die BE Partners möglicherweise Gebrauch machen können?

Lernsituation 100

Teilkostenrechnung als Grundlage für Preisentscheidungen anwenden

In der BE Partner KG gilt die Devise: „Stillstand ist Rückschritt" – besonders dann, wenn die Fertigungskapazität im Bereich Druck zur Zeit nur mit 70 % ausgelastet ist, die Fixkosten aber weiterhin entstehen.

Der hart umkämpfte Absatzmarkt und die immer neuen preispolitischen Maßnahmen der Konkurrenz erfordern Flexibilität und kurzfristige Entscheidungen.

Heute Morgen ist die folgende Anfrage der Gartenbrunnen KG aus Köln eingetroffen. Die Gartenbrunnen KG ist ein Hersteller von hochwertigen Brunnenanlagen und gehört bisher nicht zu den Kunden der BE Partners KG.

Die angefragte Menge könnte die Auslastung der Produktionskapazitäten der BE Partners KG (Beschäftigungsgrad) erheblich verbessern.

Gartenbrunnen KG

Gartenbrunnen KG · Hofstraße · 50737 Köln

BE Partners KG
Schlesienstraße 490 – 492
53119 Bonn

Ihr Zeichen:
Ihre Nachricht vom:
Unser Zeichen: EK/AB
Unsere Nachricht vom:

Name: B. Ambach
Telefon: 02206 3132-0
Fax: 02206 3133-534
E-Mail: einkauf@gartenbrunnen.de
Internet: www.gartenbrunnen.de

Datum: 15.05.20XX

Anfrage

Sehr geehrte Damen und Herren,

von unserem langjährigen Kunden, der Moritz Klar GmbH, Bremen, wurden Sie uns als zuverlässiger Lieferant von Drucksachen empfohlen.

Wir stellen Brunnenanlagen her und sind in diesem Bereich eines der größten deutschen Unternehmen. Für eine Werbeaktion benötigen wir 5 000 Stück Hochglanzkataloge, DIN A4, Qualität beschichtetes Fotopapier. Die Kataloge sollten 24 Doppelseiten umfassen.

Wir bitten Sie höflich, uns ein ausführliches Angebot zu unterbreiten, das auch die Lieferungs- und Zahlungsbedingungen beinhalten sollte. Wir gehen davon aus, dass der Nettoeinkaufspreis 3,20 € nicht übersteigen wird. Für eine baldige Bearbeitung unserer Anfrage wären wir Ihnen dankbar.

Mit freundlichem Gruß

B. Ambach

B. Ambach

Tüley Öztürk ist damit beauftragt worden, den Angebotspreis für die gewünschte Menge zu ermitteln. Zunächst erfragt sie die Zuschlagssätze und den für diesen Auftrag erwarteten Gewinnzuschlag. Dann wendet sie ihr Wissen aus vergleichbaren Arbeitsaufträgen an und bereitet eine Tabelle zur Kalkulation des Angebots vor.

1 Ergänzen Sie Tüleys Kalkulationstabelle mit der Berechnung des Angebotspreises bei der möglichen Bestellmenge von 5 000 Stück.

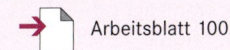 Arbeitsblatt 100.1

2 Entwerfen Sie eine Aktennotiz an Frau Wagner, die das Problem beschreibt, das sich aus der obigen Kalkulation auf Vollkostenbasis ergibt.

Folgesituation

Als Antwort auf die Aktennotiz weist Frau Wagner auf die Fixkostenproblematik hin. Sie sagt: „Bedenken Sie bitte, dass durch den neuen Auftrag keinerlei „neue" Fixkosten entstehen. Wir erzielen ja derzeit schon einen Gewinn, d. h., alle Kosten, auch die Fixkosten sind bereits gedeckt. Deshalb rechnen wir hier nur mit den variablen Kosten, die der Auftrag verursacht, und machen unsere Entscheidung vom Deckungsbeitrag abhängig. Unsere derzeit freien Produktionskapazitäten reichen im Übrigen aus, um den Auftrag der Gartenbrunnen KG zu produzieren. Ich stelle Ihnen eine Übersicht über die Aufteilung der Kosten in fixe und variable Bestandteile zur Verfügung."

3 Berechnen Sie die für die Produktion der Prospekte anfallenden variablen Kosten. 60 % der für die Produktion anfallenden Gemeinkosten gelten als fix, der Rest als variabel. Rechnen Sie mit drei Nachkommastellen.

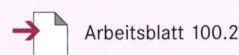 Arbeitsblatt 100.2

4 Ermitteln Sie den Deckungsbeitrag pro Stück und den Gesamtdeckungsbeitrag für den Auftrag der Gartenbrunnen KG.

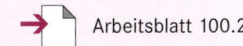 Arbeitsblatt 100.2

5 Nehmen Sie in Form einer Aktennotiz für Frau Wagner Stellung dazu, ob der Auftrag der Gartenbrunnen KG angenommen werden soll. Berücksichtigen Sie bei Ihrer Begründung die Gesamtsituation und nicht nur kostenrechnerische Gesichtspunkte.

Kalkulation Gartenbrunnen KG				
Kostenträgerstück-rechnung	Zuschlag (%)	Betrag (€ pro Stück)	Betrag (€ pro 5 000 Stück)	
Fertigungsmaterial		1,10		
+ Materialgemeinkosten	10	0,11		
= Materialkosten			1,21	
Fertigungslöhne		0,80		
+ Fertigungsgemeinkosten	120	0,96		
= Fertigungskosten			1,76	
= Herstellkosten			2,97	
+ Verwaltungsgemeinkosten	20		0,59	
+ Vertriebsgemeinkosten	6		0,18	
= Selbstkosten			3,74	
+ Gewinnzuschlag	20		0,75	
= Barverkaufspreis			4,49	

Arbeitsblatt 100.2 Variable Kosten und Deckungsbeitrag ermitteln

Ermittlung der variablen Kosten für die Anfrage der Gartenbrunnen KG

	Stückkosten	fix 60% der GMK	variabel Einzelkosten und 40% der GK
Fertigungsmaterial	1,10 €		
Materialgemeinkosten	0,11 €		
Fertigungslöhne	0,80 €		
Fertigungsgemeinkosten	0,96 €		
Verwaltungsgemeinkosten	0,59 €		
Vertriebsgemeinkosten	0,18 €		
= Summe	3,74 €		

Ermittlung der Deckungsbeiträge für die Anfrage der Gartenbrunnen KG

Stückrechnung		Gesamtrechnung	
Barverkaufspreis		Umsatzerlöse Auftrag	
variable Kosten je Stück (k_v)		gesamte variable Kosten (K_v)	
Deckungsbeitrag je Stück (db)		Gesamtdeckungsbeitrag d. Auftrags (DB)	

Aufgaben

1 Die Petermann & Söhne KG in Solingen produziert externe Festplatten. Insgesamt werden drei verschiedene Modelle hergestellt. Das Rechnungswesen liefert hierfür die folgenden Daten:

	Festplatte A	Festplatte B	Festplatte C
Absatzmenge	32 000 St.	25 000 St.	38 000 St.
Fertigungsmaterial	12,00 €	16,00 €	20,00 €
Fertigungslöhne	2,50 €	3,70 €	4,10 €
Verkaufspreis pro Stück	27,00 €	44,50 €	52,00 €

	insgesamt	Festplatte A	Festplatte B	Festplatte C
Fertigungsmaterial	1.544.000,00 €	384.000,00 €	400.000,00 €	760.000,00 €
MGK	355.120,00 €	76.800,00 €	80.000,00 €	152.000,00 €
Fertigungslöhne	328.300,00 €	80.000,00 €	92.500,00 €	155.800,00 €
FGK	738.675,00 €	160.000,00 €	185.000,00 €	311.600,00 €
VwGK	438.400,00 €	105.120,00 €	113.625,00 €	206.910,00 €
VtGK	358.500,00 €	84.096,00 €	90.900,00 €	165.528,00 €
Selbstkosten	3.762.995,00 €	890.016,00 €	962.025,00 €	1.751.838,00 €
Umsatzerlöse	3.952.500,00 €	864.000,00 €	1.112.500,00 €	1.976.000,00 €
Betriebsergebnis (BE)	348.621,00 €	–26.016,00 €	150.475,00 €	224.162,00 €

Kostenanalysen haben ergeben, dass 30 % der Gemeinkosten variabel sind.

a) Berechnen Sie für jede Produktgruppe die Höhe der variablen Kosten und ermitteln Sie den Gesamtdeckungsbeitrag je Produktgruppe (Tabelle unten).

b) Beurteilen Sie den Vorschlag des Auszubildenden Timo Horn, das Produkt A in Zukunft nicht mehr zu produzieren, da es einen Verlust in Höhe von 26.016,00 € verursacht.

	Festplatte A	Festplatte B	Festplatte C

2 Die Allfit Sportartikel KG, möchte in einem kleinen Zweigwerk Tennisschläger
   herstellen. Zunächst sollen 4 Artikel produziert werden, für die die Unternehmensleitung von folgenden Daten ausgeht.

Art.-Bezeichnung	Zielgruppe	Selbstkosten	möglicher Verkaufspreis	Stückgewinn
TS Light	Freizeitsportler	13,57 €	15,00 €	1,43 €
TS Allround	Anfänger	28,55 €	30,00 €	1,45 €
TS TopSpeed	Vereinsspieler	47,10 €	48,00 €	0,90 €
TS Power	Vereinsspieler	57,90 €	58,00 €	0,10 €

Auf einem Meeting der Geschäftsleitung vertritt Frau Rauen die Auffassung, den
Schläger „TS Power" nicht in das Sortiment aufzunehmen, da der Stückgewinn nur
0,10 € betrage und somit zu gering sei. Bevor eine endgültige Entscheidung getroffen wird, soll aber noch eine genauere Kostenanalyse erfolgen.

Artikel	TS Light	TS Allround	TS TopSpeed	TS Power
Mögliche Verkaufsmenge monatlich (St.)	4 200	3 300	5 500	2 500
Nettoerlös/Stück (€)	15,00	30,00	48,00	58,00
Variable Stückkosten (€)	8,00	18,00	38,00	42,00
Monatliche Fixkosten (€)		148.000,00		

a) Ermitteln Sie den Stückdeckungsbeitrag und den Gesamtdeckungsbeitrag, der
   durch die Produktion des Tennisschlägers „TS Power" erzielt werden könnte.
b) Errechnen Sie den prozentualen Anteil am gesamten Betriebsergebnis, den die
   Produktion des Tennisschlägers „TS Power" erzielen würde.
c) Erläutern Sie, warum die Allfit Sportartikel KG eine ökonomisch nicht sinnvolle
   Entscheidung getroffen hätte, wenn sie der Auffassung von Frau Rauen gefolgt
   wäre.

Artikel	TS Light	TS Allround	TS TopSpeed	TS Power
Nettoerlös/Stück (€)				
Variable Stückkosten (€)				
Stückdeckungsbeitrag (db)				
Gesamtdeckungsbeitrag (DB)				
Summe aller DB (€)				
Monatliche Fixkosten (€)				
Betriebsergebnis mit TS Power (€)				
Betriebsergebnis ohne TS Power (€)				

Lernsituation 101

Eine Entscheidung über einen Zusatzauftrag treffen

Die Otto Felix KG aus Bergisch Gladbach produziert hochwertige LED-Schreibtischleuchten in drei verschiedenen Ausführungen.

Ein großer Einzelhandelskonzern, der bisher noch nicht zu den Kunden der Otto Felix KG gehört, fragt an, ob im kommenden Monat folgende Mengen an Lampen zu folgenden Preisen zu liefern seien:

100 Modell Sven zu einem Preis von 280,00 €/St.

500 Modell Tove zu einem Preis von 200,00 €/St.

300 Modell Lars zu einem Preis von 110,00 €/St.

Es wird in dem Schreiben eine dauerhafte Zusammenarbeit in Aussicht gestellt.

Für den Monat Mai 20XX legt Ihnen zur Bearbeitung der Anfrage die Abteilung Rechnungswesen die folgenden Zahlen vor:

Schreibtischleuchte	Modell Sven	Modell Tove	Modell Lars
Verkaufspreis je Stück	420,00 €	320,00 €	180,00 €
Variable Stückkosten	180,00 €	135,00 €	82,00 €
Zurechenbare Fixkosten			245.000,00 €
Kapazität (Stück)	600	1 500	2 000
Kapazitätsauslastung %	80 %	60 %	90 %

1 Formulieren Sie, welche Probleme sich aus dieser Situation ergeben bzw. ergeben können.

2 Analysieren Sie die Daten für ihre Entscheidung unter Kosten- und Kapazitätsüberlegungen und entscheiden Sie ausführlich begründet, ob die Otto Felix KG den Auftrag des Einzelhandelskonzerns annehmen soll.

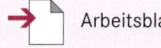 Arbeitsblatt 101.1

3 Ermitteln Sie den Betriebsgewinn vor und nach Annahme des Auftrags.

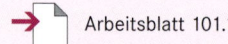 Arbeitsblatt 101.1

4 Skizzieren Sie die einzelnen Schritte, die Sie gemacht haben, um zu Ihrer Entscheidung zu kommen.

Aufgaben

1 Erläutern Sie den Zusammenhang zwischen Stückpreis und Kapazitätsauslastung.

2 Ein Lebensmittelproduzent kann pro Tag maximal 12 000 Portionen Tiefkühllasagne herstellen. Aufgrund einer verringerten Nachfrage produziert er zurzeit nur 9 500 Portionen am Tag. Wie hoch ist die Kapazitätsauslastung in Prozent?

Strukturieren Sie die Tabellen für Ihre Berechnungen sinnvoll. Es müssen nicht unbedingt alle Zeilen genutzt werden.

Auslastung	Modell Sven	Modell Tove	Modell Lars
Aktuelle Kapazitätsauslastung in %			
Aktuelle Produktionsmenge in Stück			

Deckungsbeitrag Zusatzauftrag	Modell Sven	Modell Tove	Modell Lars	gegebenenfalls Summe
Zusatzauftrag (Stück)				
Verkaufspreis pro Stück in €				

Gewinn ohne Zusatzauftrag	Modell Sven	Modell Tove	Modell Lars	gegebenenfalls Summe
Aktuelle Produktionsmenge in Stück	480	900	1 800	
Umsatzerlöse in €				
Gewinn ohne Zusatzauftrag in €				

Gewinn mit Zusatzauftrag		Summe	

Lernsituation 102

Preisuntergrenzen diskutieren und festlegen

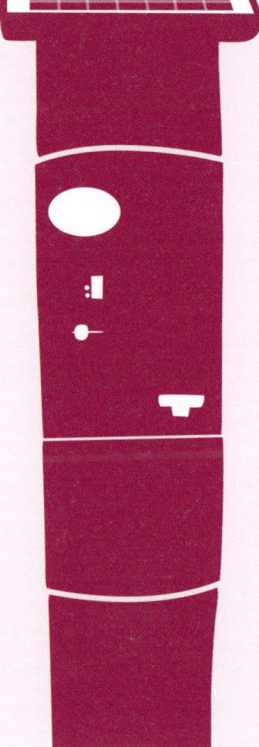

Sophie Fischer hat sich mit ihren Mitschülerinnen Michelle, Cindy und Selina zusammengesetzt. Sie wollen gemeinsam eine Aufgabe lösen, die ihnen ihr Berufsschullehrer gestellt hat. Dieser hat ihnen Zahlenmaterial der Römer KG für den Monat Juli 20XX gegeben und sie gebeten, den Preis zu bestimmen, den die Römer KG mindestens für ihr Produkt erzielen muss. Die Römer KG produziert lediglich ein Produkt, nämlich das Solarmodul „0X15".

Die genaue Aufgabenstellung lautet:

„Bestimmen Sie mithilfe der Daten der Römer KG die kurzfristige und die langfristige Preisuntergrenze im Verkauf."

Sophie:

Die Sache ist doch klar. Ein Unternehmen muss immer Gewinn machen. Wovon sollte der Chef denn sonst leben? Außerdem werden aus dem Gewinn heraus doch auch Investitionen gezahlt. Also, ich würde sagen, dass immer alle Kosten gedeckt werden müssen und – sagen wir mal – mindestens 10 % Gewinn gemacht werden muss. Ich sehe da keinen Unterschied zwischen lang- und kurzfristig.

Michelle:

Also, das kann nicht sein. Wir haben schon gelernt, dass z. B. bei Zusatzaufträgen der Preis identisch mit den variablen Kosten sein kann. Ich würde sagen, dass dies kurzfristig immer geht. Langfristig würde ich dir, Sophie, recht geben.

Cindy:

Was heißt denn überhaupt kurzfristig? Eines ist doch klar: Wer langfristig seine Kosten nicht deckt, macht Verlust. Das kann nicht gut gehen. Also langfristig müssten meiner Meinung nach mindestens immer alle Kosten gedeckt sein. Gewinn muss ich nicht unbedingt mit allen Produkten erzielen.

Selina:

Wenn die Römer KG jetzt aber von einem Konkurrenten bedrängt wird, der sie mit Billigpreisen vom Markt verdrängen will, dann müsste sie ihren Preis kurzfristig doch auch ziemlich weit senken. Darin sehe ich kein Problem, denn nicht alle Kosten müssen immer gedeckt sein. Es müsste aber gesichert sein, dass aus den Erlösen nicht nur die Löhne und die Materialkosten gezahlt werden können, sondern auch die sonstigen Kosten, die zu tatsächlichen Auszahlungen führen, so z. B. die Energiekosten oder die Steuern. Wenn die Römer KG ihre Preise nicht erheblich senken würde, wird ihr Absatz deutlich zurückgehen und die Fixkosten laufen doch weiter.

1 Ermitteln Sie mithilfe des Materials über die Römer KG die von den Mitschülern jeweils bevorzugte Preisuntergrenze.

 Arbeitsblatt 102.1

2 Nehmen Sie ausführlich Stellung zu den einzelnen Vorschlägen der vier Schüler/innen und treffen Sie eine eigene begründete Entscheidung im Hinblick auf die kurz- und langfristige Preisuntergrenze.

Arbeitsblatt 102.1 Auszug aus der Kostenrechnung der Römer KG

Kostenanalysen haben ergeben, dass 60 % der Gemeinkosten fix, somit 40 % variabel sind.

		Zuschlag in %	Kosten in €	Kosten in €	Variable Kosten in €
	Kalkulation der Selbstkosten und des Barverkaufspreises				
	Fertigungsmaterial/Rohstoffaufwand		26,00		
+	Materialgemeinkosten (MGK)	10	2,60		
=	Materialkosten			28,60	
	Fertigungslöhne		18,00		
+	Fertigungsgemeinkosten (FGK)	120	21,60		
=	Fertigungskosten			39,60	
=	Herstellkosten			68,20	
+	Verwaltungsgemeinkosten (VwGK)	10		6,82	
+	Vertriebsgemeinkosten (VtGK)	15		10,23	
=	Selbstkosten			85,25	
+	Gewinnzuschlag	20		17,05	
=	Barverkaufspreis			102,30	

Aufgabe

1 Ein Unternehmen produziert auf der Grundlage der folgenden Kostenfunktion Joggingschuhe:

$K(x) = 85x + 258000$.

a) Stellen Sie die Kostenfunktion in einem Graphen dar und erläutern Sie den Begriff „lineare Kostenfunktion".

b) Ermitteln Sie die Gewinnschwellenmenge, wenn die Schuhe für einen Preis von 115,00 € verkauft werden.[1]

1 Gleichungen
in FK 1, Mathetrainer

c) Für das nächste Geschäftsjahr wird ein Absatz von 20 000 Stück prognostiziert. Errechnen Sie für diese Absatzmenge den Gewinn und die Stückkosten.

d) Ein neuer Kunde fragt an, ob das Unternehmen ihm 1 000 Paar Joggingschuhe des Modells „Grip" liefern kann. Er ist aber nur bereit, je Paar 95,00 € zu zahlen. Entscheiden Sie begründet, ob dieser Zusatzauftrag angenommen werden soll. Gehen Sie davon aus, dass die Produktionskapazitäten dafür ausreichen.

e) Zu Rationalisierungszwecken könnte das Unternehmen eine neue Maschine anschaffen. Diese hätte Anschaffungskosten von 120.000,00 € zur Folge. Die Maschine hat eine tatsächliche Nutzungsdauer von sechs Jahren. Das Unternehmen rechnet damit, dass die Wiederbeschaffung einer gleichwertigen Maschine am Ende der Nutzungsdauer Anschaffungskosten von 138.000,00 € verursachen würde. Durch den Einsatz dieser Maschine würden die variablen Kosten um 10 % sinken. Ermitteln Sie, welche Auswirkungen die Anschaffung der Maschine auf die Gewinnschwellenmenge hätte.

Lernsituation 103

Die Gewinnschwelle ermitteln

Die beiden Auszubildenden Tüley Öztürk und Sophie Fischer der BE Partners KG sind auch privat sehr engagiert. Für ein Wohltätigkeitsprojekt einer Eine-Welt-Initiative wollen sie an einem Sommertag auf dem Wochenmarkt der Stadt eisgekühlten Fruchtsaft anbieten. Der Gewinn soll dem Projekt zugute kommen.

Die Standmiete beträgt allein schon 60,00 €. Für die Miete eines Kühlschrankes und einer elektrischen Fruchtpresse und für Dekorationsmaterial sind weitere 45,00 € fest einzuplanen. Sophie Fischer meint: „Da werden wir ja kaum Gewinn machen. Wir können nur einen Verkaufspreis von 2,50 € pro Glas nehmen. Die Kosten für die Früchte – die können wir direkt dort kaufen – und andere Kosten habe ich notiert. Da müssen wir nachrechnen, wie viele Getränke wir überhaupt verkaufen müssen, um allein die festen Kosten zu decken."

1 Erstellen Sie eine Tabelle über Erlöse, Kosten und Gewinn.

2 Tragen Sie den Verlauf der variablen Kosten und der Gesamterlöse in das Diagramm ein und interpretieren Sie Ihre Ergebnisse.

Verkaufsmenge in Stück	1	25	50	75	100	125
Gesamterlöse						
– Variable Kosten						
= Beitrag zur Deckung der Fixkosten						
– Fixkosten						
= Gewinn						

Früchte pro Glas: 0,85 €

Zitronensaft pro Glas: 0,10 €

Papierschirm pro Glas: 0,15 €

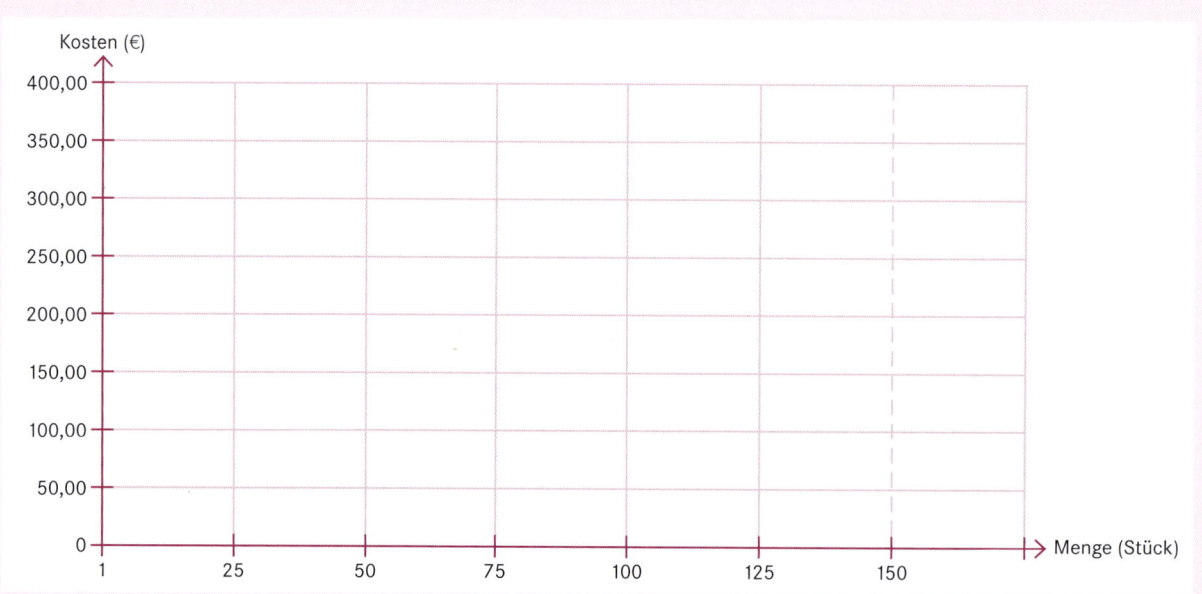

Grundbegriffe und Definitionen

Gesamtkosten

_____ Kosten

Beispiele:

Kosten, die

_____ Kosten

Beispiele:

Kosten, die

Berechnungen

Nettoverkaufserlös

− _____ Kosten

= _____

$$\frac{\text{fixe Kosten einer Abrechnungsperiode}}{\text{_____[1]}} = \text{Gewinnschwelle (break-even-point)}$$

[1] je Einheit

Grafische Darstellung

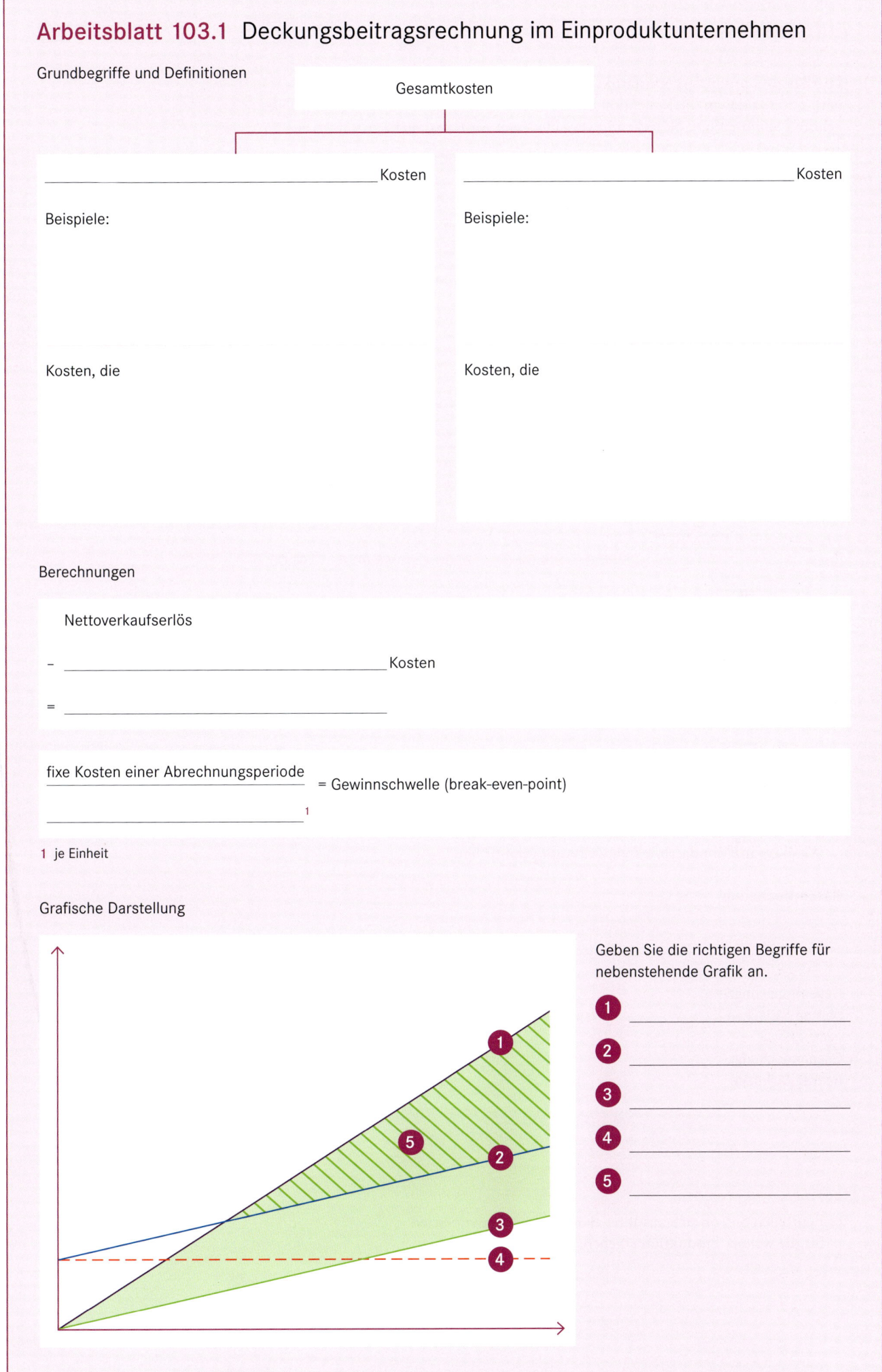

Geben Sie die richtigen Begriffe für nebenstehende Grafik an.

1 _____

2 _____

3 _____

4 _____

5 _____

Aufgaben

1 Die Bast AG produziert Sportartikel. Im Geschäftsbereich „Winterbekleidung" wird unter anderem die Kollektion „Flockentanz" produziert. Zu diesen Modellen gehören Skihosen und Skijacken in verschiedenen Ausführungen.

Das Rechnungswesen liefert dazu weitere Daten:

Skijacken, Kollektion „Flockentanz"

Skijacken, Modell	Xaver	Christine	Ruth	Eugen	Maren
Preis	34,00 €	38,00 €	105,00 €	90,00 €	125,00 €
Variable Kosten	32,10 €	33,70 €	63,90 €	51,90 €	72,20 €
Stückdeckungsbeitrag					
Produzierte Stückzahl	1 400 St.	650 St.	280 St.	670 St.	390 St.

Skihosen, Kollektion „Flockentanz"

Skihosen, Modell	Xaver	Christine	Ruth	Eugen	Maren
Preis	26,00 €	29,00 €	77,00 €	68,00 €	94,00 €
Variable Kosten	27,50 €	25,30 €	46,20 €	41,60 €	55,80 €
Stückdeckungsbeitrag					
Produzierte Stückzahl	1 400 St.	650 St.	280 St.	670 St.	390 St.

Die diesen beiden Produkten insgesamt zurechenbaren Fixkosten betragen 80.000,00 €.

a) Ermitteln Sie die jeweiligen Stückdeckungsbeiträge.

b) Beurteilen Sie in einer Gesamtrechnung, ob sich die Produktion der Kollektion „Flockentanz" im dargestellten Zeitraum gelohnt hat.

Gesamtrechnung

	Xaver	Christine	Ruth	Eugen	Maren	Summe
Gesamtdeckungs-beitrag Skijacken						
Gesamtdeckungs-beitrag Skihosen						

c) Beurteilen Sie, ob sich aus Ihrer Berechnung Konsequenzen für die weitere Produktion ergeben.

Lernsituation 104

Geschäftsprozesse untersuchen

Herr Bastian, der Geschäftsführer der BE Partners KG, möchte die wichtigsten Geschäftsprozesse der Druckerei reorganisieren. Deshalb sind die Geschäftsprozesse durch die Unternehmensberatung Enterprise Research AG, Düsseldorf, analysiert und neu strukturiert worden. Im Rahmen der Reorganisation soll auch der Prozess der Kundenauftragsbearbeitung neu organisiert werden. Die Unternehmensberatung hat das nachfolgende Aufnahmeprotokoll erstellt, in welchem die verschiedenen Teilprozesse der Auftragsbearbeitung analysiert worden sind (in ungeordneter Reihenfolge):

Enterprise Research AG
Düsseldorf

Prozessart:	Nr. 23-12-D
Bezeichnung:	Kundenauftragsbearbeitung
Prozessprotokoll:	Standard
Ausgabeformart:	unsortiert
Verantwortlicher:	T. Spengler
Mandant:	BE Partners KG (Druckerei)
Ansprechpartner:	Frau Kolder

– Überprüfung der vorhandenen Lagerbestände
– Prüfung des Kundenauftrags im Hinblick auf seine Machbarkeit (bezogen auf die technische Machbarkeit, den Kundenwunschtermin, den Preis ...)
– Verpackung der Fertigerzeugnisse einschließlich Erstellung der erforderlichen Versandpapiere und Versand der Leistungen (Lieferschein, Zollpapiere)
– Überprüfung der zur Produktion erforderlichen Kapazitäten an Personal und Maschinen
– Produktion und laufende Überprüfung der auszuführenden Arbeiten einschließlich Qualitätskontrolle
– Erfassung des Kundenauftrages
– Erstellung der zur Produktion erforderlichen Fertigungsaufträge einschließlich der entsprechenden Arbeitspapiere (Materialentnahmeschein, Lohnschein)
– Einkauf der nicht im Lager befindlichen Werkstoffe
– Überwachung der Zahlungseingänge und Buchung der Zahlungseingänge
– Wareneingangsprüfung der beschafften Materialien
– Einlagerung der beschafften und geprüften Materialien
– Belegung der Maschinen mit den auszuführenden Arbeitsgängen einschließlich der Zuweisung der auszuführenden Arbeiten an bestimmte Mitarbeiter
– Einlagerung der produzierten Fertigerzeugnisse
– Rechnungserstellung und Buchung der Rechnung

1 Bringen Sie die Teilprozesse in eine sachlogische Reihenfolge. Verwenden Sie dazu das folgende Arbeitsblatt.

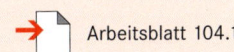 Arbeitsblatt 104.1

2 Geben Sie für jeden Teilprozess an, ob er Bestandteil des Informations-, Material- oder Geldflusses im Unternehmen ist.

3 Entscheiden Sie, ob jeweils ein Kernprozess oder ein Unterstützungsprozess vorliegt.

Arbeitsblatt 104.1 Kundenauftragsbearbeitung

Geordnete Teilprozesse (Kundenauftragsbearbeitung)	Informationsfluss (I) Materialfluss (M) Geldfluss (G)	Kernprozess (K) Unterstützungs- prozess (U)
1		
2		
3		
4		
5		
6		
7		
8		
9		
10		
11		
12		
13		
14		

Arbeitsblatt 104.2 Informations-, Material- und Geldfluss in einem Unternehmen

Informationsfluss =

Arten von Informationsflüssen		
		Informationsflüsse, die dem Lieferanten dienen
Beispiel:	Beispiel:	Beispiel:

Materialfluss =

Beispiele:

Geldfluss =

Beispiele:

Arten von Geschäftsprozessen

Kernprozess
=

=

Merkmale:

Merkmale:

Beispiele:

Beispiele:

Aufgaben

1 Geben Sie an, ob die folgenden Teilprozesse eines Fahrradherstellers jeweils zu den Kernprozessen oder zu den Unterstützungsprozessen gehören, und begründen Sie Ihre Zuordnung.

a) Der Vertrieb bestätigt einen Auftrag über 200 Mountainbikes.
b) Das Unternehmen stellt einen kaufmännischen Auszubildenden ein.
c) Der Einkauf bestellt bei der Mannes AG 400 m Stahlrohr.
d) Die Konstruktionsabteilung entwickelt ein neues Rennrad.
e) Die Buchhaltung begleicht die Rechnung eines Lieferanten unter Ausnutzung eines Zahlungsziels von 30 Tagen.
f) Die Geschäftsführung will im kommenden Geschäftsjahr ihren Marktanteil bei Kinderrädern um 10 % erhöhen.

2 Geben Sie an, ob es sich bei den folgenden Teilprozessen um wertschöpfende oder nicht wertschöpfende Prozesse handelt.

a) Kundenwünsche identifizieren – Produkt planen – Produkt konzipieren – Produkt konstruieren
b) Materialbedarf ermitteln – Angebote einholen – Lieferant auswählen – Bestellung auslösen
c) Kundenanfrage prüfen – Produktverfügbarkeit prüfen – Kundenanfrage bestätigen
d) Strategisches Ziel formulieren – Teilziele ableiten – Prozesse bewerten – Prozesse überwachen – Prozesse verbessern
e) Lieferantendaten ermitteln – Lieferantendaten erfassen – Lieferantendaten verwalten
f) Rohre zuschneiden – Rahmen schweißen – Rahmen nachbearbeiten – Rahmen lackieren

3 Die DN Drogerien AG, ein langjähriger Kunde der BE Partners KG, hat einen völlig neuen Flyer und entsprechende Plakate bestellt. Bei der Abwicklung des Kundenauftrages fallen verschiedene Teilprozesse an.

a) Bringen Sie zunächst die Teilprozesse in die richtige Reihenfolge. Benutzen Sie dazu die Tabelle auf der nächsten Seite.

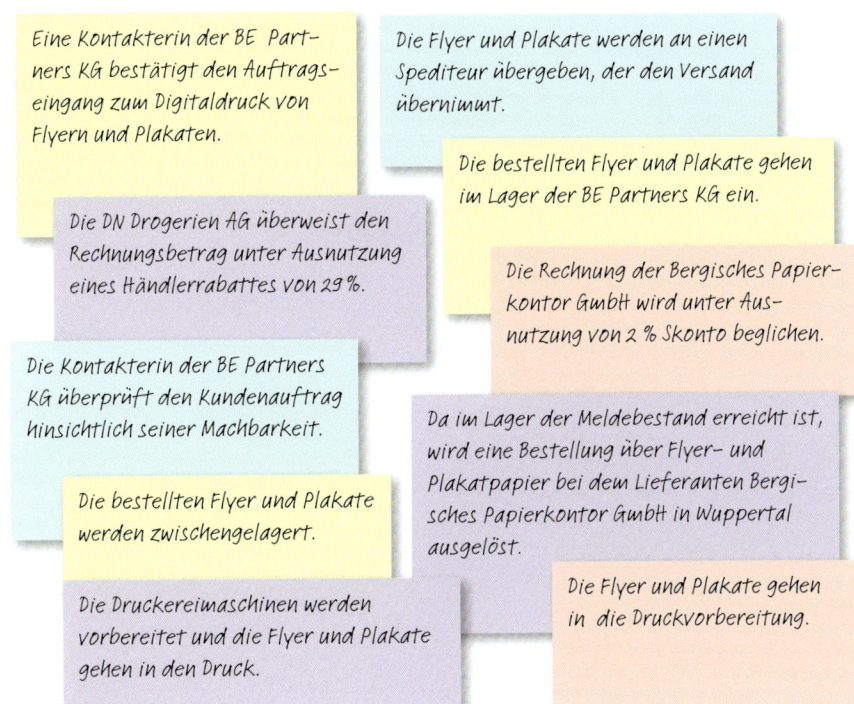

Eine Kontakterin der BE Partners KG bestätigt den Auftragseingang zum Digitaldruck von Flyern und Plakaten.

Die Flyer und Plakate werden an einen Spediteur übergeben, der den Versand übernimmt.

Die bestellten Flyer und Plakate gehen im Lager der BE Partners KG ein.

Die DN Drogerien AG überweist den Rechnungsbetrag unter Ausnutzung eines Händlerrabattes von 29 %.

Die Rechnung der Bergisches Papierkontor GmbH wird unter Ausnutzung von 2 % Skonto beglichen.

Die Kontakterin der BE Partners KG überprüft den Kundenauftrag hinsichtlich seiner Machbarkeit.

Da im Lager der Meldebestand erreicht ist, wird eine Bestellung über Flyer- und Plakatpapier bei dem Lieferanten Bergisches Papierkontor GmbH in Wuppertal ausgelöst.

Die bestellten Flyer und Plakate werden zwischengelagert.

Die Flyer und Plakate gehen in die Druckvorbereitung.

Die Druckereimaschinen werden vorbereitet und die Flyer und Plakate gehen in den Druck.

Fortsetzung nächste Seite

Fortsetzung Aufgabe 3

b) Geben Sie an, ob es sich bei den einzelnen Teilprozessen um einen Informations-, Material- oder Geldfluss handelt.

c) Entscheiden Sie, ob jeweils ein Kernprozess oder ein Unterstützungsprozess vorliegt.

Geordnete Teilprozesse (Kundenauftragsbearbeitung)	Informationsfluss (I) Materialfluss (M) Geldfluss (G)	Kernprozess (K) Unterstützungs- prozess (U)
1		
2		
3		
4		
5		
6		
7		
8		
9		
10		

4 Ordnen Sie den sechs Kernprozessen die entsprechenden Teilprozesse zu.

Auftrag abwickeln	Leistungsange- bot definieren	Leistung vertreiben	Leistung herstellen	Leistung erbringen	Leistung entwickeln

Primärbedarfs-planung

Kommunikations-politik

Änderungs-management

Produkt-/ Sortimentspolitik

Distributions-politik

Auftrags-realisierung

Absatz-marktforschung

Kapazitäts-planung

Auftragsplanung

Preis-/Kondi-tionenpolitik

Kaufvertrags-störungen beheben

Teilebedarfs-planung

Produkt-entwicklung

Maschinen-belegung

Qualitäts-sicherung

Terminplanung

Auftrags-abrechnung

Produktplanung

Machbarkeits-prüfung

Betriebs-datenerfassung

Kontrolle

Auftragsfreigabe

Produkt-entstehung

After-Sales-Prozesse

Auftrag abwickeln	Leistungsange- bot definieren	Leistung vertreiben	Leistung herstellen	Leistung erbringen	Leistung entwickeln

Hinweis: Die Anzahl der Teilprozesse je Kernprozess ist unterschiedlich.

Lernsituation 105

Aufbauorganisation gliedern und visualisieren

Die Auszubildenden der BE Partners KG befinden sich gerade im Rahmen der überbetrieblichen Ausbildung auf einem zweitägigen Fachlehrgang zum Thema „Betriebsorganisation". Am ersten Tag steht das Thema „Aufbauorganisation von Betrieben" im Mittelpunkt. Der Lehrgangsleiter, Herr Lübkemann, hat soeben um 15:00 Uhr aus den insgesamt 20 Teilnehmern vier Gruppen gebildet und an jede Gruppe den unten abgebildeten Arbeitsauftrag verteilt.

Übernehmen Sie die Aufgaben der Lehrgangsteilnehmer.

Kaufmännisches Fachzentrum West
Fachlehrgang „Betriebsorganisation"
am 5. und 6. Oktober 20XX
im BildungsZentrum des KFW Bonn

Tagesordnung für den 5. Oktober 20XX

Thema: Aufbauorganisation von Betrieben

10:00 Uhr: Abgrenzung Aufbau- und Ablauforganisation
11:00 Uhr: Aufgabenanalyse und Aufgabensynthese
12:00 Uhr: Stellenbildung (Funktions- und Objektprinzip)
13:00 Uhr: Mittagessen
14:00 Uhr: Stellenarten und Stellenbeschreibungen
15:00 Uhr: Leitungssysteme

Kaufmännisches Fachzentrum West   **Fachlehrgang Betriebsorganisation**

Arbeitsaufträge „Leitungssysteme – Teil 1"

Die einzelnen Organisationseinheiten (Stellen und Abteilungen) eines Betriebes müssen sinnvoll miteinander in Verbindung gebracht werden, damit die Beziehungen zwischen ihnen geregelt sind. Es gilt, Weisungs- und Kommunikationswege zu regeln, damit insbesondere hierarchische Beziehungen zwischen Mitarbeitern deutlich werden. Hierbei können verschiedene Leitungssysteme (auch: Organisations- oder Weisungssysteme) berücksichtigt werden.

Auf den Arbeitsblättern 105.1 bis 105.5 finden Sie je ein beispielhaftes Organigramm für jedes der fünf wichtigsten Leitungssysteme. Vervollständigen Sie die Arbeitsblätter.

 Arbeitsblätter 105.1 – 105.5

1. Geben Sie für jedes Beispiel an, welches Leitungssystem angewendet wurde.
2. Formulieren Sie jeweils eine kurze allgemeine Erläuterung des Leitungssystems.
3. Geben Sie jeweils stichpunktartig die wichtigsten Vor- und Nachteile des Leitungssystems an.
4. Nennen Sie für jedes Leitungssystem typische Anwendungsbereiche.
5. Geben Sie jeweils an, welches Prinzip der Stellenbildung in dem Betrieb zur Anwendung kommt. Achten Sie darauf, dass manchmal auch beide Prinzipien innerhalb eines Organigramms zur Anwendung kommen können.

Symbole der Stellenarten	
Instanzen	▬
Stabsstellen	⬭
ausführende Stellen	▭

Leitungssystem:

Organigramm:

```
                    ┌─────────────────────┐
                    │  Geschäftsführerin  │
                    │     Liv Erikson     │
                    └─────────────────────┘
             ┌──────────────┴──────────────┐
    ┌─────────────────┐          ┌─────────────────────┐
    │  Chefredakteur  │          │  Leitung Anzeigen/  │
    │  Marc Sauerland │          │       Werbung       │
    │                 │          │     Inga Rochow     │
    └─────────────────┘          └─────────────────────┘
```

| Redakteur Allgemein | Redakteur Lokal | Redakteurin Sport | MA Kleinanzeigen | MA Werbekunden |
| Marcel Krahe | Sven Schneider | Lisa Berger | Petra Wildgruber | Heinz Hansen |

Hinweis: MA = Mitarbeiter/-in

Kurze allgemeine Erläuterung des Leitungssystems:

Vorteile:

Nachteile:

Typische Anwendungsbereiche:

Welche(s) Prinzip(ien) der Stellenbildung wurde(n) angewendet? Bitte ankreuzen und kurz begründen.

☐ Funktionsprinzip

☐ Objektprinzip

Arbeitsblatt 105.2 Organigramm der Pallhuber Gartenservice e. K.

Leitungssystem:

Organigramm:

```
                    ┌─────────────────────┐
                    │  Geschäftsführer     │
                    │  Manfred Pallhuber   │
                    └─────────────────────┘
             ┌───────────────┴───────────────┐
   ┌──────────────────┐          ┌──────────────────┐
   │  Geschäftskunden  │          │  Privatkunden     │
   │ Michaela Schneider│          │ Josephine Kaiser  │
   └──────────────────┘          └──────────────────┘
```

Gärtner 1	Gärtnerin 2	Gärtner 3	Gärtnerin 4	Gärtner 5
Sascha Brinkhoff	Svetlana Hähnle	Victor Breschnew	Kübra Thali	Heiko Stock

Kurze allgemeine Erläuterung des Leitungssystems:

Vorteile:

Nachteile:

Typische Anwendungsbereiche:

Welche(s) Prinzip(ien) der Stellenbildung wurde(n) angewendet? Bitte ankreuzen und kurz begründen.

☐ Funktionsprinzip

☐ Objektprinzip

Arbeitsblatt 105.3 Organigramm der Mega-Handel AG

Leitungssystem:

Organigramm:

Geschäftsleitung
Anastasia Krill

Geschäftsfeld Haushaltsgeräte
Peter Grothe

Geschäftsfeld Lebensmittel
Janine Specht

Geschäftsfeld Spielwaren
Lisa Hansmann

Leiter Einkauf
Pascal Terjung

Leiter Lager
Günter Kaminski

Leiterin Verkauf
Mareike Wiese

Leiterin Marketing
Olga Grukowa

Leiterin Einkauf
Sabrina Hergert

Leiter Lager
Joachim Bredtstedt

Leiter Verkauf
Maximilian Dwilles

Leiterin Marketing
Stephanie Stille

Leiter Einkauf
Holger Hansing

Leiterin Lager
Juli Bergmann

Leiterin Verkauf
Magdalena Gudow

Leiter Marketing
Pit Paulsen

Leiter Rechnungswesen
Karl-Heinz Albers

Leiterin Personalwesen
Roswitha Adler

Kurze allgemeine Erläuterung des Leitungssystems:

Vorteile:

Nachteile:

Typische Anwendungsbereiche:

Welche(s) Prinzip(ien) der Stellenbildung wurde(n) angewendet? Bitte ankreuzen und kurz begründen.

☐ Funktionsprinzip

☐ Objektprinzip

Arbeitsblatt 105.4 Organigramm der Weserbergland Brauerei OHG

Leitungssystem:

Organigramm:

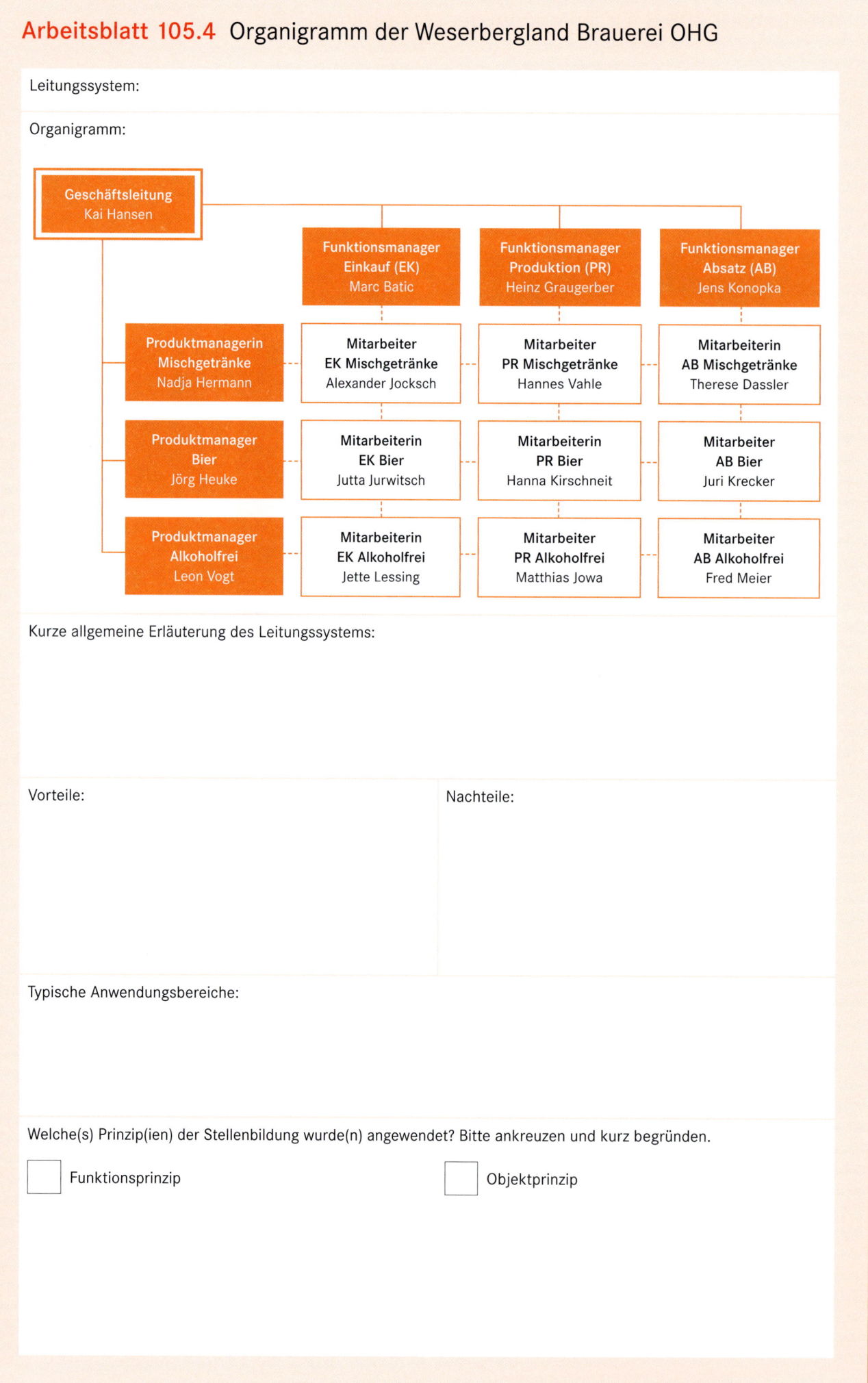

Kurze allgemeine Erläuterung des Leitungssystems:

Vorteile:

Nachteile:

Typische Anwendungsbereiche:

Welche(s) Prinzip(ien) der Stellenbildung wurde(n) angewendet? Bitte ankreuzen und kurz begründen.

☐ Funktionsprinzip

☐ Objektprinzip

Arbeitsblatt 105.5 Organigramm der Büromöbel Wolter KG

Leitungssystem:

Organigramm:

EDV
Jasper Kemp

Geschäftsleitung
Karla Wolter

Organisation
Mara Jung

Kaufmännische Leitung
Andreas Giesbrecht

Public Relations
Mike Huber

Technische Leitung
Ludmilla Specht

AL Einkauf
Eylem Gökan

AL Verkauf
Nadeshda König

AL Verwaltung
Marianne Zorkinski

AL Produktion
Ludwig Landmann

AL Lager
Martin Keller

SB Werkstoffe
Adalbert Sorbig

SB Inland
Knut Schneider

GL Rechnungswesen
Lubmilla Soborska

MA Büroschränke
Heinz Schrader

MA Wareneingang
Günther Grabowski

SB Handelswaren
Clarissa Immig

SB Export
Maria Sanchez

SB Debitoren
Helin Korat

MA Schreibtische
Janina Meyer

MA Kommissionierung
Yves Bertrand

SB Kreditoren
Marcel Hinze

MA Bürostühle
Karl Oberreuther

MA Kommissionierung
Robert Weiß

GL Personal
Pat Smith

SB Personalverwaltung
Annika Werner

SB Entgeltabrechnung
Patrick Teuerkauf

Erläuterung der Abkürzungen:
AL = Abteilungsleiter/-in
GL = Gruppenleiter/-in
SB = Sachbearbeiter/-in
MA = Mitarbeiter/-in

Kurze allgemeine Erläuterung des Leitungssystems:

Vorteile:

Nachteile:

Typische Anwendungsbereiche:

Welche(s) Prinzip(ien) der Stellenbildung wurde(n) angewendet? Bitte ankreuzen und kurz begründen.

☐ Funktionsprinzip

☐ Objektprinzip

Folgesituation

Im Anschluss an die Präsentationen der Gruppen-
arbeitsergebnisse verteilt Herr Lübkemann ein
weiteres Arbeitsblatt, mit dem die Lehrgangsteilnehmer einige wichtige Inhalte des heutigen Tages
üben sollen.

Helfen Sie den Lehrgangsteilnehmern erneut
und machen Sie Vorschläge zur Beantwortung der
gestellten Fragen.

Kaufmännisches Fachzentrum West

Fachlehrgang Betriebsorganisation

Arbeitsaufträge „Leitungssysteme – Teil 2"

Beantworten Sie die folgenden Fragen kurz in Stichworten. Nutzen Sie die Organigramme auf den Arbeitsblättern 105.1 bis 105.5.

1. Fragen zur Trend-Stadtmagazin GmbH & Co. KG

   a) Was unterscheidet das Leitungssystem von dem der Pallhuber Gartenservice e. K.?

   b) Wer darf Frau Lisa Berger Weisungen erteilen?

   c) Wurde die Redaktionsabteilung nach dem Funktions- oder Objektprinzip untergliedert?

2. Fragen zur Pallhuber Gartenservice e. K.

   a) Wie viele Hierarchieebenen gibt es?

   b) Wer darf Herrn Victor Breschnew Weisungen erteilen?

   c) Halten Sie das gewählte Leitungssystem für geeignet? Begründen Sie.

3. Fragen zur Mega-Handel AG

   a) Welche Stellenart fehlt im Organigramm? Begründen Sie.

   b) Wurden die einzelnen Geschäftsfelder nach dem Funktions- oder Objektprinzip untergliedert?

   c) Welche Aufgaben (Funktionen) wurden in dem Unternehmen zentralisiert und welche
       dezentralisiert?

4. Fragen zur Weserbergland Brauerei OHG

   a) Wer darf Frau Jette Lessing Weisungen erteilen?

   b) Wie viele Hierarchieebenen gibt es?

   c) Wem darf Herr Jens Konopka Weisungen erteilen?

5. Fragen zur Büromöbel Wolter KG

   a) Wem darf Mike Huber Weisungen erteilen?

   b) Wurde der Kaufmännische Bereich nach dem Funktions- oder Objektprinzip untergliedert?

   c) Wurde die Abteilung Produktion nach dem Funktions- oder Objektprinzip untergliedert?

1. Schritt: Aufgabenanalyse
Erläuterung:

2. Schritt: Aufgabensynthese
Erläuterung:

kann erfolgen nach dem

Funktionsprinzip   Objektprinzip

Erläuterung: Erläuterung:

Beispiel: Beispiel:

3. Schritt: Abteilungsbildung
Erläuterung:

Eine fertige Aufbauorganisation wird schriftlich bzw. grafisch festgehalten
in **Stellenbeschreibungen** für jede einzelne Stelle und dem **Organigramm** des Unternehmens.

Stellenarten (mit kurzer Erläuterung)	**Leitungssysteme**
1.	1.
	2.
2.	3.
	4.
3.	5.

Aufgaben

1 Ordnen Sie jeweils zu, welcher Bereich der Betriebsorganisation in den folgenden Situationen bzw. Regelungen angesprochen wird.

1 = Aufbauorganisation   2 = Ablauforganisation

a) In der BE Partners KG wird eine neue Abteilung „Webdesign" gegründet.

b) Während des Urlaubs von Uwe Dittmer (Kontakter I) übernimmt grundsätzlich Tina Welkenbach (Kontakterin II) seine Aufgaben.

c) Ab nächstem Monat wird die Verteilung der Eingangspost in der BE Partners KG umgestellt. Rechnungen gehen nicht mehr an Rolf Bastian, sondern direkt an Tanja Wagner.

d) Kundenreklamationen für Druckerzeugnisse werden in der BE Partners KG von Thomas Martin bearbeitet.

e) In der BE Partners KG ist geregelt, dass Kundenreklamationen bis zu einem Wert von 200,00 € ohne Überprüfung akzeptiert werden.

f) Wenn in der BE Partners KG ein neuer Mitarbeiter eingestellt wird, wird immer ein Einarbeitungsplan erstellt.

2 Fernando Lopez möchte einen kleinen Laden in der Innenstadt von Kassel übernehmen und ein Einzelhandelsgeschäft für Smartphones und Zubehör eröffnen. Am letzten Wochenende hat er eine Aufgabenanalyse durchgeführt. Hierzu hat er eine Tabelle angelegt und alle Aufgaben bzw. Tätigkeiten gesammelt, die in seinem kleinen Laden zukünftig anfallen werden. Er hat dabei allgemeine Aufgaben (z. B. „Einkaufen") in die linke Spalte geschrieben und dann in Teilaufgaben aufgegliedert. Einzelne Teilaufgaben hat er anschließend beispielhaft weiter analysiert. Leider ist ihm beim Speichern der Datei ein Fehler unterlaufen, sodass einige Eintragungen verloren gegangen sind.

Können Sie die grau schattierten Felder sinnvoll ergänzen?

Hauptaufgaben	Teilaufgaben	Einzelaufgaben
Einkaufen	Lieferanten ermitteln	
		Lieferzeit prüfen
	Angebote vergleichen	
		Zahlungsbedingungen prüfen
	Warenzugang überwachen	Bezugspreise kalkulieren
Lagern		Anzahl der Packstücke prüfen
	Ware prüfen	Verpackung prüfen
	Ware auszeichnen	
	Ware sichern	auf Beschädigungen prüfen
Verkaufen	**Sortiment festlegen**	
	Werbung machen	Markt beobachten
	Ware präsentieren	
		Sortimentstiefe festlegen
		alte Produkte eliminieren
	Zusatzartikel anbieten	neue Produkte aufnehmen

3 Bei der Rheintaler Brunnen GmbH & Co. KG soll die Verwaltungsabteilung neu organisiert werden. Zurzeit sind in der Abteilung vier Mitarbeiter beschäftigt. Bisher wurden die zahlreichen Verwaltungsaufgaben nicht zwischen den Mitarbeitern aufgeteilt, sodass jeder alles macht. Da das Aufgabenfeld zu groß geworden ist, sollen die Inhalte der vier Stellen jetzt so gestaltet werden, dass jeder Mitarbeiter alleine ca. fünf Einzelaufgaben übernimmt. Die Mitarbeiter haben in den vergangenen Wochen eine Aufgabenanalyse durchgeführt und alle zu erledigenden Aufgaben gesammelt:

- Bonitätsauskünfte einholen
- Eingangspost sortieren
- Gehaltsabrechnungen durchführen
- Personalakten pflegen
- Rechnungen prüfen
- Lohnsteueranmeldung durchführen
- Mahnwesen abwickeln
- Post frankieren
- Überstundenzuschläge berechnen
- Fehlzeitenstatistiken erstellen

- Zahlungseingänge überwachen
- Löhne und Gehälter überweisen
- Ausgangspost kuvertieren
- Arbeitszeitkonten überwachen
- Rechnungen bezahlen
- Sozialversicherung überweisen
- Post verteilen
- ELStAM-Daten abrufen
- Eingangspost stempeln
- Arbeitsverträge erstellen

a) Betreiben Sie Aufgabensynthese und fassen Sie jeweils ca. fünf Aufgaben sinnvoll zu Stellen zusammen. Formulieren Sie auch sinnvolle Stellenbezeichnungen.

Stelle 1		Stelle 2	
Aufgaben		Aufgaben	

Stelle 3		Stelle 4	
Aufgaben		Aufgaben	

b) Begründen Sie, welches Prinzip der Stellenbildung Sie angewendet haben.
c) Erstellen Sie für eine der vier Stellen eine vollständige Stellenbeschreibung. Treffen Sie gegebenenfalls sinnvolle Annahmen.

4 Betrachten Sie das Organigramm der BE Partners KG auf Seite 7 in diesem Buch. Beschreiben Sie, welche Leitungssysteme angewendet werden.

5 Besorgen Sie sich ein Organigramm ihres Ausbildungsbetriebes. Beschreiben Sie es Ihren Mitschülern und begründen Sie, welches Leitungssystem angewendet wird.

6 Machen Sie für die beschriebenen Situationen jeweils einen Vorschlag für ein geeignetes Leitungssystem. Begründen Sie Ihre Vorschläge.

a) Der gelernte Speditionskaufmann Andreas Barting möchte mit seiner Frau Vanessa (gelernte Kauffrau für Büromanagement) eine kleine Spedition gründen. Herr Barting hat bereits eine Aufgabenanalyse durchgeführt. Er ist der Meinung, dass sein Unternehmen zu Beginn sechs Fahrer und vier kaufmännische Kräfte für die Verwaltung und Tourenplanung benötigt.

b) Andrea Weber möchte ihr Unternehmen für Gebäudereinigung neu organisieren. Zurzeit beschäftigt sie als Geschäftsführerin zwölf Gebäudereiniger. Acht davon sind direkt Petra Gluck (Abteilungsleitung „Privatwirtschaftliche Unternehmen") und vier sind direkt Bernd Strate (Abteilungsleitung „Öffentliche Unternehmen") unterstellt. In der Vergangenheit kam es bei den Gebäudereinigern häufig zu Unzufriedenheit, da sich in einer Arbeitswoche sowohl Arbeitstage mit langen Leerlaufzeiten als auch solche mit viel Stress und Hektik aufgrund Personalmangels abwechselten.

c) Ein japanischer Hersteller von Unterhaltungselektronik hat festgestellt, dass in der Vergangenheit häufig auf Marktveränderungen (z. B. durch Bedürfniswandel) nicht oder zu spät reagiert wurde. Insbesondere wurden Möglichkeiten zum Markteintritt bei neuen Produkten (z. B. bei Tablet-PCs) verpasst. Andererseits hat man an veralteten Produkten (z. B. Fernseher mit Bildröhre) zu lange festgehalten. Als Grund für diese Probleme wurde insbesondere auch das schwerfällige Leitungssystem (Einliniensystem) verantwortlich gemacht.

d) Ein chinesischer Produzent von Computer-Hardware hat als Leitungssystem zurzeit die Spartenorganisation gewählt. Die drei Sparten sind „Eingabegeräte", „Verarbeitungsgeräte" und „Ausgabegeräte". Das Unternehmen möchte gerne Teamarbeit fördern und bei wichtigen Entscheidungen zukünftig gerne das „Vier-Augen-Prinzip" anwenden.

e) In der Auerbach OHG sind 120 Mitarbeiter beschäftigt. Das Unternehmen ist nach dem Einliniensystem organisiert und hat vier Hierarchieebenen. Seit einigen Jahren fühlen sich die beiden Geschäftsführer und einige Abteilungsleiter häufig überlastet. Sie klagen darüber, dass ihr Aufgabengebiet zu groß sei und sie bei manchen Entscheidungen das Gefühl haben, dass ihre Fachkompetenz nicht ausreicht.

7 Geben Sie an, nach welchem Leitungssystem die folgenden Unternehmen organisiert sind.

a) In der Reichenthaler GmbH gibt es Stellen, die beraten, aber keine Weisungsbefugnis haben.

b) In einem großen Automobilkonzern bekommen die Mitarbeiter einer Abteilung Anweisungen von zwei Managern, einem Funktions- und einem Produktmanager.

c) Die Melissa AG ist nach Produktgruppen in verschiedene Profit-Center eingeteilt, die in sich sehr eigenständig arbeiten.

d) In dem Dachdeckerbetrieb Magnussen & Koldewei OHG kümmern sich die beiden Gesellschafter Jens Magnussen und Werner Koldewei um die Geschäftsführung. Herr Magnussen ist der Vorgesetzte für die sechs gewerblichen Mitarbeiter und Herr Koldewei leitet den kaufmännischen Bereich mit drei Mitarbeiterinnen.

e) In der Weber AG gibt es für wichtige Entscheidungen immer zwei verantwortliche Mitarbeiter. Konflikte zwischen diesen Mitarbeitern werden dabei bewusst in Kauf genommen.

Lernsituation 106

Geschäftsprozesse darstellen

Tüley Öztürk befindet sich im letzten Ausbildungsjahr. Ab heute absolviert sie ihren zweiten Ausbildungsabschnitt in der Kundenbetreuung und arbeitet mit Uwe Dittmer zusammen.

Tüley Öztürk:

Guten Morgen, Herr Dittmer!

Herr Dittmer:

Guten Morgen, Frau Öztürk! Herzlich willkommen zur zweiten Runde in der Kundenbetreuung. Ich hoffe, Sie können sich noch an die verschiedenen Abläufe bei uns erinnern. Wir haben gerade eine Anfrage von einem wichtigen Kunden erhalten. Damit Sie sich wieder gut in unsere Abteilung einarbeiten können, habe ich entschieden, dass Sie noch einmal den kompletten Prozess von der Anfrage bis zum Abschluss des Verkaufsprozesses mitverfolgen. Dabei werden Sie – auch abteilungsübergreifend – mit den jeweiligen verantwortlichen Mitarbeitern zusammenarbeiten.

Tüley Öztürk:

Das finde ich eine gute Idee. Gibt es eine Prozesskette oder Ähnliches, womit ich vorab schon einmal meine Erinnerung etwas auffrischen kann? Das wäre sehr hilfreich.

Herr Dittmer:

Leider nein. Aber vielleicht können Sie ja eine Prozesskette zur Bearbeitung einer Kundenanfrage erstellen. Wir können dann anschließend gemeinsam überprüfen, ob Sie auch keinen Schritt vergessen haben.

Tüley Öztürk:

Eine prima Idee. In der Berufsschule haben wir ja bereits die verschiedenen Darstellungsarten von Prozessen kennengelernt. Ich werde mir den Ablauf genauer anschauen und ihn dann mithilfe einer Prozesskette darstellen.

Herr Dittmer:

Das ist super. Eine entsprechende Darstellung würde dann auch allen anderen Auszubildenden und neuen Mitarbeitern weiterhelfen. Ich bin schon gespannt auf ihr Ergebnis.

Tüley Öztürk:

Dann mache ich mich sofort an die Arbeit.

1 Erklären Sie, was Geschäftsprozesse sind und welche Merkmale diese haben. In dem Zusammenhang erläutern Sie auch, was unter einer erweiterten ereignisgesteuerten Prozesskette (eEPK) verstanden wird und wie sich diese von einer „einfachen" ereignisgesteuerten Prozesskette unterscheidet.

2 Überlegen Sie, wie der Verkaufsprozess genau abläuft. Nutzen Sie dazu auch Ihre Fachkunde.[1] Listen Sie alle anfallenden Tätigkeiten (Funktionen) und die dazugehörigen Ereignisse chronologisch auf. Tragen Sie außerdem die Symbole für Tätigkeiten und Ereignisse in die erste Zeile des Arbeitsblattes ein. Als Hilfsmittel kann Ihnen zudem die lückenhafte eEPK auf Seite 156 dienen.

 Arbeitsblatt 106.1

1 EPK einer Kundenbestellung
 FK 3, LF 11, Kap. 2.3.3

3 Erstellen Sie nun abschließend eine erweiterte ereignisgesteuerte Prozesskette (eEPK) für den Verkaufsprozess, indem Sie die lückenhafte eEPK auf Seite 156 vervollständigen.

 Arbeitsblatt 106.2

Folgesituation

Tüley ist mit der Erarbeitung der eEPK fertig und stellt Herrn Dittmer ihr Ergebnis kurz vor. Dieser freut sich sehr über die ausführliche Darstellung. Jedoch äußert er auch Bedenken, ob neue Mitarbeiter oder neue Auszubildende überhaupt mit dieser ausführlichen Darstellung umgehen können.

Tüley Öztürk:

Als ich das Ergebnis gesehen habe, ist mir auch deutlich geworden, dass die Darstellung des Prozesses sehr ausführlich geworden ist. Ich könnte versuchen, das Ganze mithilfe eines Flussdiagramms darzustellen. Vielleicht wird es dann etwas übersichtlicher.

Herr Dittmer:

Das ist eine gute Alternative. Versuchen Sie das bitte. Wenn Sie dann fertig sind, vergleichen wir die beiden Darstellungen und schauen, was für uns am praktikabelsten ist.

Tüley Öztürk:

Das mache ich gerne.
Ich zeige Ihnen später das Ergebnis.

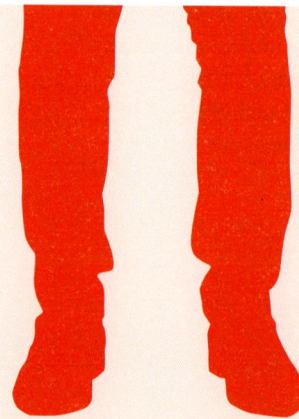

4 Erläutern Sie, was ein Flussdiagramm ist.

5 Erarbeiten Sie anschließend ein Flussdiagramm, welches den Verkaufsprozess darstellt. Nutzen Sie als Informationsquellen Ihre Fachkunde[1] sowie die bereits bearbeiteten Arbeitsblätter 106.1 und 106.2.

 Arbeitsblatt 106.3

1 EPK einer Kundenbestellung

FK 3, LF 11, Kap. 2.3.3

6 Vergleichen Sie die von Ihnen erarbeitete eEPK (Arbeitsblatt 106.2) mit dem von Ihnen erarbeiteten Flussdiagramm (Arbeitsblatt 106.3). Worin unterscheiden sich die beiden Darstellungsformen? Für welche Darstellungsform würden Sie sich entscheiden? Begründen Sie.

7 Erarbeiten Sie entsprechende Argumente, um Herrn Dittmer von der von Ihnen gewählten Darstellungsform zu überzeugen.

Arbeitsblatt 106.1 Funktionen und Ereignisse bei einem Verkaufsprozess

Nr.	Ereignis	Funktionen (Tätigkeit)
	Symbol:	Symbol:
1	Anfrage vom Kunden geht ein	Alle relevanten Daten zur Angebotserstellung ermitteln und ein Angebot schreiben
2		
3		
4	Ware nicht vorhanden	
5		
6		
7		
8		
9		Mahnverfahren einleiten
10	Mahnverfahren eingeleitet	
11		
12		

Arbeitsblatt 106.2 Ereignisgesteuerte Prozesskette für den Verkaufsprozess

Erarbeiten Sie eine Prozesskette zur Bearbeitung einer Kundenanfrage. Konkretisieren Sie in der Datensicht, welche Daten vor Abgabe eines Angebotes durch die BE Partners KG ermittelt werden müssen.

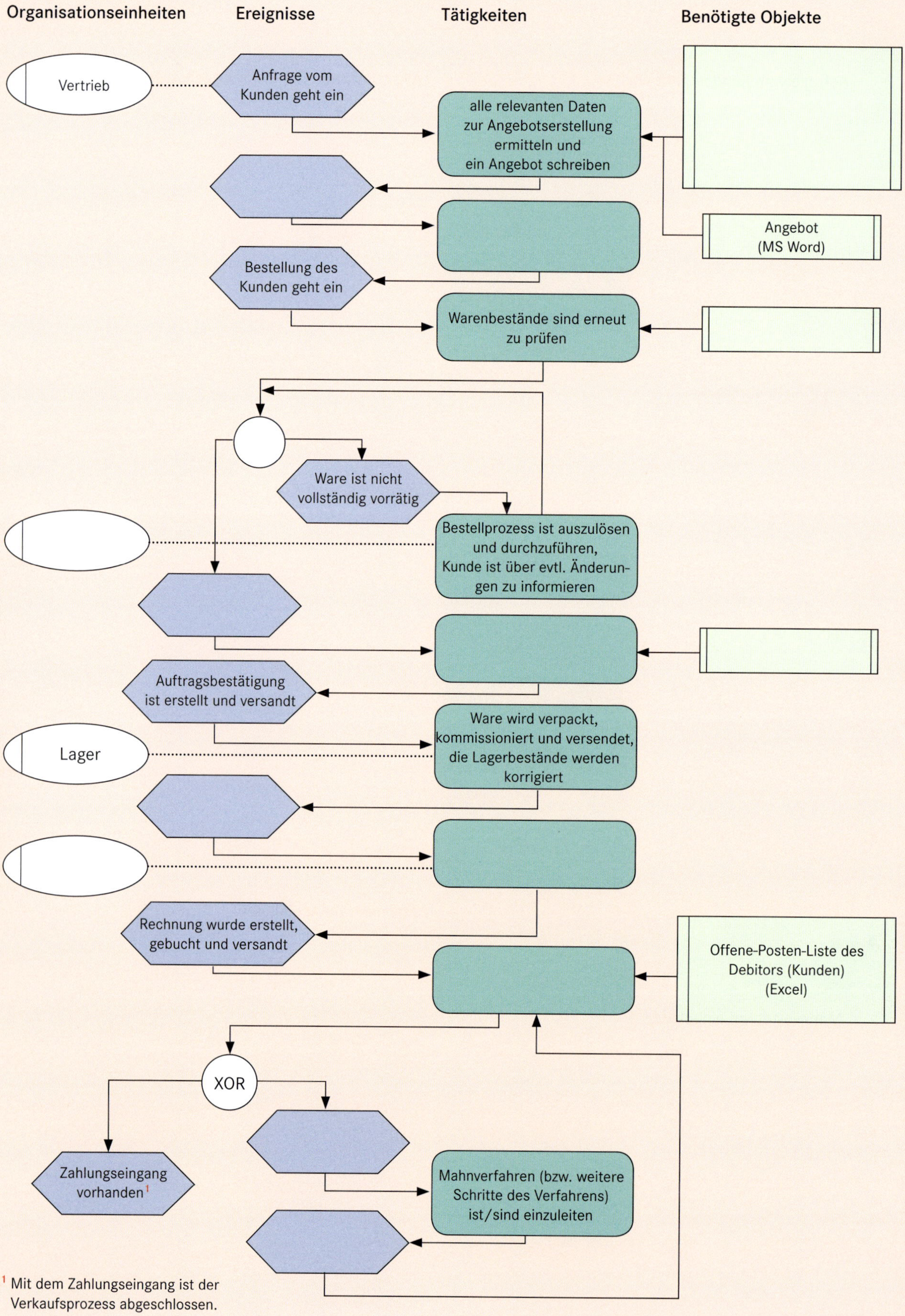

Organisationseinheiten
Ereignisse
Tätigkeiten
Benötigte Objekte
Vertrieb
Anfrage vom Kunden geht ein
alle relevanten Daten zur Angebotserstellung ermitteln und ein Angebot schreiben
Angebot (MS Word)
Bestellung des Kunden geht ein
Warenbestände sind erneut zu prüfen
Ware ist nicht vollständig vorrätig
Bestellprozess ist auszulösen und durchzuführen, Kunde ist über evtl. Änderungen zu informieren
Auftragsbestätigung ist erstellt und versandt
Lager
Ware wird verpackt, kommissioniert und versendet, die Lagerbestände werden korrigiert
Rechnung wurde erstellt, gebucht und versandt
Offene-Posten-Liste des Debitors (Kunden) (Excel)
XOR
Zahlungseingang vorhanden[1]
Mahnverfahren (bzw. weitere Schritte des Verfahrens) ist/sind einzuleiten

[1] Mit dem Zahlungseingang ist der Verkaufsprozess abgeschlossen.

Arbeitsblatt 106.3 Flussdiagramm für den Verkaufsprozess

Erarbeiten Sie ein Flussdiagramm, welches den Verkaufsprozess darstellt. Nutzen Sie als Informationsquellen die bereits ausgefüllten Arbeitsblätter 106.1 und 106.2.

Arbeitsblatt 106.3 Flussdiagramm für den Verkaufsprozess

Aufgaben

1 Erstellen Sie für den Verkaufsprozess eine Wertschöpfungskette.

2 Ein Kunde der Fly Bike Werke GmbH möchte sich neue Zubehörteile für sein Citybike bestellen. Er hat sich für ein neues Lampenset entschieden. Er wird die Bestellung allerdings nur tätigen, falls beide Zubehörteile (Lampenset vorne und Lampenset hinten) vorrätig sind. Welche Verknüpfungsmöglichkeiten sind möglich? Kreuzen Sie an.

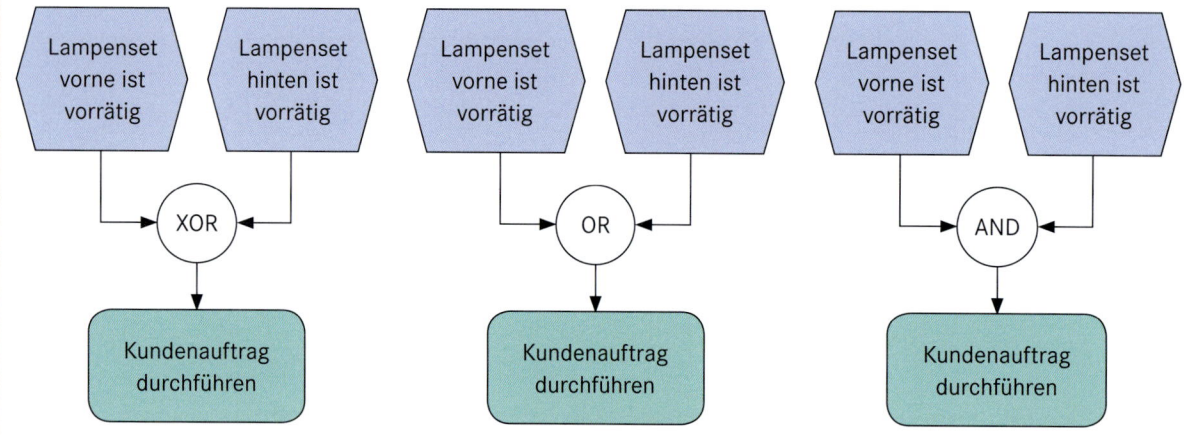

3 Drücken Sie die logische Abfolge der nachfolgenden ereignisgesteuerten Prozessketten in eigenen Worten aus und formulieren Sie jeweils ein Beispiel.

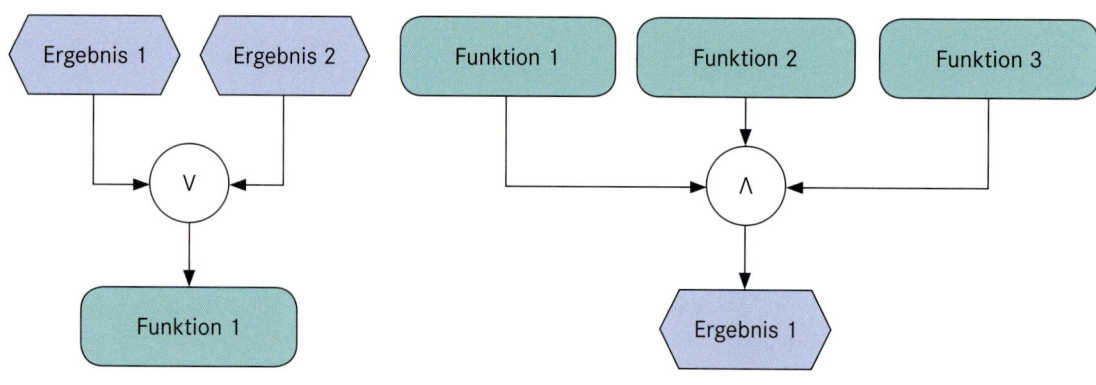

4 Welche Aussagen zu den Operatoren sind richtig? Kreuzen Sie an.

a) Alleinstehende Operatoren sind erlaubt.	
b) Operatoren sind zu verwenden, um andere Symbole zu verbinden.	
c) Operatoren sind zu verwenden, um Gabelungen in einer Prozesskette zu erzeugen.	
d) Bei einer Aufspaltung in einer Prozesskette müssen die Operatoren einen eingehenden Pfeil und zwei oder mehr ausgehende Pfeile haben.	
e) Bei einer Zusammenführung in einer Prozesskette müssen die Operatoren zwei oder mehr eingehende Pfeile und einen ausgehenden Pfeil haben.	
f) ODER- oder XOR-Operatoren, die eine Gabelung in der Prozesskette darstellen, dürfen einem Ereignis folgen.	

5 Herr Dittmer hat sich trotz aller Überzeugungsversuche von Tüley dafür entschieden, nur mit dem Flussdiagramm zu arbeiten. Um jeder Mitarbeiterin und jedem Mitarbeiter aber deutlich zu machen, wie die genauen Arbeitsschritte innerhalb eines Prozessschrittes aussehen, überlegt er, zusätzlich eine Arbeitsablaufkarte einzuführen. Auch hier bittet er Tüley, eine erste Ablaufkarte zu erstellen, um zu prüfen, ob diese praktikabel und verständlich ist.

Helfen Sie Tüley dabei, die Arbeitsablaufkarte vom Bestelleingang bis hin zur Auftragsbestätigung zu erstellen. Beziehen Sie dabei auch die Abläufe in Ihrem Ausbildungsunternehmen in Ihre Überlegungen mit ein. Nutzen Sie dazu folgende Vorlage.

Arbeitsablaufkarte

Arbeitsablauf: Bearbeitung einer Anfrage

Abteilung: Vertrieb

Lfd. Nr.	Stufen des Arbeitsablaufs	Symbole	Zeit (Min.)	Weg (m)
		○ ⇨ □ D ▽		
		○ ⇨ □ D ▽		
		○ ⇨ □ D ▽		
		○ ⇨ □ D ▽		
		○ ⇨ □ D ▽		
		○ ⇨ □ D ▽		
		○ ⇨ □ D ▽		
		○ ⇨ □ D ▽		
		○ ⇨ □ D ▽		
		○ ⇨ □ D ▽		
		○ ⇨ □ D ▽		
		○ ⇨ □ D ▽		
		○ ⇨ □ D ▽		
		○ ⇨ □ D ▽		
		○ ⇨ □ D ▽		

6 Eine EPK beginnt immer mit einem Startereignis. Bitte prüfen Sie, ob in der folgenden Abbildung das richtige Symbol und die richtige Beschreibung gewählt wurden.

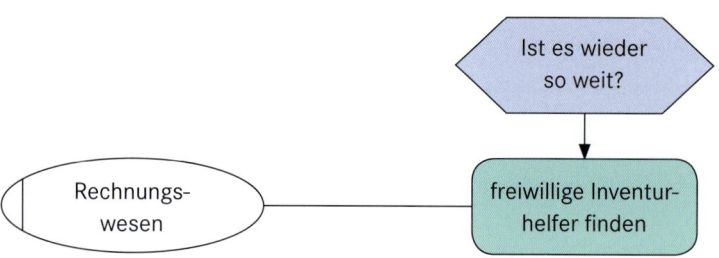

7 Beurteilen Sie, ob der Operator in der folgenden Abbildung richtig gewählt wurde. Falls nein, machen Sie einen Korrekturvorschlag.

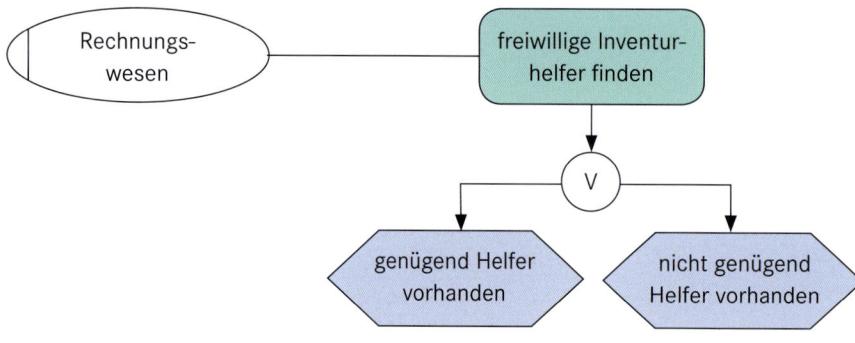

8 Im folgenden Abschnitt wurde offenbar ziemlich unachtsam gearbeitet.

a) Entdecken Sie einen inhaltlichen und einen logischen Fehler?
b) Halten Sie das vom Leiter des Rechnungswesens angedachte Auswahlverfahren für zweckmäßig?

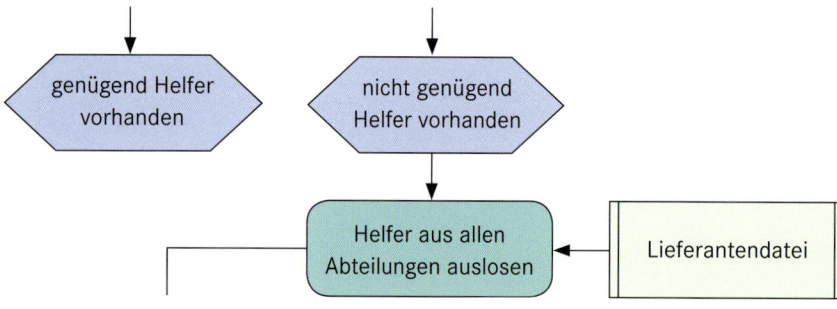

9 Betrachten Sie im folgenden Ausschnitt insbesondere die Reihung von Prozess-elementen. Was wurde hier nicht beachtet?

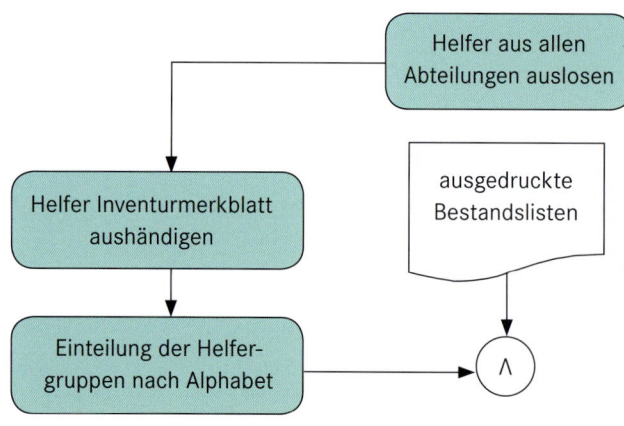

10 Das linke Symbol in der Abbildung unten weist auf ein Dokument hin. Dokumentensymbole lassen sich meist problemlos auch als Funktionen beschreiben. Wandeln Sie das Dokument durch entsprechende Neuformulierung in eine Funktion um.

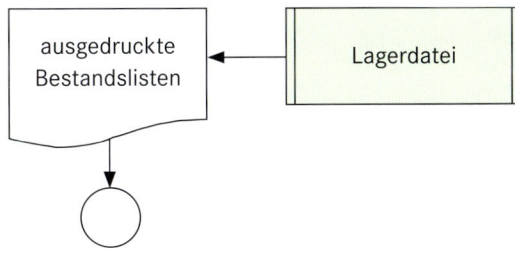

11 Vermutlich ist die Verzweigung am Ende der folgenden Abbildung auch nicht ganz gelungen. Prüfen Sie bitte den verwendeten Operator und die Ablauflogik. Können Sie eine Alternative skizzieren?

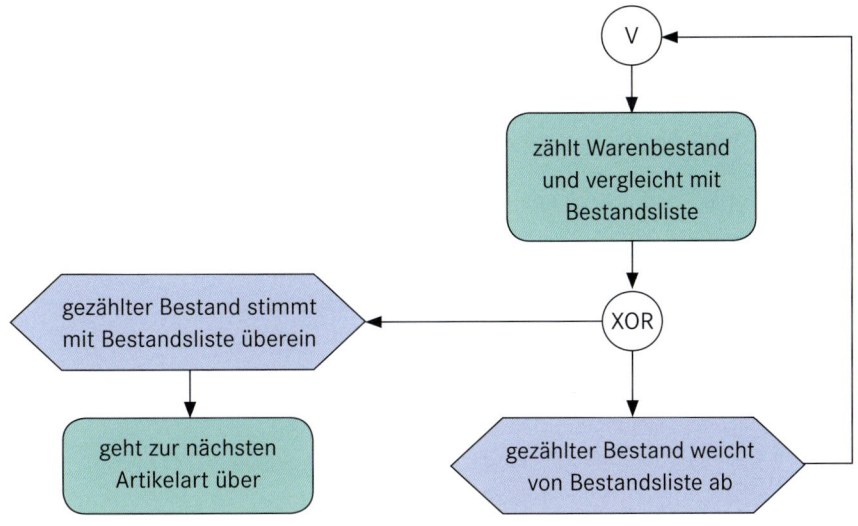

12 Eigentlich würde auch an diese Stelle eine Verzweigung gehören. Tragen Sie sie nach.

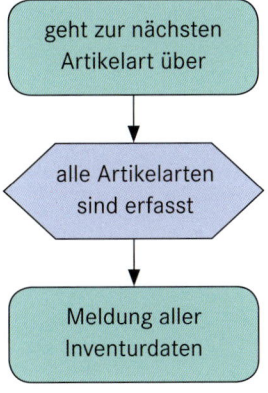

13 Finden Sie sich mit einem Lernpartner in Ihrer Klasse zusammen, der, wenn möglich, in einem ähnlichen Ausbildungsbetrieb arbeitet. Wählen Sie in Ihrem Zweierteam insgesamt zwei verschiedene Methoden zur Erhebung eines Prozesses sowie eine Darstellungsform für Geschäftsprozesse aus und definieren einen darzustellenden Geschäftsprozess. Visualisieren Sie mithilfe dieser Darstellungsform und den Daten Ihrer Erhebung einen Geschäftsprozess aus ihrem Ausbildungsbetrieb.

Vergleichen Sie dann sowohl die Eignung der gewählten Erhebungsmethode als auch die Darstellungsform des Geschäftsprozesses und die Geschäftsprozesse ihrer beiden Ausbildungsbetriebe in ihren Abläufen.

14 Am Ende des Geschäftsjahres steht mal wieder eine Inventur an. Hierzu soll nun eine vollständige eEPK erstellt werden. Als Basis hierzu liegt sowohl die Organisationsanweisung als auch eine unvollständige eEPK vor.

BE Partners KG

Arbeitsanweisung Inventur

– Ab diesem Geschäftsjahr wird die körperliche Bestandsaufnahme immer an den beiden ersten Werktagen des Monats Februar durchgeführt.

– Das gesamte Lagerpersonal einschließlich der Lagerverwaltung führt die Erhebung durch, neue Mitarbeiter erhalten hierzu einen Tag vor Beginn der Bestandsaufnahme im Schulungszentrum eine halbtägige Schulung.

– Am Erhebungstag legt der Lagerleiter die Gruppeneinteilung fest. Die Mitarbeiter erhalten die Anweisung, welche Warenarten zu erfassen sind, sowie die Bestandslisten. Mitarbeitern der Lagerverwaltung wird zudem noch Sicherheitskleidung ausgehändigt, die die Lagerarbeiter bereits besitzen. Ist alles vorhanden, kann die Zählung starten.

– Wie auch in den letzten Jahren ist der gezählte Bestand mit der Bestandsliste zu vergleichen, bei Abweichungen ist die Zählung einmal zu wiederholen. Ergibt auch die Wiederholungszählung eine Differenz, so ist der tatsächliche Bestand direkt in der Bestandsliste zu korrigieren.

– Die Erfassung endet erst, nachdem alle Warenarten kontrolliert wurden. Die Bestandslisten sind beim Lagerleiter abzugeben, der die tatsächlichen Bestände zwecks Erstellung des Inventars an die Buchhaltung meldet.

BE Partners KG

Die Geschäftsleitung

a) Ergänzen Sie zunächst die leeren Funktionsfelder durch eine der folgenden Beschreibungen.

Gruppeneinteilung und Anweisung	Abgabe der Bestandslisten beim Lagerleiter	Korrektur der Bestandsliste
Durchführung einer halbtägigen Schulung	Inventurhelfer prüft, ob alle Warenarten erfasst wurden	

b) Versuchen Sie dann, anhand der Beschreibung die noch fehlenden Prozessglieder zu bestimmen und freihändig (Symbole, Inhalte, Verbindungen) einzuzeichnen. Dabei sollen Ihnen die Markierungen (gestrichelte Linie) helfen.

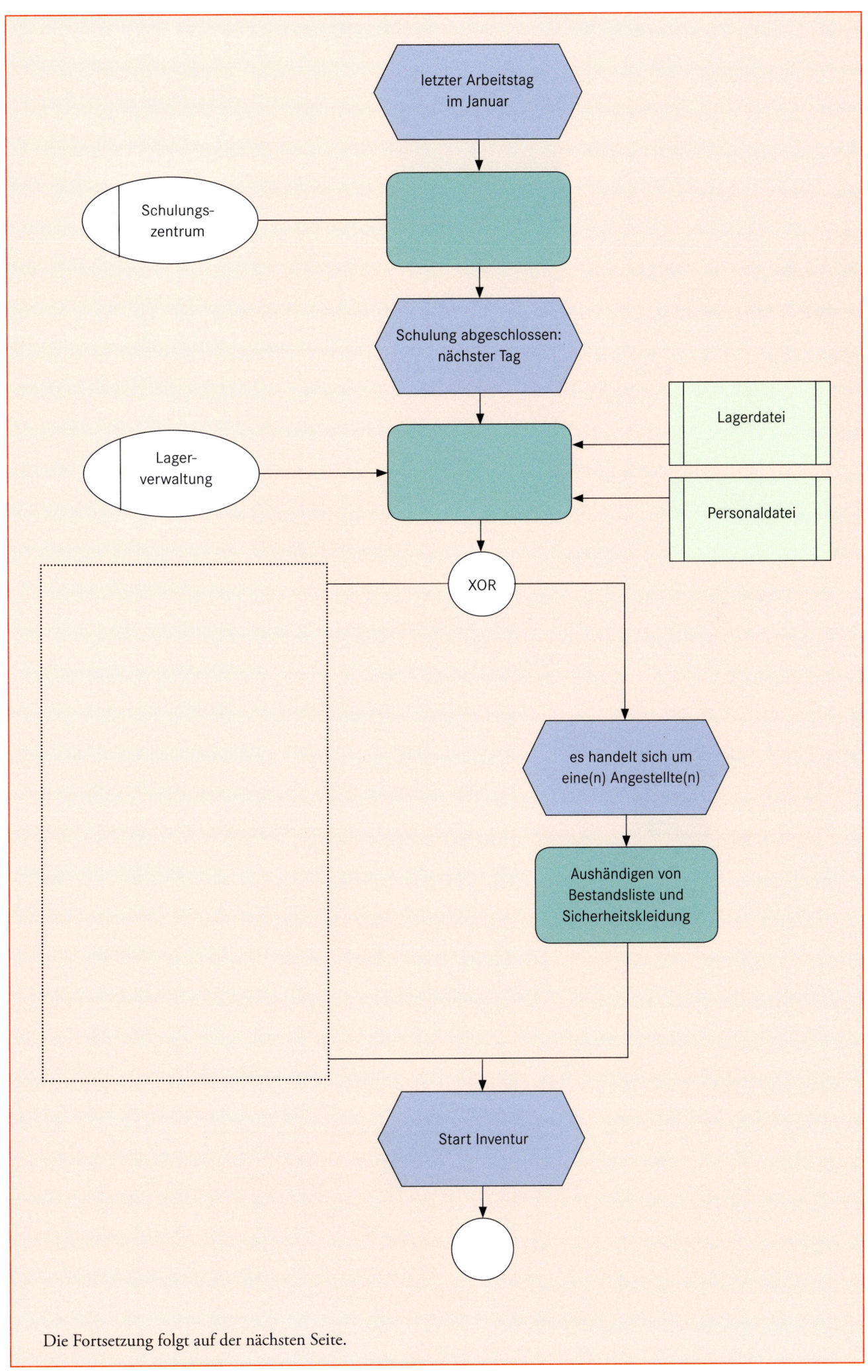

Die Fortsetzung folgt auf der nächsten Seite.

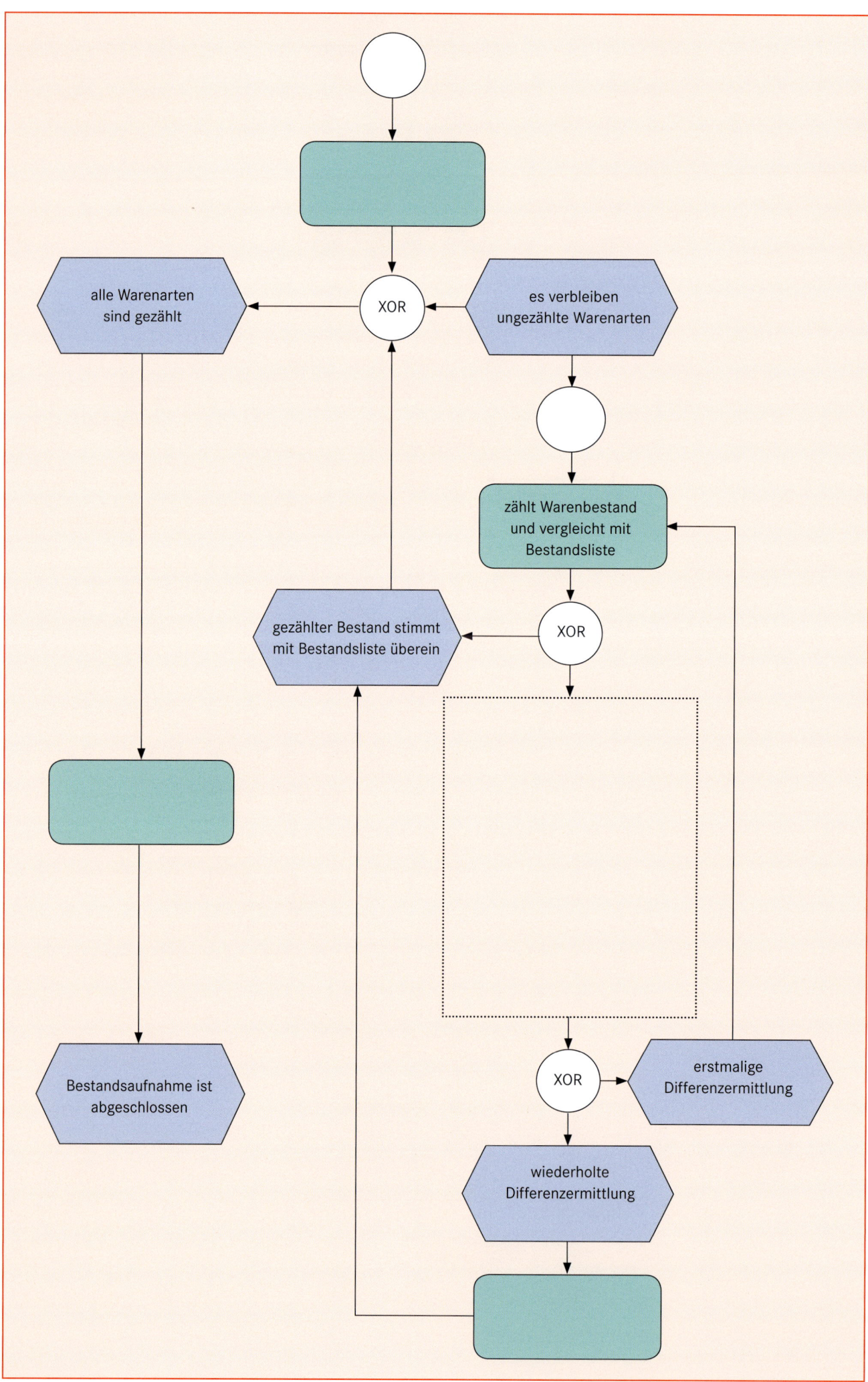

Lernsituation 107

Schnittstellen identifizieren und optimieren

Tüley Öztürk arbeitet nun schon seit einigen Wochen zusammen mit Herrn Dittmer in der Kundenbetreuung, als Herr Schurns, Leiter der Abteilung Kundenbetreuung, sie zu einem Gespräch in sein Büro bittet.

Herr Schurns: Hallo Frau Öztürk, bitte nehmen Sie Platz. Wahrscheinlich haben Sie es schon von Herrn Dittmer gehört. Viele unserer Stammkunden beschweren sich in letzter Zeit, dass die Flyer, die wir für sie erstellt haben, auf viel zu dünnem Papier gedruckt sind und schnell reißen. Wenn unsere Kunden die Flyer bei Anlieferung kontrollieren, sind bereits viele angerissen. Zudem ist die Farbe häufig verschmiert und unregelmäßig.

Tüley: Ja, davon hat mir Herr Dittmer bereits erzählt. Er meint, seit Herr Schönberg, der früher in der Druckerei und dann in der allgemeinen Verwaltung als Sachbearbeiter Lager gearbeitet hat, in Rente gegangen ist, treten immer häufiger Mängel an den Flyern und Prospekten auf und unsere Kunden würden viel öfter die Qualität unserer Produkte bemängeln.

Herr Schurns: Stimmt, Frau Öztürk, und das macht mir Sorgen. Früher wurde unser Erfolg von der hohen Qualität unserer Produkte und den erfolgreichen Anstrengungen unseres Vertriebs getragen.
Bei der Materialbeschaffung wird mir aber noch viel zu häufig aus dem Bauch heraus gehandelt. Herr Hansen aus dem Einkauf berichtete mir z. B., dass auf der letzten Fachmesse „Druck & Papier" Verträge bereits vor Ort mit neuen Lieferanten abgeschlossen wurden, da sie mit einem Messerabatt geworben haben.
Es mag ja sein, dass die Entscheidungen in vielen Fällen richtig sind. Insgesamt möchte ich aber, dass zukünftig auch im Einkauf systematischer und effizienter gearbeitet wird. Insbesondere sollte die Abstimmung mit den anderen Funktionsbereichen verbessert werden. Ich glaube, dass gerade bei unserer Materialbeschaffung noch eine Menge ungenutzter Ertragspotenziale schlummern.
Liebe Frau Öztürk, Herr Dittmer hat mir versichert, dass Sie sehr effizient arbeiten und sich mit unseren Geschäftsprozessen bereits gut auskennen. Daher bitte ich Sie, gemeinsam mit den Mitarbeitern des Einkaufs und der Druckerei Verbesserungsvorschläge im Hinblick auf die Materialbeschaffungsprozesse zu erarbeiten und die Schnittstellen, die zwangsweise auftreten, zu optimieren.

Tüley: Das mache ich sehr gerne, Herr Schurns. Ich werde mit den Mitarbeitern der verschiedenen Abteilungen reden und mir die tatsächlichen Vorgänge notieren. In der Berufsschule haben wir bereits eine erweiterte ereignisgesteuerte Prozesskette für einen optimalen Beschaffungsvorgang erstellt. Wenn ich das mit unseren betrieblichen Gegebenheiten vergleiche, dann werden die Schnittstellen dort vielleicht schon sichtbar und können optimiert werden.

Unterstützen Sie Frau Öztürk bei der Bewältigung der Aufgabe.

1 Überlegen Sie zunächst, welche Tätigkeiten im Rahmen der Materialbeschaffung bei der Planung, der Durchführung und der Kontrolle anfallen.

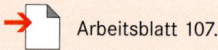 Arbeitsblatt 107.1

2 Rufen Sie sich den optimalen Beschaffungsvorgang noch einmal in Erinnerung. Nutzen Sie dazu die erweiterte ereignisgesteuerte Prozesskette auf Seite 167. Listen Sie alle anfallenden Tätigkeiten (Funktionen) und die dazugehörigen Ereignisse chronologisch auf. Berücksichtigen Sie dabei auch die beteiligten Organisationseinheiten.

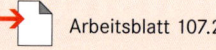 Arbeitsblatt 107.2

3 Wie alle anderen Geschäftsprozesse ist auch die Materialbeschaffung in die betrieblichen Prozessabläufe eingebettet. Auf dem Arbeitsblatt 107.3 werden einige Schnittstellen der Materialbeschaffung mit anderen Geschäftsprozessen beschrieben. Benennen Sie die Art der dargestellten Schnittstelle und machen Sie Vorschläge zur Optimierung.

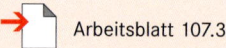 Arbeitsblatt 107.3

Folgesituation

Die folgenden Notizen, die Tüley von den Gesprächen mit den Mitarbeitern der verschiedenen Abteilungen bei der BE Partners KG erstellt hat, liegen nun vor.

4 Vergleichen Sie die Aussagen der Mitarbeiter mit dem optimalen Beschaffungsvorgang (siehe Seite 167). Welche Schnittstellen ergeben sich bei der BE Partners KG, die vom optimalen Beschaffungsvorgang abweichen. Machen Sie Verbesserungsvorschläge, um diese Schnittstellen zu optimieren.

Herr Scherrer (Druckerei):

Wenn Druckerpapier für Flyer angeschafft werden muss, weil der Mindestbestand unterschritten ist, dann melde ich das mit einer Bedarfsmeldung dem Einkauf. Und ich rufe noch unsere Sachbearbeiterin Lager Frau Arslan aus der Verwaltung an, weil wir früher Herrn Schönberg auch immer benachrichtigt haben. Wenn das Papier dann angeliefert wird, prüfe ich, ob die Verpackung in Ordnung ist und ob das gelieferte Papier auch der Bestellung entspricht.

Frau Arslan (Allgemeine Verwaltung):

Herr Scherrer ruft mich immer an, wenn nicht mehr viel Druckerpapier für Flyer im Lager ist. Dann weiß ich, dass ich bei zukünftigen Druckaufträgen immer erst nachfragen muss. Außerdem frage ich bei meinen zuverlässigen Lieferanten telefonisch an, ob diese gutes Papier liefern können, und gebe diese Information auch an meine Freundin Frau Schmitt vom Einkauf weiter.

Herr Hansen (Einkauf):

Ich war auf der Fachmesse „Druck & Papier", da habe ich mit sehr netten Mitarbeitern der Fa. Möller gesprochen. Da die uns direkt 25 % Messerabatt gegeben haben, habe ich dort schon zwei Paletten Papier bestellt.

Frau Foss (Einkauf):

Herr Scherrer aus der Druckerei schickt eine Bedarfsmeldung an uns. Dann schreibe ich verschiedene Lieferanten an, die mir Angebote schicken. Ich mache dann einen quantitativen Angebotsvergleich und bestelle die Ware beim günstigsten Lieferanten.

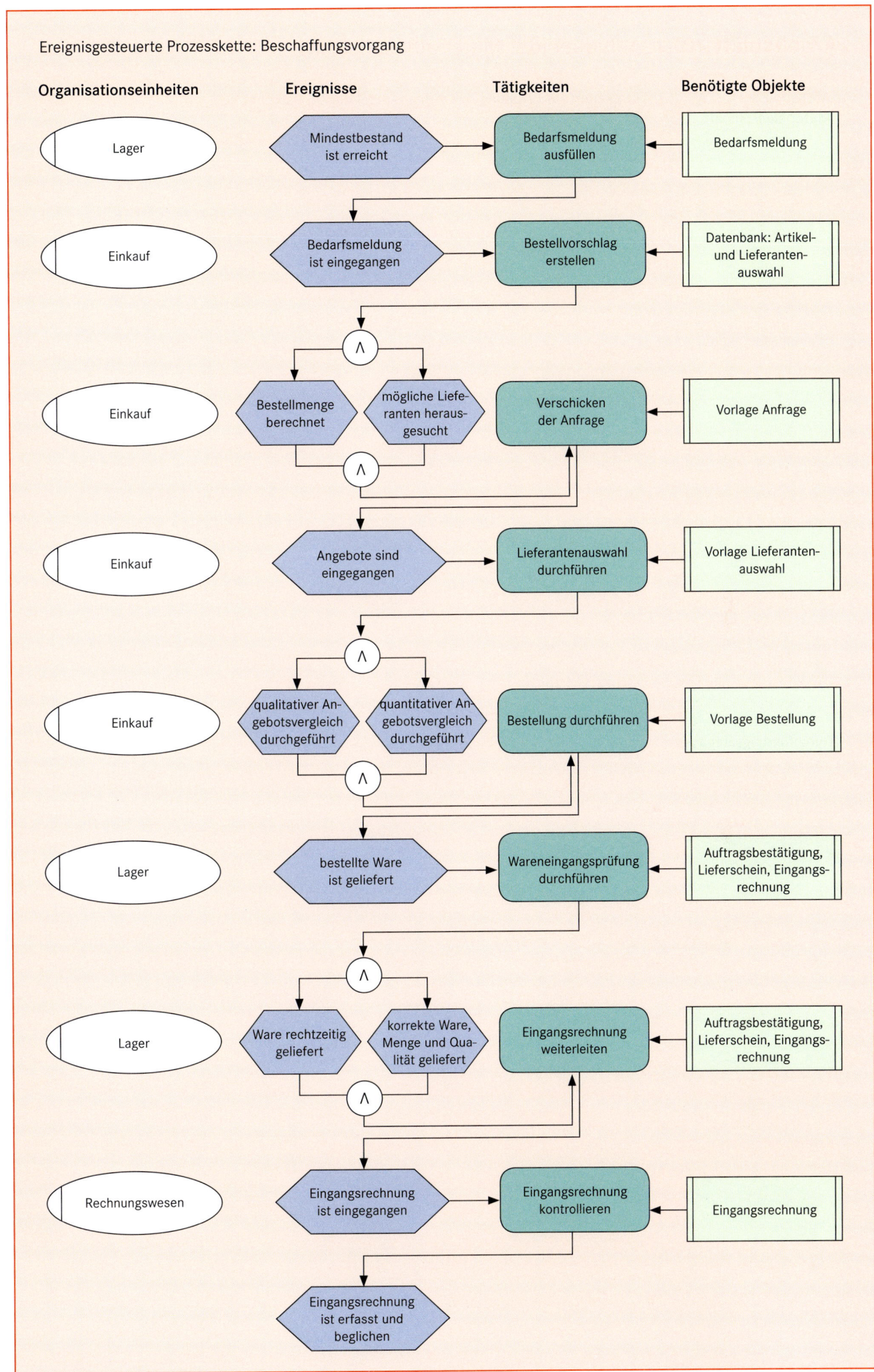

Ereignisgesteuerte Prozesskette: Beschaffungsvorgang

Organisationseinheiten	Ereignisse	Tätigkeiten	Benötigte Objekte
Lager	Mindestbestand ist erreicht	Bedarfsmeldung ausfüllen	Bedarfsmeldung
Einkauf	Bedarfsmeldung ist eingegangen	Bestellvorschlag erstellen	Datenbank: Artikel- und Lieferanten-auswahl
Einkauf	Bestellmenge berechnet / mögliche Lieferanten herausgesucht	Verschicken der Anfrage	Vorlage Anfrage
Einkauf	Angebote sind eingegangen	Lieferantenauswahl durchführen	Vorlage Lieferanten-auswahl
Einkauf	qualitativer Angebotsvergleich durchgeführt / quantitativer Angebotsvergleich durchgeführt	Bestellung durchführen	Vorlage Bestellung
Lager	bestellte Ware ist geliefert	Wareneingangsprüfung durchführen	Auftragsbestätigung, Lieferschein, Eingangs-rechnung
Lager	Ware rechtzeitig geliefert / korrekte Ware, Menge und Qualität geliefert	Eingangsrechnung weiterleiten	Auftragsbestätigung, Lieferschein, Eingangs-rechnung
Rechnungswesen	Eingangsrechnung ist eingegangen	Eingangsrechnung kontrollieren	Eingangsrechnung
	Eingangsrechnung ist erfasst und beglichen		

Arbeitsblatt 107.1 Aufgaben der Materialbeschaffung

Aufgaben der Materialwirtschaft	Tätigkeiten zur Erfüllung der Aufgaben bei der BE Partners KG
Planungsaufgaben	
Durchführungsaufgaben	
Kontrollaufgaben	

Arbeitsblatt 107.2 Der optimale Beschaffungsvorgang: Organisationseinheit – Ereignis – Tätigkeit (Funktion)

Organisationseinheit	Ereignis	Tätigkeit (Funktion)

Schnittstellen beim Beschaffungsvorgang mit folgenden Geschäftsprozessen	Beschreibung der Schnittstelle	Arten von Schnittstellen bei der BE Partners KG	Möglichkeiten zur Behebung von Problemen an der Schnittstelle bei der BE Partners KG
Leistungserstellungs- bzw. Produktionsprozess	Nur wenn das für die Fertigung der Erzeugnisse benötigte Material ordnungsgemäß bereitgestellt wird, kann der Herstellungsprozess wie geplant ablaufen.		
Kreditorenbuchhaltung	Eingehende Lieferantenrechnungen müssen sachlich und rechnerisch geprüft werden, bevor diese buchhalterisch erfasst und zur Zahlung angewiesen werden können.		
Inventur und Jahresabschluss	Die (mindestens) jährliche Inventarisierung aller Vermögensgegenstände und Schulden ist Pflicht für jeden Industriebetrieb. Dabei wird die Erfassung der Materialbestände i. d. R. von den Mitarbeitern der Materialwirtschaft/Logistik durchgeführt.		
Finanzplanung	Die Sicherstellung der Liquidität ist zentrale Aufgabe der Finanzplanung, da die Illiquidität unmittelbar in die Insolvenz führt. Dabei ist eine enge Abstimmung der Materialbeschaffung und der Finanzplanung, z. B. über die Festlegung von Beschaffungsbudgets, wichtige Voraussetzung zur Sicherstellung der Liquidität.		
Lagerhaltung	Durch eine erhöhte Auslastung einzelner Abteilungen können die beschafften Materialien nicht sofort verbraucht werden (JIT)[1]. Daher sind für alle eingehenden Materiallieferungen hinreichende Lagerkapazitäten bereitzustellen.		

[1] JIT (Just-in-Time)

 FK 1, LF 4, Kap. 2.4.2.3

Aufgaben

1 Finden Sie sich in Zweierteams zusammen und betrachten Sie die auf Seite 167 dargestellte eEPK. Erläutern Sie Ihrem Lernpartner, welcher Koordinationsbedarf dort aus der Sicht der Druckerei bzw. aus Sicht des Materiallagers auftritt. Erläutern Sie ihrem Lernpartner auch die in diesem Zusammenhang unterschiedlichen Formen von Koordinationsbedarf.

2 Betrachten Sie Ihren eigenen Ausbildungsbetrieb und überlegen Sie, wo in Ihrer derzeitigen Abteilung Koordinationsbedarf mit anderen Abteilungen auftritt. Erörtern Sie dieses Ihrem Lernpartner.

3 Bei welchen Geschäftsprozessen der Materialwirtschaft können folgende Schnittstellen auftauchen:

a) Bei der Bezahlung von Lieferantenrechnungen werden die Daten der Lieferanten aus einem EDV-System herausgesucht und die Überweisungsbelege manuell ausgefüllt und zur Bank gebracht.
b) Bei der BE Partners KG werden Druckerfarben in größeren Mengen direkt von einem Mitarbeiter der Druckerei bestellt und müssen gelagert und bezahlt werden.
c) Die manuellen Listen der Materialbestände werden vom Lager ans Rechnungswesen weitergegeben.

4 Nennen Sie die Konsequenzen und Folgen, die eine mangelnde Koordinierung der Schnittstellen für das Unternehmen haben kann.

Lernsituation 108

Qualitäts- und Umweltmanagement anwenden

Ihr derzeitiges Einsatzgebiet bei der BE Partners KG ist die von Herrn Schurns geleitete Kundenbetreuung. An diesem Morgen zeigt Ihnen der Abteilungsleiter die folgende E-Mail, die er von der Qualitätsbeauftragten, Frau Tobler, erhalten hat:

Von:	Swenja Tobler [s.tobler@bepartners.de]
An:	Marius Schurns [m.schurns@bepartners.de]
Betreff:	Qualitätssicherung
Anhang:	Testbericht.pdf

Hallo Marius,

ich brauche dringend deine Hilfe bei der Vorbereitung einer Besprechung mit unserem Geschäftsführer Herrn Bastian. Anlass ist die Meldung im Anhang zu dieser E-Mail, die Herr Bastian auf der Homepage einer Verbraucherschutzorganisation gefunden hat und die ihn in ziemliche Aufregung versetzt hat.
Für mich ist Qualität ja immer die Erfüllung technischer Normen. Aber wie seht ihr das als Kaufleute?
Und welche Ansprüche haben unsere Geschäftspartner und Kunden an die Qualität unserer Druckerzeugnisse?

Bitte schicke mir doch möglichst schnell deine Stellungnahme!

Besten Dank
Swenja

Rückruf für Druckerzeugnisse der Firma Colortext eG: Gesundheitsrisiko durch giftige Farbbestandteile

Die Firma Colortext eG ruft knapp 100 000 Flyer und Broschüren zurück, nachdem ein Testinstitut an zwanzig Broschüren giftige Farbbestandteile festgestellt hat, durch die ein erhöhtes Gesundheitsrisiko gegeben ist. Dabei geht es insbesondere um ein nicht zugelassenes Lösungsmittel, das über die Atemwege und auch über die Haut in den Körper gelangen kann, wodurch starke Atemwegs- als auch Hautreizungen entstehen können.

Betroffene Unternehmen bekommen Post vom Hersteller der Druckerzeugnisse

Betroffen sind folgende Broschüren: „Haus- und Dienstleistung" und „Fahrrad international". Die Unternehmen, für die die Druckerzeugnisse angefertigt wurden, sollten diese fachgerecht entsorgen bzw. an Colortext zurückgeben. Unklar bleibt, wie hoch das Risiko ist. Laut Colortext sind bisher keine Krankheitsfälle bekannt.

1 Verfassen Sie für Herrn Schurns eine Stellungnahme zu den von Frau Tobler gestellten Fragen. Wie unterscheidet sich ein technisches Qualitätsverständnis von einem kaufmännischen? Welche Anforderungen stellen Unternehmen und Endverbraucher an die Qualität der Produkte, wie z. B. Werbemittel (T-Shirts, Flyer und Broschüren)?

2 Welche Risiken gehen Hersteller ein, wenn sie Produkte mit Qualitätsmängeln ausliefern?

Folgesituation

Die hohe Qualität der angebotenen Leistungen und Produkte ist ein wesentlicher Erfolgsfaktor der BE Partners KG. Um diesem Aspekt noch mehr Gewicht zu geben, diskutieren Herr Bastian, Herr Schurns und Frau Tobler über die Einführung eines unternehmensweiten Qualitätsmanagements bei der BE Partners KG. Dabei fallen Begriffe wie Toyota-Methode oder DIN/ISO. Herr Schurns meint, er „verstehe nur Chinesisch", und beauftragt Sie, für ihn Informationen zu beschaffen und aufzubereiten.

3 Wählen Sie einen der beiden nachfolgenden Texte (Text 1 oder Text 2) aus und informieren Sie sich mit dessen Hilfe über das dort dargestellte Qualitätsmanagementkonzept. Ergänzen Sie die so gewonnenen Informationen durch selbst recherchierte Texte, z. B. aus Online-Datenbanken.

4 Fassen Sie die Kerngedanken des von Ihnen bearbeiteten Qualitätsmanagementkonzepts in Stichworten zusammen.

5 Beschreiben Sie sowohl die Chancen als auch die Schwierigkeiten/Risiken, die bei der Einführung dieses Konzepts in einem deutschen Unternehmen, wie z. B. der BE Partners KG, auftreten könnten.

6 Kommen Sie mit Mitschülern, die das gleiche Qualitätsmanagementkonzept wie Sie bearbeitet haben, zusammen und vergleichen Sie Ihre Arbeitsergebnisse.

7 Stellen Sie Ihre Arbeitsergebnisse Ihren Mitschülern, die ein anderes Qualitätsmanagementkonzept analysiert haben, vor, z. B. in Form einer Wandzeitung. Diskutieren Sie im Plenum Gemeinsamkeiten und Unterschiede der beiden Konzepte.

Text 1

Bei Kaizen zählt jeder Vorschlag!

Ihre weltweite Bedeutung haben deutsche Industrieunternehmen immer schon gern am Forschergeist ihrer Ingenieure gemessen. Die internen Verbesserungsvorschläge der eigenen Mitarbeiter fristeten dagegen eher ein Schattendasein. Einen ganz anderen Ansatz verfolgt die „Toyota-Methode", die maßgeblich auf Firmengründer Sakichi Toyoda zurückgeht und von Masaaki Imai zum unternehmensweiten Qualitätsmanagementkonzept Kaizen weiterentwickelt wurde.

Der Unternehmer Toyoda und seine Mitarbeiter hatten erkannt, dass Qualität in den Köpfen und Herzen aller Mitarbeiter entsteht und nicht durch Prüfautomaten

am Ende des Fließbandes. Daher müssen alle Mitarbeiter des Unternehmens motiviert werden, ihre Arbeit jeden Tag ein wenig besser zu machen. So können Produktionsabläufe kontinuierlich optimiert und die Qualität der Produkte immer weiter erhöht werden. Unnötiger Materialverbrauch wird ebenso vermieden wie überhöhte Lagerbestände. Hierzu sieht Kaizen eine Reihe organisatorischer Maßnahmen vor:

Durch Ziehen an einer gelben Reißleine, die von jedem Arbeitsplatz aus leicht zu erreichen ist, kann und soll jeder Mitarbeiter den Produktionsprozess sofort unterbrechen, wenn er einen Qualitätsmangel erkannt hat. Binnen Sekunden erhält er Hilfe durch einen Vorarbeiter, der mit ihm gemeinsam das Qualitätsproblem vor Ort löst. Erst dann darf sich das Band wieder in Bewegung setzen.

Verbesserungsvorschläge werden zusammen mit ihren „Erfindern" als Ansporn für die Kollegen unternehmensweit durch Aushänge in den Werkshallen, in Broschüren und im Intranet publiziert. Innerhalb des Konzerns finden landesweite Ideenwettbewerbe statt, bei denen die einzelnen Betriebe gegeneinander im Wettstreit um die besten Verbesserungen antreten. Als Teil der Personalbeurteilung wirken sich Verbesserungsvorschläge zudem positiv auf die eigenen Karrierechancen aus.

Um jeden Mitarbeiter zur Teilnahme an Kaizen zu befähigen, wird gezielt in entsprechende Personalschulungsmaßnahmen investiert. Dabei steht die Vermittlung standardisierter Methoden zur Erkennung und Lösung von Qualitätsproblemen im Vordergrund.

Regelmäßige Besprechungen innerhalb der Arbeitsgruppe, die sogenannten Qualitätszirkel, dienen dazu, die Kommunikation der Mitarbeiter untereinander zu verbessern und den gegenseitigen Lernprozess zu fördern. So werden z. B. auf einem Morgenmarkt alle Qualitätsprobleme des Vortages von Bandarbeitern und Ingenieuren gemeinsam diskutiert und unmittelbar Lösungsvorschläge erarbeitet. Die Teilnahme an diesen Besprechungen, nicht selten auch nach dem Ende der regulären Arbeitszeit, gilt für jeden Mitarbeiter, ob Werker oder Führungskraft, als „heilige" Pflicht.

Das japanische Kaizen-Konzept war derart erfolgreich, dass es zunächst von sämtlichen europäischen Automobilbauern, später dann auch von vielen anderen Industriebranchen kopiert und weiterentwickelt wurde.

Nicht vernachlässigen darf man dabei aber, dass Kaizen sehr stark mit der japanischen Mentalität und Kultur verbunden ist. Die traditionell sehr enge, häufig lebenslange Verbundenheit eines japanischen Arbeitnehmers mit seinem Arbeitgeber sowie die dem Konfuzianismus entstammende Betonung des Kollektivs gegenüber den Interessen des Individuums erleichtern die Umsetzung von Kaizen-Konzepten erheblich. Die strenge Hierarchie in japanischen Unternehmen entspricht sehr häufig der Rangfolge in der traditionellen japanischen Familie: Der Unternehmenschef nimmt die Rolle des Familienoberhauptes ein, der Rat, Schutz und Hilfe in allen Lebenslagen bietet. Den übrigen Führungskräften und Mitarbeitern kommt die Rolle des Kindes zu, das sich für die elterliche Fürsorge ein Leben lang durch bedingungslose Treue und Tatkraft zu bedanken hat. Das auf den kurzfristigen Erfolg ausgerichtete Karrierestreben vieler westlicher Manager steht den traditionellen japanischen Werten von Loyalität und Ritterlichkeit („bushido") jedenfalls diametral entgegen.

Für die Umsetzung des Kaizen-Konzepts in einem Betrieb ist mit durchschnittlich fünf Jahren zu rechnen, da Kaizen im Sinne einer Unternehmenskultur alle Bereiche des Betriebes durchdringen soll. Langgediente Mitarbeiter zu ermuntern, über ihre Arbeit nachzudenken und eingefahrene Wege zu verlassen, ist eine besonders anspruchsvolle Führungsaufgabe, die meist der externen – und sehr kostspieligen – Unterstützung durch eine Kaizen-Unternehmensberatung bedarf.

Quelle: Autorentext

Text 2

ISO 9000 – ein Qualitätszertifikat, das auch dem Image dient

Eine Zertifizierung nach den Normen DIN EN ISO 9000 ff. ist für viele Unternehmen in Europa und den USA längst zur Selbstverständlichkeit geworden. Automobil- und Maschinenbauer, Elektronikkonzerne, Software-Entwickler oder andere Dienstleister haben ihre Geschäftsprozesse nach den ISO-Normen 9000 bis 9004 gestaltet und sich die Erfüllung dieser Normen durch eine unabhängige Zertifizierungsgesellschaft bestätigen lassen. So dokumentieren sie die Verlässlichkeit ihres eigenen Qualitätsmanagements und verschaffen sich gleichzeitig einen häufig entscheidenden Wettbewerbsvorteil gegenüber nicht zertifizierten Konkurrenten. Grundlage einer Zertifizierung sind die von der Internationalen Standardisierungs-Organisation (ISO) im Jahr 1987 veröffentlichten Normen 9000 bis 9004, die konkrete Schritte für die Qualitätssicherung festlegen. Später wurden sie auch von der Europäischen Union (Europäische Norm [EN]) und dem Deutschen Institut für Normung e.V. (DIN) übernommen. Die ISO-„Normenfamilie" hat in ihrer derzeit gültigen Fassung drei **Kernnormen**:

Kernnorm	Inhalt
DIN EN ISO 9000	Allgemeine Zielsetzungen und Begriffe für Qualitätsmanagementsysteme sowie Anleitungen zu deren Darstellung
DIN EN ISO 9001	Der Umfang der Qualitätssicherung und deren Nachweis bezieht sich auf alle Leistungsprozesse: Entwicklung, Konstruktion, Teilefertigung, Montage, Instandhaltung und Service
DIN EN ISO 9002	Diese Normen werden seit dem Jahr 2003 nicht mehr angewendet.
DIN EN ISO 9003	(Ausnahme: DIN EN ISO 9003 wird in der Medizintechnik noch gelegentlich verwendet.)
DIN EN ISO 9004	Weitergehende unverbindliche Empfehlungen zur Einrichtung eines Qualitätssicherungssystems

Die ISO-Regelungen sind Ausdruck des Wunsches, zu international vergleichbaren Qualitätsmaßstäben zu gelangen. Denn die stetig wachsende Bedeutung von Outsourcing-Strategien, also die Abgabe von Wertschöpfungsstufen an Fremdlieferanten, erfordert die immer stärkere Einbindung der Zulieferer in den Betriebsablauf, speziell in die Qualitätssicherung. Nur wenn der Lieferant in der Lage ist, nachprüfbare Qualitätsgarantien abzugeben, kann die Qualität der eigenen Produkte gewährleistet werden. Die zunehmende technische Komplexität der Produkte und Produktionsprozesse und die sich verschärfende Produkthaftung verlangen nach einer immer größeren Transparenz des Fertigungsablaufes, um Qualitätsmängel frühzeitig erkennen und beheben zu können.

Im Gegensatz zu anderen Qualitätsmanagementkonzepten – wie z. B. dem japanischen Kaizen-Konzept – zielen die ISO-Normen 9000 ff. nicht unmittelbar auf die Produkte, sondern auf die **Prozesse** eines Betriebes ab. Es geht also um die betrieblichen Strukturen und Abläufe sowie um die Methoden und Instrumente, mit denen die Qualität gesichert werden kann. Bei der weitestgehenden Norm 9001 werden sämtliche Leistungsprozesse – vom Produktdesign bis zum Kundendienst – dokumentiert und auf ihre Übereinstimmung mit den Vorgaben der Norm überprüft. So sollen Fehler in sämtlichen Phasen der Leistungsentstehung und -erbringung verhütet werden.

Kernstück eines Qualitätsmanagements nach DIN ISO 9000 ff. ist die Erstellung eines **Handbuches**, in dem die Qualitätsziele des Betriebes und sämtliche Schritte zur Erreichung dieser Ziele dokumentiert werden. Dabei sind sämtliche Arbeitsabläufe exakt nach den DIN-ISO-Normen zu gestalten und entsprechende Verantwortlichkeiten der Mitarbeiter festzulegen. Die Standardisierung der Arbeitsabläufe soll gewährleisten, dass alle Mitarbeiter nach einem einheitlichen und transparenten Schema handeln, um so ineffiziente Abläufe und Fehler zu vermeiden und schließlich die Kosten zu senken. Das Qualitätshandbuch muss eng mit einer entsprechenden, auf unternehmensweite Qualitätssicherung ausgerichteten Unternehmensphilosophie verzahnt sein. Die größte Schwierigkeit besteht dann allerdings meist darin, die Theorie – Qualitätshandbuch und Unternehmensphilosophie – in die Praxis, also das tatsächliche Tun der Mitarbeiter umzusetzen. Nicht selten verschwindet das Qualitätshandbuch ungelesen in den Schreibtischen und Regalen und wird erst dann hervorgeholt, wenn die Auditoren der Zertifizierungsgesellschaft danach fragen.

Denn ein Qualitätsmanagement nach DIN ISO 9000 ff. gewinnt erst dann seinen wahren Wert, wenn dem Betrieb die Erfüllung der Normen durch eine unabhängige Zertifizierungsgesellschaft, z. B. TÜV CERT, bestätigt wird. Die Prüfer der Zertifizierungsgesellschaft gleichen zunächst die dem Qualitätssicherungssystem zugrunde liegenden Unterlagen mit den DIN-ISO-Normen ab und inspizieren das Konzept dann an Ort und Stelle in einem sogenannten **Audit**. Wurden die Normen zur Zufriedenheit der Prüfer erfüllt, erhält das Unternehmen das begehrte Zertifikat.

Dabei dauert die Erarbeitung und Prüfung eines Qualitätsmanagements nach DIN ISO 9000 ff. schon bei einem mittelständischen Betrieb mindestens ein bis zwei Jahre. Die Kosten der Zertifizierung durchbrechen leicht die Marke von 100.000,00 € – ohne Beraterhonorare und interne Aufwendungen. Kein Wunder, dass sich auf dem Markt der DIN-ISO-Audits mittlerweile über 20 akkreditierte Zertifizierungsgesellschaften tummeln. Zudem muss sich der Betrieb das Zertifikat durch eine jährliche Teilprüfung und alle drei Jahre durch eine Vollprüfung bestätigen lassen.

In vielen Branchen ist das DIN-ISO-Zertifikat aber längst zum selbstverständlichen Qualitätssiegel und zur Eintrittskarte in den Markt geworden. Auch öffentliche Aufträge, z. B. im Rahmen EU-weiter Ausschreibungen, können häufig nur zertifizierte Unternehmen erhalten.

Quelle: Autorentext

Folgesituation

Herr Martin, Umweltbeauftragter der BE Partners KG, möchte in Absprache mit der Geschäftsführung eine EMAS-Zertifizierung für die BE Partners KG vorbereiten. Ihre Aufgabe ist es, ihn dabei zu unterstützen.

8 Informieren Sie sich gründlich über das „EU-Öko-Audit[1]" mithilfe des Internets. Halten Sie wesentliche Inhalte von „EMAS" schriftlich fest.

1 Ein Audit bezeichnet ein Untersuchungsverfahren, das anhand von vorgegebenen Kriterien Produkte, Leistungen und Prozesse in einem Unternehmen prüft.

Wesentliche Inhalte von „EMAS":

_____

_____

_____

_____

_____

_____

_____

_____

_____

_____

_____

_____

_____

_____

_____

9 Ermitteln Sie umfassend die Auswirkungen, die die BE Partners KG auf die Umwelt hat. Gehen Sie zudem mithilfe des Organigramms[2] der BE Partners KG auf alle Sparten des Unternehmens ein.

2 Organigramm der BE Partners KG
→ Das Modellunternehmen BE Partners KG, S. 7

10 Entwickeln Sie aufgrund Ihrer Ergebnisse konkrete Ziele, um die Auswirkungen auf die Umwelt zu verbessern, und beschreiben Sie Maßnahmen, mit denen die entsprechenden Ziele erreicht werden können. Verwenden Sie für die Arbeitsaufträge 9 und 10 das Arbeitsblatt 108.1.

Arbeitsblatt 108.1

11 Erstellen Sie eine Umwelterklärung für die BE Partners KG, die realistische Chancen auf eine Zertifizierung hat.

Arbeitsblatt 108.2

Arbeitsblatt 108.1 EMAS-Zertifizierung bei der BE Partners KG

Welche Auswirkungen hat die BE Partners KG auf die Umwelt? Formulieren Sie ökologische Ziele für jede Sparte und überlegen Sie sich geeignete Maßnahmen.

Sparte	Auswirkung auf die Umwelt	Ziel	Maßnahmen

Welche Aussagen könnte eine Umwelterklärung der BE Partners KG enthalten?
Verwenden Sie Ihre Ergebnisse aus Arbeitsblatt 108.1 und orientieren Sie sich an dem
folgenden Gliederungsvorschlag. Welche Aussagen treffen andere Unternehmen?
Recherchieren Sie ggf. im Internet.

Folgende Tätigkeiten haben Auswirkungen auf die Umwelt:

Das sind unsere umweltpolitischen Zielvorgaben:

Kurzvorstellung des betrieblichen Umweltmanagementsystems
(Beteiligte Personen – Umweltbeauftragter, Qualitäts- und Umweltzirkel – wie werden Zielvorgaben
umgesetzt und überwacht?)

Aufgaben

1 Die Qualitätsprüfung der Erzeugnisse kann erfolgen

a) direkt am Arbeitsplatz oder an einem separaten Prüfplatz,
b) durch den die Arbeitsschritte ausführenden Mitarbeiter (Eigen- oder Werker-
selbstkontrolle) oder durch einen externen Prüfer (Fremdkontrolle).
Welche Vorteile hat dies jeweils im Vergleich zueinander?

2 Moderne Systeme des Total Quality Management (TQM) haben für Industrie-
betriebe eine herausragende Bedeutung gewonnen.

a) Erklären Sie, wie sich TQM-Systeme (z. B. das japanische Kaizen) von herkömm-
lichen Verfahren der Qualitätsprüfung unterscheiden.
b) Erläutern Sie an drei Beispielen, wie durch TQM-Systeme die betrieblichen
Kosten beeinflusst werden.
Recherchieren Sie ggf. im Internet.

3 Bringen Sie die folgenden Teilschritte bei der Einführung eines Qualitätsmanage-
mentsystems nach DIN EN ISO 9001 in eine sinnvolle Reihenfolge.

Es werden nur solche Lieferanten zugelassen, die die unternehmenseigenen Qualitätsanforderungen erfüllen.	
Es wird ein Qualitätshandbuch erstellt, das die Erfüllung aller Qualitätsanforderungen gewährleisten soll.	
Alle Erzeugnisse werden so gekennzeichnet, dass ihre spätere Rückverfolgung jederzeit möglich ist.	
Der Prüfzustand der Produkte wird durch entsprechende Kennzeichnungen (z. B. Sperr- oder Freigabezettel) dokumentiert.	
Alle Produktions- und Montageschritte werden nach den anzuwendenden Normen geplant.	
Die Unternehmensleitung definiert ihre Qualitätsziele und stellt sicher, dass dieses Qualitätsverständnis von allen Mitarbeitern verstanden wird.	
Eingangs-, Zwischen- und Endprüfungen belegen die Erfüllung der gesetzten Qualitätsanforderungen.	
Das Erreichen der gesetzten Qualitätsziele wird regelmäßig erfasst und dokumentiert.	
Alle eingehenden Materialien sind eindeutig und nach einem einheitlichen Standard zu kennzeichnen.	
Die Unternehmensleitung benennt einen Qualitätsbeauftragten, der die Umsetzung aller Normen sicherstellt.	
Es werden Anweisungen für das Archivieren und die Pflege von Qualitätsaufzeichnungen definiert.	
Fehlerhafte Produkte werden unverzüglich ausgesondert und deren versehentliche Weiterverarbeitung wird ausgeschlossen.	
Die Ursachen unzureichender Qualität werden dokumentiert und Maßnahmen zu ihrer Vermeidung werden ergriffen.	
Auch für die Lagerung, Verpackung und den Versand der Produkte werden standardisierte Regelungen festgelegt (z. B. Packvorschriften).	

4 Ein wichtiger Teilbereich des unternehmerischen Qualitätsmanagements ist das Umweltmanagement. Die Geschäftsführung der BE Partners KG hat den Schutz der Umwelt und die nachhaltige Nutzung natürlicher Ressourcen bereits als Unternehmensziel definiert. Hierzu gehört aber nicht nur die Verwendung von giftfreien Farben und Recyclingpapier.

Im Rahmen des Kaizen-Gedankens soll jeder Mitarbeiter und jede Mitarbeiterin beim Schutz der natürlichen Ressourcen mitwirken. Machen Sie Vorschläge, wie folgende Mitarbeiter/innen in den beschriebenen Situationen dazu beitragen können:

a) Die Reinigung der Druckmaschinen erfolgt unter dem Einsatz von viel Frischwasser und chemischen Reinigungsmitteln.

b) Frau Fuchs beobachtet, dass Druckerzeugnisse, die zum Versand fertig gemacht werden, häufig noch in Plastikfolie eingeschweißt werden.

c) Herr Schneider beobachtet, dass in der Mitarbeiterküche die Kaffeemaschinen dauerhaft eingeschaltet sind.

d) Frau Wagner merkt an, dass morgens früh häufig beim Betreten der Büroräume Drucker und Monitore noch eingeschaltet sind.

5 Erläutern Sie das Verhältnis von Ökologie und Ökonomie an Beispielen.

6 Überlegen Sie sich fünf Maßnahmen, durch die Sie persönlich zum Erhalt der Umwelt beitragen können.

7 Lesen Sie den Artikel „Das kommt mir nicht in die Tüte" und beantworten Sie die folgenden Fragen:

a) Welche schädlichen Auswirkungen haben Plastiktüten auf die Umwelt? Denken Sie dabei auch an die Herstellung.

b) Welche Maßnahmen wurden in den verschiedenen Ländern (z. B. Italien, Indien, Irland, Deutschland) ergriffen, um der Plastiktütenflut Herr zu werden?

c) Nennen Sie mögliche Alternativen zur Plastiktüte und beurteilen Sie diese unter ökologischen Gesichtspunkten.

d) Machen Sie konkrete Vorschläge, was jeder einzelne tun kann, um das Problem in den Griff zu bekommen.

Das kommt mir nicht in die Tüte

Plastiktaschen sind sehr praktisch für den Benutzer und sehr schädlich für die Umwelt. Der Umgang damit ist ein internationaler Streitfall.

„Revolution" stand in riesigen Buchstaben auf der Titelseite von Italiens größter Tageszeitung „Corriere della Sera". (...) Das Land trennte sich zum 1. Januar 2011 vom vermutlich liebsten Begleiter des italienischen Konsumenten – der Plastiktüte. Bisher wurde ein Viertel aller Kunststoff-Einkaufsbeutel in Europa allein zwischen Turin und Lampedusa über die Ladentische gereicht. Damit verbrauchten die gerade mal 60 Mio. Italiener sage und schreibe 20 Mrd. Plastiktüten jährlich: Das entsprach 333 Stück pro Kopf. Damit ist jetzt Schluss, nun sind nur noch biologisch abbaubare Säcke zugelassen. Viele Kommunen rufen dazu auf, wieder zum guten alten Einkaufsnetz zu greifen; daneben gibt es die landesweite Kampagne „Porta la sporta" („Benutz' die Einkaufstasche"). Umweltministerin Stefania Prestigiacomo hatte das Verbot gegen massiven Widerstand vor allem aus der Plastik verarbeitenden Industrie durchgesetzt. Die mächtige Lobby sorgte auch für wachsenden Widerstand von Abgeordneten im Regierungslager. Prestigiacomo setzte sich am Ende durch – und trat gleich danach aus Berlusconis Partei PDL aus.

„Soll ich dir das Schönste zeigen, was ich je gefilmt habe?", fragt im Oscar-gekrönten Kinohit „American Beauty" der junge Held die junge Heldin. Zu sehen ist dann – vom Wind getragen, durch das Bild tanzend – eine Plastiktüte. Diese geradezu romantische Sichtweise haben die beiden allerdings ziemlich exklusiv. Tatsächlich gelten manchen Experten besonders Einweg-Kunststofftaschen als die größte ökologische Bedrohung weltweit. Vor allem die Meere sind vom Müll gebeutelt: Nach Angaben der UN-Umweltorganisation UNEP sterben jährlich mehr als 100 000 Wale und Delfine an Plastikabfall, ganze Populationen von Schildkröten und Meeresvögeln verenden wegen der gigantischen Müllteppiche auf den Ozeanen. Der bekannteste ist der „Great Pacific Garbage Patch".

Er ist so groß wie Mitteleuropa und enthält sechsmal mehr Plastik als Plankton. Nachhaltig an Plastiktüten ist vor allem ihr Verschmutzungspotenzial: Je nach Zusammensetzung des Materials zerfallen sie nach 15, manchmal aber auch erst nach 400 Jahren. Wärme und Sonnenlicht verändern zudem ihre chemische Struktur und setzen Schadstoffe frei. Und bei der Plastiktüten-Entsorgung durch Verbrennung werden Kohlendioxid und sogar Dioxin freigesetzt. Zu dieser Art der Entsorgung kommt es allerdings meist erst gar nicht. Geschätzte 500 Mrd. Tüten werden jährlich weltweit produziert – und weggeschmissen. Der deutsche UNEP-Chef Achim Steiner hat deshalb einen weltweiten Produktionsstopp für Einweg-Plastiktüten gefordert. Einige Länder haben inzwischen zwar nicht die Herstellung, aber den Gebrauch eingeschränkt oder ganz verboten (siehe Kasten). In vielen anderen Ländern hält man das nicht für den besten Weg – darunter auch in Deutschland: „Wir sehen keinen Anlass für eigene Gesetze zu Plastiktüten, weil diese von der Verpackungsverordnung und dem Dualen System schon komplett erfasst sind", sagt Thomas Hagbeck vom Bundesumweltministerium. Tatsächlich werden Plastiktüten so behandelt wie andere Verpackungen, sie müssen generell (über das Duale System) lizenziert werden. Teilweise werden diese Kosten an den Endverbraucher weitergegeben, teilweise auch nicht. Die Händler sind da völlig frei – deshalb kosten Plastiktüten im Lebensmitteleinzelhandel etwas, im Textil- oder Schuhhandel dagegen nicht. Auf 5 Mrd. Plastiktüten schätzt Ulf Kelterborn, Geschäftsführer der Industrievereinigung Kunststoffverpackungen, den jährlichen Verbrauch hierzulande. Im vergangenen Jahr wurden etwa 90 000 t Kunststofftaschen im Wert von 200 Mio. Euro

hergestellt. „Der Leidensdruck ist vergleichsweise klein, der Plastiktütenverbrauch ziemlich spärlich", sagt Daniel Quantz, Umweltexperte beim Handelsverband Deutschland HDE: gerade mal 65 Stück pro Jahr und Einwohner. Deshalb sieht auch der HDE keinen Bedarf für ein Verbot. Zwar finde man gelegentlich Tüten in der Natur. „Aber von einer Plage, wie das in Australien und China empfunden wird, kann bei uns nicht die Rede sein."

Und auch die Alternativen sind nicht unbedingt prickelnd. Papiertaschen verbrauchen in der Herstellung gegenüber Plastiktüten etwa doppelt so viel Wasser und Energie – auch nicht gerade umweltfreundlich. Und in ihrer Ökobilanz schneiden weder Papier- noch Baumwolltüten besser ab. Die staatliche Schweizer Materialprüfstelle EMPA hat ausgerechnet, wie oft eine Kunststofftüte benutzt werden muss, um auf dieselbe Umweltbelastung zu kommen wie andere Tragetaschen. Wurden alle schädlichen Emissionen berücksichtigt (also zum Beispiel auch Dünger oder Pestizide), genügten 2,8 Einsätze für die Plastiktragetasche; Papiertüten mussten schon dreimal verwendet werden, Baumwolltaschen sogar achtunddreißig Mal. Auch die relativ neuen biologisch abbaubaren Plastiktaschen werden von Experten skeptisch betrachtet. Denn: „Das Hauptproblem ist nicht die Plastiktüte an sich, sondern die Wegwerfmentalität. Wenn eine Tüte immer wieder verwendet wird, ist schon viel geholfen. Nennt sie sich aber biologisch abbaubar, verstärkt das wieder den Trend zum Wegwerfen", sagt Matthias Seiche vom Bund für Umwelt und Naturschutz BUND. Das Beste sei sowieso, sich zum Einkaufen prophylaktisch immer eine zusätzliche Tasche mitzunehmen. „Was, ist letztlich ziemlich egal."

Jute statt Plastik: Das Ausland ist schon einen Schritt weiter

■ International sind Plastiktüten vielerorts gesetzlichen Beschränkungen unterworfen. Den Anfang machte überraschenderweise Bangladesch: Dort sind die Tüten schon seit 2002 verboten. Hier war der Hauptgrund, dass es im Land immer wieder zu verheerenden Fluten kommt – und die Plastiktüten das Problem verschlimmerten, weil sie die Abwasserkanäle verstopft haben.

■ In Indien haben mehrere Bundesstaaten die dünnen Beutel verboten. Die Strafen sind drakonisch, jedenfalls theoretisch: Umgerechnet 1.500 Euro muss zahlen, wer eine Plastiktüte benutzt – das sind 100.000 Rupien, sehr viel Geld für indische Verhältnisse. Auf den Handel mit Plastiktüten stehen in Neu-Delhi sogar bis zu fünf Jahre Gefängnis. Das Verbot der Kunststoffbeutel und die harten Strafen werden von einer massiven Kampagne der Stadtverwaltung begleitet. „Say no to plastic

bags", fordert auf Werbetafeln eine junge Frau mit Jute-Tasche in der Hand.

■ In China sind seit 2008 die besonders dünnen Beutel verboten. Sie zerfleddern schnell und gelten deshalb als besonders große Umweltsünde. Supermärkte dürfen Plastiktüten nicht ungefragt an Kunden ausgeben. Innerhalb eines Jahres wurde das Plastiktütenaufkommen um sagenhafte 40 Mrd. Stück reduziert. Trotzdem bleibt China der größte Verbraucher von dünnen Plastiktüten weltweit.

■ In Afrika haben Eritrea, Kenia, Ruanda, Somalia, Südafrika, Tansania und Uganda 2007 die wenig reißfesten dünnen Tüten verbannt, in denen bis dahin Obst und andere lose Waren verpackt worden waren. Auch Australien und Taiwan kommen ohne sie aus.

■ 36 Stunden Haft, bis zu 9.000 Euro Bußgeld: Das sind die Strafen, die Ladenbesitzern in Mexiko-Stadt drohen, wenn sie ihren Kunden gratis eine Plas-

tiktüte anbieten. Erlaubt sind weiterhin Plastiktüten gegen Gebühr oder biologisch abbaubare Tragetaschen.

■ Mehrere US-Metropolen haben ebenfalls strikte Vorschriften. San Francisco hat 2007 Plastiktüten in großen Lebensmittelläden und Drogeriemärkten verboten. Palo Alto, Fairfax und Malibu folgten dem Beispiel. Im Bundesstaat Kalifornien ist dagegen ein Plastiktütenverbot gescheitert. Ein entsprechender Gesetzentwurf des damaligen Gouverneurs (und Ex-Schauspielers) Arnold Schwarzenegger scheiterte im Landesparlament.

■ Und Europa? In Frankreich sind nur noch Plastiktüten erlaubt, die aus biologisch abbaubaren Kunstoffen bestehen. Irland erhebt seit neun Jahren eine Abgabe. Die „PlasTax" beträgt derzeit pro Tüte 22 Cent. Seit ihrer Einführung ist der Verbrauch um gut 90 Prozent zurückgegangen.

Quelle: handelsjournal 04/2011, Autor: Alexander Fritsch

Lernsituation 109

Eine Hausmesse planen, durchführen und nachbereiten

Die Auszubildenden der BE Partners KG finden heute die folgende E-Mail in ihrem Postfach:

Von: Rolf Bastian [r.bastian@bepartners.de]
An: Verteiler Auszubildende BE Partners KG
Betreff: Hausmesse
Datum: 12.05.20.. 09:22 Uhr

Liebe Auszubildende,

wie jedes Jahr möchten wir auch im kommenden Herbst wieder eine Hausmesse veranstalten. Die eintägige Messe soll am 2. Oktober 20.. stattfinden und den ganzen Tag dauern (open end).

Nun meine besondere Überraschung für Sie: Frau Epstein und ich haben beschlossen, dass in diesem Jahr unsere Auszubildenden die Organisation der Hausmesse übernehmen sollen.

Wir möchten auf der Hausmesse mehrere Neuheiten vorstellen, von der Kreativität und der Qualität unserer Arbeit überzeugen und den Bekanntheitsgrad unseres Unternehmens steigern. Gleichzeitig wollen wir bereits vorhandene Kunden an uns binden.

Dazu laden wir aktuelle Kunden und Lieferanten und mögliche Neukunden ein. Bitte bedenken Sie, dass auch ausländische Teilnehmer unter den Kunden sein werden. Unser Lieferant Herr Chang, der in Frankfurt lebt, hat bereits angekündigt, dass er auch in diesem Jahr wieder bei unserer Hausmesse zu Gast sein wird. Er wird im Herbst einige Familienmitglieder aus China zu Besuch haben und sie mitbringen.

Frau Bernle wird Sie bei der Planung unterstützen, Sie jedoch selbstständig arbeiten lassen. Bitte treffen Sie sich sobald wie möglich, um mit der Planung zu beginnen. Ich weiß, Sie werden das gut hinbekommen!

Liebe Grüße

Rolf Bastian

Tüley, Aziza, Sophie und Sascha treffen sich später zum gemeinsamen Mittagessen.

Tüley: Oh Mann, mit der Hausmesse kommt ganz schön was auf uns zu!

Aziza: Ich kann mich noch an das letzte Jahr erinnern. Jeder Mitarbeiter hat am Tag der Veranstaltung eine Aufgabe übernommen. Ich habe mit Herrn Ferrara und Herrn Martin zusammen einen Getränkestand betreut.

Sascha: Cool – dann können wir unseren Vorgesetzten was zum Arbeiten geben!

Die anderen grinsen breit.

Tüley: Jetzt mal ehrlich. Ich glaube, dass das ganz schön viel Arbeit wird. Wir sollten uns möglichst bald treffen, um die Hausmesse vorzubereiten. Sollen wir das Thema bei unserem wöchentlichen Azubimeeting morgen besprechen? Ich frage Herrn Seydlitz, ob er uns dafür Zeit gibt.

Die anderen nicken zustimmend.

1 Auf dem Weg zurück zu ihren Arbeitsplätzen sagt Sascha plötzlich zu Tüley: „Ich habe ehrlich gesagt noch nicht verstanden, was so ein Tag der offenen Tür eigentlich ist."

a) Tüley weist Sascha darauf hin, dass es sich nicht um einen Tag der offenen Tür, sondern um eine Hausmesse handelt. Erläutern Sie den Unterschied zwischen einer Messe, einer Hausmesse und einem Tag der offenen Tür.

b) Arbeiten Sie die Unterschiede zwischen weiteren Veranstaltungsarten heraus, indem Sie das Arbeitsblatt 109.1 ergänzen.

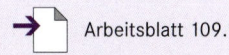 Arbeitsblatt 109.1

2 Am nächsten Tag fragt Tüley Herrn Seydlitz, wann sich die Auszubildenden treffen können, um die Hausmesse zu planen. Herr Seydlitz beschließt, dass die Gruppe in den Wochen bis zur Veranstaltung wöchentlich zwei fixe Besprechungstermine abhalten soll, dabei dürfen die Auszubildenden jeweils drei Stunden einplanen. Während der gesamten Planungszeit wird Besprechungsraum 2 (Telefondurchwahl -210, Faxdurchwahl -177) für sie frei gehalten. Herr Seydlitz gibt Tüley einen Zettel, auf dem er die Berufsschulzeiten der Auszubildenden notiert hat.

Ermitteln Sie mithilfe einer einfachen Matrix, an welchen Tagen sich die Gruppe zur Besprechung treffen kann.

> **Berufsschulzeiten der Auszubildenden:**
>
> – Tüley und Aziza sind den ganzen Dienstag in der Berufsschule.
> – Sophie hat mittwochs den ganzen Tag Schule und Sascha ist freitags den ganzen Tag nicht im Haus.
> – Tüley und Sophie haben zusätzlich montags vormittags Schule.
> – Aziza und Sascha sind am Mittwochvormittag nicht im Betrieb.
> – An halben Berufsschultagen sind alle Auszubildenden ab 13:00 Uhr wieder anwesend.

3 Azizas Cousin hat ein Unternehmen, das sich auf die Planung von Veranstaltungen spezialisiert hat. Sie fragt sich nun, warum mit der Organisation von Hausmessen in der BE Partners KG kein externer Dienstleister beauftragt wird, und überlegt, ob sie Rolf Bastian darauf ansprechen soll.

a) Welche Gründe sprechen für die externe Veranstaltungsorganisation?

b) Warum hat sich Rolf Bastian vermutlich dazu entschieden, die Veranstaltungen intern organisieren zu lassen?

c) Welche anderen Arbeiten hätten noch von externen Dienstleistern übernommen werden können?

4 Heute versammeln sich die vier Auszubildenden zum ersten Mal, um die Hausmesse zu planen.

a) Welche Fragen müssen sie beantworten, damit die Messe erfolgreich stattfinden kann?

b) Die Auszubildenden suchen auch nach einem passenden Motto. Welche Methode(n) schlagen Sie dafür vor?

c) Finden Sie innerhalb Ihrer Klasse ein Motto für die Hausmesse. Denken Sie dabei an die Ziele, die Herr Bastian mit der Veranstaltung erreichen möchte.

d) Sehen Sie ein Problem mit den von Herrn Bastian genannten Zielen?

e) Wie hätte man die Ziele für die Hausmesse besser formulieren können? Schlagen Sie passende Ziele vor.

5 Aziza ist auf die Idee gekommen, eine Checkliste mit den einzelnen Aufgaben zu erstellen, die im Laufe der Vorbereitung der Hausmesse zu erledigen sein werden. Sie fragt Frau Bernle nach alten Unterlagen bzw. Dokumentationen zu früheren Hausmessen in der BE Partners KG. Welche Informationen erhofft Aziza sich von den alten Unterlagen?

6 Leider sind die Unterlagen zu früheren Hausmessen in der BE Partners KG einem Wasserschaden zum Opfer gefallen. Da Frau Bernle wenig Zeit hat, schreibt sie nur schnell ein paar Stichpunkte auf den nebenstehenden Zettel.

a) Legen Sie in einem Textverarbeitungsprogramm eine Checkliste in Form eines vierseitigen Flyers an.[1]
b) Verteilen Sie die von Frau Bernle vorgegebenen Inhalte zunächst wie folgt:

Seite 1

Überschrift „Checkliste Vorbereitung Hausmesse"

Allgemeines

☐ Motto
☐ …

Seite 2

Veranstaltungsräume

☐ …

Planung Programm bzw. Tagesordnung

☐ Infostände
☐ Rahmenprogramm
☐ …

Seite 3

Speisen und Getränke

☐ Getränkestände
☐ Bratwürstchen, vegetarische Burger, Pommes
☐ …

Seite 4

Schriftstücke

☐ Einladungen
☐ …

Vorbereitung Hausmesse Vorjahr

– Motto

– Veranstaltungsräume

– Speisen und Getränke:

  -> Verpflegung: Bratwürstchen, vegetarische Burger, Pommes; Einkauf und Standbetreuung durch Metzgerei Sarter

  -> Waffelstand durch Mitarbeiter (Frau Welkenbach fragen!)

  -> Kuchenstand: 10 Kuchen bei Bäckerei Gruhn gekauft, Stand durch Mitarbeiter betreut

  -> Getränke bei Getränkekarussell gekauft, Ausschank durch Kollegen (3 Stationen)

  -> an Geschirr und Besteck denken

– Infostände (informativ) und Rahmenprogramm (unterhaltsam) durch unsere Mitarbeiter

– Tim Rittlerner Fotografie und Teleradio 99 GmbH sind jedes Jahr Partner der Hausmesse (je ein eigener Stand).

1 Formulargestaltung
➔ in FK 1 und FK 2, IT-Trainer, Word, Kap. 7

Spaltenverarbeitung
➔ in FK 1 und FK 2 (ab 3. bzw. 2. Druck), IT-Trainer, Word, Kap. 6.4 (auch Download unter www.cornelsen.de bei der Schulbuchreihe Be Partners)

2 Schattierung in einem Textverarbeitungsprogramm
➔ in FK 1 und FK 2, IT-Trainer, Word, Kap. 8.5.3

c) Heben Sie Überschriften mithilfe von verschiedenfarbigen Schattierungen[2] hervor.
d) Wählen Sie die Schriftgröße.
e) Worauf müssen die Auszubildenden bei der Vorbereitung der Hausmesse noch achten? Ergänzen Sie die Liste um fehlende Aufgaben und ggf. Aufgabenbereiche.
f) Speichern Sie die Datei unter Checkliste_Hausmesse_Tätigkeiten_eigener Name.
g) Vergleichen Sie Ihre Ergebnisse innerhalb der Klasse und bewerten Sie sie hinsichtlich Vollständigkeit, Übersichtlichkeit und Gestaltung.

7 Bei ihrem nächsten Treffen schauen sich die vier Auszubildenden Azizas Checkliste an und verteilen die Aufgaben untereinander. Dabei beachten sie auch ihre unterschiedlichen Interessen und Erfahrungen.

Welche(r) Auszubildende übernimmt am besten welchen Aufgabenbereich? Tragen Sie Ihren Vorschlag in die Tabelle auf der folgenden Seite ein. Begründen Sie.

Sascha

– Kaufmann für Büromanagement
– 1. Ausbildungsjahr
– Hobby: sein Motorroller
– Sascha hilft regelmäßig im Restaurant seines Onkels aus.

Aziza

– Kauffrau für Marketingkommunikation
– 2. Ausbildungsjahr
– Hobbys: Fußball im Verein, Geschichten schreiben, Gedächtnistraining
– Aziza kann sich auffallend gut konzentrieren.

Sophie

– Mediengestalterin Digital + Print
– 3. Ausbildungsjahr
– Hobbys: Schmuckdesign, ihr Pony Charly, Computer
– Sophie arbeitet am liebsten konzentriert für sich alleine.

Tüley

– Kauffrau für Büromanagement
– 3. Ausbildungsjahr
– Hobbys: Geocaching mit Freunden, Jazztanz
– Tüley ist kommunikativ und übernimmt gerne auch schwierige Aufgaben.

Aufgabenbereich	verantwortlich	Begründung
Hauptansprechpartner für Firmenleitung, Mitarbeiter und Organisationsgruppe		
Schriftstücke		
Veranstaltungsräume		
Speisen und Getränke		
Programmplanung (Infostände und Rahmenprogramm)		

Folgesituation

Inzwischen haben die Auszubildenden die Aufgaben unter sich aufgeteilt: Tüley ist die Hauptansprechpartnerin. Aziza kümmert sich um die Schriftstücke und die Programmplanung. Für die Veranstaltungsräume ist Sophie zuständig. Sascha ist für die Speisen und Getränke verantwortlich.

Auch weitere Details stehen inzwischen fest:

- Für das Einholen eines Angebots für Speisen und Getränke liegt eine Checkliste vor, sie braucht also nicht mehr erstellt zu werden.
- Die Getränke kauft die BE Partners KG immer beim selben Lieferanten, dem Getränkekarussell.
- Technische Hilfsmittel müssen über den Hausmeister der Firma organisiert werden.
- Mitarbeiter der BE Partners KG sollen an fünf Ständen auf drei Ebenen im Hauptgebäude über aktuelle Produkte und Dienstleistungen informieren. Wer genau was macht, steht noch nicht fest.
- Auch das Rahmenprogramm sollen die Mitarbeiter bestreiten. Bisher hat sich noch niemand gemeldet.
- Die Gesellschafter Rolf Bastian und Dörthe Epstein werden morgens eine Begrüßungsansprache halten.
- Für den Nachmittag bereitet Dörthe Epstein eine unterhaltsame Präsentation zu den neuen Produkten vor, die die BE Partners KG im letzten Jahr entwickelt hat.
- Sophie kümmert sich auch um die Abrechnung und das Protokoll der Veranstaltung.
- Zwecks Einladung möglicher Neukunden müssen Anschriften ermittelt werden.

8 Im Laufe des folgenden Besprechungstermins der Auszubildenden meldet Sascha sich zu Wort: „Ich kann mir nicht vorstellen, wie wir sinnvoll planen können, wann in den kommenden Monaten was zu tun ist. Das ist doch ziemlich schwierig, oder?"

a) Teilen Sie Ihre Klasse in Gruppen von maximal vier Personen ein. Kaufen Sie in einem Malergeschäft eine Rolle weißer Tapete (mehrere Gruppen können sich eine Tapetenrolle teilen!). Überlegen Sie sich eine geeignete Methode[1], um auf Tapete die Tätigkeiten in den nächsten Monaten übersichtlich darzustellen.

b) Übertragen Sie die Aufgaben in Outlook.[2] Welche Vorteile haben Sie, wenn Sie ein Projekt mithilfe von Outlook planen?

c) Welche nichttechnische Möglichkeit gibt es, die Aufgaben übersichtlich darzustellen? Wie gehen Sie vor, wenn Sie diese Möglichkeit nutzen?

9 Bei der Planung der Hausmesse ist aufgefallen, dass einige Organisatoren deutlich mehr zu tun haben als andere.

a) Welche Methode der Aufgabenplanung[3] kann den Auszubildenden helfen, den Zeitaufwand der einzelnen Aufgaben zu erkennen? Begründen Sie.

b) Erstellen Sie ein Raster dieser Methode am Computer und verteilen Sie die Aufgaben.

c) Alle Mitarbeiter der BE Partners KG sollen einen Überblick darüber erhalten, wie die Auszubildenden in die Vorbereitung der Hausmesse eingebunden sind, damit sie sie ggf. unterstützen können. Welche Kommunikationswege bieten sich zur Verteilung an? Entscheiden Sie sich für einen oder zwei Kommunikationswege und begründen Sie Ihre Wahl.

10 Sascha wird damit beauftragt, während der gesamten Vorbereitungszeit darauf zu achten, dass die Hausmesse unter Berücksichtigung ökologischer Aspekte geplant wird. Erstellen Sie dazu eine Checkliste.

1 z. B. eine Kombination aus Zeitstrahl und Mindmap

2 Outlook
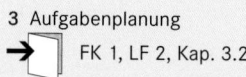 in FK 1 und FK 2, IT-Trainer, Outlook

3 Aufgabenplanung
FK 1, LF 2, Kap. 3.2

11 Bei der Planung der Hausmesse möchten die Auszubildenden auch die Besonderheiten der Teilnehmer berücksichtigen. Unter den Kunden und Lieferanten der BE Partners KG befinden sich viele im Alter zwischen 30 und 45 Jahren. Einige von ihnen bringen ihre Kinder mit. Einige langjährige Kunden befinden sich bereits im Seniorenalter. Der Frauen- und Männeranteil ist etwa gleich verteilt. Die Familie des Lieferanten Herrn Chang kommt aus China. Auch einige türkische Verwandte von Tüley reisen extra an, um die Hausmesse zu besuchen. Worauf müssen die Auszubildenden genau achten? Recherchieren Sie gegebenenfalls und stellen Sie die Informationen übersichtlich zusammen.

Folgesituation

Anfang Juni ist die Vorbereitung der Messe schon ein gutes Stück vorangekommen. Einige Informationen müssen die Azubis aber noch einholen. Auch einige Schreiben müssen noch verfasst werden:

- Aziza muss bei den Mitarbeitern nachfragen, welche Informationsstände sie planen bzw. womit genau sie sich am Rahmenprogramm beteiligen möchten.
- Geschirr und Besteck sollen geliehen werden. Sascha soll ein Angebot dafür einholen.
- Sophie bereitet die Veranstaltungsräume vor. Welche Räume genutzt werden, hat Herr Bastian schon bestimmt. Sophie möchte sich nun besonders um attraktiven Blumenschmuck kümmern. Hier sind Mengen, Alternativen und Dekorationshilfen zu erfragen. Sie muss sich außerdem darüber Gedanken machen, ob technische Geräte und Hilfsmittel benötigt werden.
- Aziza muss das Unternehmen Tim Rittlerner Fotografie und die Teleradio 99 GmbH über die Veranstaltung informieren und fragen, ob sie sich auch in diesem Jahr wieder beteiligen wollen.
- Aziza lädt auch die Bestandskunden der BE Partners KG ein.

12 Ergänzen Sie die Checkliste für die verschiedenen Anschreiben in Arbeitsblatt 109.2.

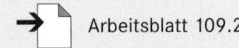 Arbeitsblatt 109.2

13 Aziza hat in ihrem Postfach die nebenstehende E-Mail aus dem letzten Jahr gefunden. Die Formulierungen entsprechen nicht dem modernen Korrespondenzstil. Formulieren Sie die E-Mail nach heutigen Maßstäben um und passen Sie sie an die Ausgangssituation an. Ergänzen Sie dabei fehlende Informationen.

14 Sascha und Sophie haben sich zusammengesetzt, um die Preise für Geschirr und Besteck sowie den Blumenschmuck zu ermitteln. Die Geschäftsleitung hat ihnen für Dekoration und Verpflegung ein Budget von 7.000,00 € zugesagt. Dabei haben die Auszubildenden festgestellt, dass sie kein Angebot einholen müssen, wenn sie die Preise für das benötigte Geschirr und Besteck (250 große Teller, 250 Kuchenteller, je 250 Kaffeeober- und -untertassen; 250 Gabeln, 250 Messer, 250 Kuchengabeln) ermitteln wollen, da diese Informationen im Internet zu finden sind.

Recherchieren Sie im Internet zwei Firmen aus Bonn oder aus der Nähe von Bonn, die Geschirr und Besteck verleihen. Vergleichen Sie die Preise und die Zahlungs- und Lieferungsbedingungen. Achten Sie darauf, dass die Sachen ungereinigt zurückgegeben werden können. Sie sollen am Tag vor der Hausmesse angeliefert und am Tag danach abgeholt werden. Für welche Firma entscheiden Sie sich? Begründen Sie Ihre Wahl.

Sehr verehrte Kolleginnen und Kollegen,

wie jedes Jahr wurde ich auch dieses Jahr wieder mit der Organisation der alljährlichen Hausmesse betraut.

Für die Ausführung dieser Aufgabe brauche ich Ihre Unterstützung. Bitte teilen Sie mir schnellstmöglich mit, ob Sie einen Infostand planen oder ob ich Sie bei der Durchführung der Veranstaltung als Hilfskraft einplanen kann. Schön wäre es, wenn Sie sich bereiterklären würden, einen Punkt des Rahmenprogramms zu übernehmen.

Für Rückfragen stehe ich Ihnen gerne jederzeit zur Verfügung.

Hochachtungsvoll

Edith Bernle

15 Weil der Blumenschmuck für alle drei Stockwerke zu teuer würde, beschließt Sophie, dass nur die Tische im Foyer, an denen die Kunden essen, einen Blumenschmuck erhalten. Die anderen Räumlichkeiten will sie anders dekorieren.

a) Recherchieren Sie verschiedene Möglichkeiten, einen Raum zu dekorieren. Worauf achten Sie?

b) Sophie plant, einen Flyer auf den Tischen im Foyer auszulegen. Der Flyer beschreibt das neue Produkt „Autobeschriftung", die durch die BE Partners KG vorgenommen wird. Da das Produkt noch kaum bekannt ist, wird es auch noch selten verkauft. Warum plant Sophie Ihrer Meinung nach, den Flyer genau an dieser Stelle auszulegen?

16 Sophie muss sich auch überlegen, welche technischen Geräte und Hilfsmittel notwendig sein könnten. Prüfen Sie, auch schon mit Blick auf Infostände und Rahmenprogramm in Auftrag 18, was während der Hausmesse in welcher Menge benötigt werden könnte.

17 Aziza sitzt heute (2. Juni 20..) am PC und muss die Informationsschreiben für die Geschäftspartner der BE Partners KG verfassen. Gleichzeitig bereitet sie die Einladung an die Bestandskunden vor.

Öffnen Sie den Geschäftsbrief der BE Partners KG und formulieren Sie die folgenden Briefe an:

➜ Vorlagen/Geschäftsbrief BE Partners KG

a) Tim Rittlerner Fotografie, Rosenstraße 96, 53111 Bonn (Speichername: Info_Rittlerner_eigener Name): Tim Rittlerner hat im letzten Jahr Fotos von der Hausmesse gemacht und diese auf seiner Unternehmenshomepage auf einer geschützten Seite zum Ansehen bereitgestellt. Dort konnten die Kunden dann Bilder bestellen. Sie möchten wissen, ob er sich wieder mit einem Stand an der Hausmesse beteiligen wird und ob er auch wieder die Fotodokumentation übernehmen möchte. Sie bieten ihm an, wie im letzten Jahr auch jetzt wieder eine Visitenkarte zu gestalten, die die Firmeninformationen seiner Firma und der BE Partners KG sowie den Link enthält, damit die Kunden auf die Fotos zugreifen können. Weitere Informationen für den Brief entnehmen Sie der Checkliste (Arbeitsblatt 109.2). Ermitteln Sie ein geeignetes Antwortdatum und bitten Sie um Antwort.

b) Teleradio 99 GmbH (Speichername: Info_Teleradio_ eigener Name): Das Anschreiben an die Teleradio 99 GmbH formulieren Sie vollständig aus den Angaben der Checkliste. Zusätzlich fragen Sie nach, ob die Teleradio 99 GmbH wieder ein Gewinnspiel veranstaltet, da Sie diese Information auf dem Programm und der Unternehmenswebsite unterbringen wollen. Ermitteln Sie ein geeignetes Antwortdatum und bitten Sie um Antwort.

c) Serienbrief an die Bestandskunden mit den Stichpunkten vom Notizzettel rechts (Speichername: Einladung_ Bestand_eigener Name).

d) Gestalten Sie ein Anmeldeformular, das Sie den Briefen an die Gäste der Hausmesse beilegen.

> **Stichpunkte Serienbrief Bestandskunden**
>
> – Einladung zur Hausmesse
> – Motto
> – Datum der Hausmesse, Beginn: 09:00 Uhr
> – viele Neuheiten und wieder spannendes Programm
> – Hinweis auf die Partner der Firma
> – 3 Gewinnspiele (zu gewinnen gibt es u. a. die Gestaltung einer Website durch die BE Partners KG und ein SmartBike, gestiftet von der Fly Bike Werke GmbH)
> – kleine Unkostenbeiträge für Verpflegung
> – unsere Erwartung: viele Kunden, besser mit öffentlichen Verkehrsmitteln
> – Wegbeschreibung als Anlage[1]
> – Programm als Anlage[1]
> – Anmeldeformular als Anlage
> – ansprechender Schlusssatz

18 Die Gäste der Hausmesse sollen zusammen mit der Einladung auch das Programm als Anlage erhalten. Es enthält die folgenden Informationen:

– An Stand 1 können sich die Kunden über die individuelle Beschriftung von Firmenfahrzeugen informieren und bei einem Gewinnspiel ein SmartBike gewinnen. Der Stand ist im Innenhof der Firma untergebracht.

– Im ersten Stock in Raum 115 finden die Kunden Stand 2. Hier dürfen sie eigene Werbeslogans zum BE-Partners-Produkt „Flaschenöffner Reflex" entwerfen. Die Slogans werden prämiert. Für den Gewinner gestaltet die BE Partners KG die Website.

[1] Die Wegbeschreibung und das Programm liegen Ihnen noch nicht vor, Sie entwerfen aber schon das Anschreiben.

– Stand 3 befindet sich in der Druckerei. Hier erhalten die Kunden eine Führung durch die Druckerei und können sich über die verschiedenen Druckprodukte der BE Partners KG informieren.
– Stand 4 befindet sich im Gang des Erdgeschosses. Hier können sich die Kunden einen Überblick über alle Werbemittel der Firma verschaffen.
– An Stand 5 befindet sich ein Spieleparadies. Hier werden die Kinder der Kunden betreut. Sie erhalten kleine kindergeeignete Werbegeschenke. Der Stand befindet sich auf dem Flur im Souterrain.
– Die Unternehmen Tim Rittlerner Fotografie und Teleradio 99 GmbH haben ihre Stände im Foyer. Auch die Teleradio 99 GmbH veranstaltet ein Gewinnspiel.

Aziza hat bereits die Programmpunkte für das Rahmenprogramm ermittelt:

– Die Gesellschafter der BE Partners KG halten morgens eine Begrüßungsansprache im Foyer. (15 Min.)
– Für den Nachmittag bereitet Dörthe Epstein eine unterhaltsame Präsentation zu den Produktentwicklungen der BE Partners KG im letzten Jahr vor, die sie ebenfalls im Foyer hält. (30 Min.)
– Tüley tritt mit ihrer Jazztanzgruppe „Live-it" im Festzelt auf dem Parkplatz auf. (Dauer: ca. 30 Min.)
– Thomas Martin, Sachbearbeiter im Vertrieb der BE Partners KG, ist passionierter Zauberer. Er führt – wie auch im letzten Jahr – seine Zauberschau „Wunderland" für die Kinder im Foyer auf. (Dauer: ca. 30 Min.)
– Die Kontakterin Tina Welkenbach tritt mit ihrer Rock-Pop-Band „Jollyjokers" im Festzelt auf. (Dauer: ca. 60 Min.)
– Kerstin Vogt, Sachbearbeiterin Post/Versand, hat einen Bekannten (Volker Indress), der als Feuerschlucker auftritt und sich bereit erklärt hat, kostenfrei mitzumachen. Er tritt vor dem Festzelt auf. (Dauer: ca. 30 Min.)
– Aziza sucht nun noch nach einem guten Abschluss für die Hausmesse.

Jeder Programmpunkt des Rahmenprogramms findet – bis auf die Ansprache der Gesellschafter und Dörthe Epsteins Präsentation – einmal am Vormittag und einmal am Nachmittag statt. Ende der Veranstaltung sollte gegen 20:00 Uhr sein. Nehmen Sie aber ggf. Anpassungen vor, falls das notwendig sein sollte. Gestalten Sie das Programm mit Infoständen und Rahmenprogramm in einem Textverarbeitungsprogramm.[1] Speichern Sie es unter dem Dateinamen „Programm_Hausmesse_eigener Name".

1 Textverarbeitung
→ in FK 1 und FK 2, IT-Trainer, Word

19 Aziza sucht noch nach einem guten Abschluss für die Hausmesse. Im Fernsehen sieht sie einen Bericht über eine Hochzeit, auf der die Gäste am Abend Lampions in den dunklen Abendhimmel steigen lassen. Aziza ist sofort begeistert, weil diese Aktion eine tolle Stimmung hervorgerufen hat. Bei der Planung stößt sie auf die „Verordnung zur Verhütung von Gefahren".

   a) Lesen Sie die Verordnung. Welche Erkenntnisse kann Aziza in Bezug auf den geplanten Programmpunkt ziehen? Begründen Sie Ihre Meinung.

   b) Wie kann Aziza herausfinden, ob sie eine Ausnahmegenehmigung erhält, und wie wahrscheinlich ist es, dass sie sie erhält?

   c) Welche Alternative kann sie einplanen?

Ordnungsbehördliche Verordnung zur Verhütung von Gefahren durch unbemannte Fluglaternen (Fluglaternenverordnung)[1]

§ 1 Es ist in Nordrhein-Westfalen verboten, unbemannte Flugobjekte aufsteigen zu lassen, bei denen der Auftrieb durch die von einer eigenen Feuerquelle erwärmte Luft erzeugt wird und die insbesondere unter den Bezeichnungen „Himmelslaterne" oder „Kong-Ming-Laterne" bekannt sind (Fluglaternen).

§ 2 Die örtlichen Ordnungsbehörden können auf Antrag örtlich und zeitlich begrenzte Ausnahmen von dem Verbot zulassen, wenn die besonderen Umstände des Einzelfalls keine Bedenken wegen einer Gefahr für die öffentliche Sicherheit, insbesondere einer Brandgefahr begründen.

§ 3 Ordnungswidrig handelt, wer vorsätzlich oder fahrlässig entgegen § 1 dieser Verordnung Fluglaternen steigen lässt. Die Ordnungswidrigkeit kann mit einer Geldbuße bis zu eintausend Euro geahndet werden.

1 Quelle: Gesetz- und Verordnungsblatt (GV. NRW.), Ausgabe 2009 Nr. 18 vom 17.07.2009, Seite 379 bis 398; www.recht.de

---

20 Nachdem Aziza sich mit der Verordnung bezüglich der Fluglaternen befasst hat, wird ihr siedendheiß bewusst, dass für die Hausmesse in der BE Partners KG auch noch weitere Formalitäten wichtig sein könnten. In der nächsten Sitzung der Azubis macht sie ihre Kollegen darauf aufmerksam.

Prüfen Sie für die Hausmesse, welche weiteren Formalitäten zu beachten sind, und begründen Sie Ihre Wahl. Teilen Sie die Aufgabe im Klassenverband auf, indem Sie drei arbeitsteilige Gruppen bilden, die sich jeweils mit einem wichtigen Bereich auseinandersetzen: 1. Vorschriften und Genehmigungen, 2. Versicherungen, 3. Gebühren und Beiträge. Recherchieren Sie die erforderlichen Informationen und gestalten Sie je ein Informationsblatt, das auch bei zukünftigen Hausmessen in der BE Partners KG als Informationsgrundlage dienen kann.

21 Sechs Wochen vor der Hausmesse bittet Edith Bernle Tüley zu sich: „Ich weiß, dass Sie intensiv mit der Veranstaltungsvorbereitung beschäftigt sind. Aber haben Sie auch schon Checklisten für den Veranstaltungstag selbst und die Veranstaltungsnachbereitung erstellt?" Tüley erschrickt. „Oh, nein, ehrlich gesagt haben wir daran noch gar nicht gedacht." (Überlegt.) „Ich würde sagen, ich erstelle eine Checkliste für den Veranstaltungsablauf am Veranstaltungstag. Und ich frage gleich mal die anderen, ob sie die Checkliste für die Veranstaltungsnachbereitung anfertigen. Keine Sorge, das kriegen wir schon hin." Bilden Sie zwei arbeitsteilige Gruppen und gestalten Sie zwei Checklisten. Achten Sie darauf, dass die Checklisten auch für weitere Veranstaltungen in der BE Partners KG eingesetzt werden können.

22 Sophie und Sascha sitzen beim Mittagessen zusammen. Sophie: „Sascha, ich mache mir jetzt schon eine Weile Gedanken darüber, ob ich irgendwo Stühle und Tische aufstellen sollte und wie das genau aussehen könnte. Ich bin mir aber noch unsicher. Würdest du mit mir zusammen überlegen, wie ich das am besten mache?" Lösen Sie die Aufgabe in Zweiergruppen.

23 Tüley fragt sich, ob für die Hausmesse in der BE Partners KG Namensschilder sinnvoll sein könnten.

   a) Helfen Sie Tüley begründet bei ihrer Entscheidung. Wer sollte ggf. ein Namensschild tragen?

   b) Gestalten Sie ein ansprechendes Namensschild für einen der Beteiligten.

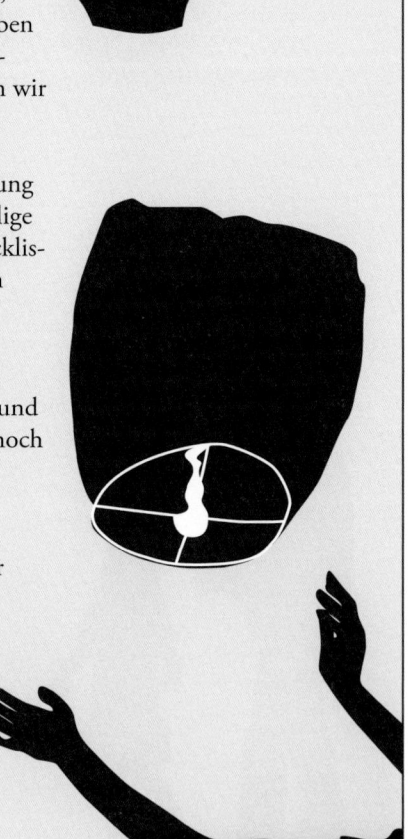

Folgesituation

24 Am 1. Oktober 20.., einen Tag vor der Hausmesse, treffen sich die Auszubilden-den in der BE Partners KG für letzte Vorbereitungen. Sophie ist für die Veranstal-tungsräume zuständig. Was sollte sie jetzt noch einmal überprüfen?

25 Nachmittags haben sich die Auszubildenden verabredet, um die Kleidung für den nächsten Tag abzustimmen. Sophie und Sascha sind unsicher, was sie anziehen sollen.

   a) Machen Sie konkrete Vorschläge für Kleidung und Schuhe der beiden, die für den Anlass angemessen sind.

   b) Worauf sollten Sophie und Sascha in Bezug auf ihr Äußeres am Veranstaltungs-tag noch achten?

26 Der 2. Oktober 20.., der Tag der Hausmesse, ist ein kühler, aber sonniger Tag. Um 08:45 Uhr versammeln sich die Auszubildenden der BE Partners KG im Foyer des Hauptgebäudes. Nervosität ist zu spüren, dennoch freuen sie sich auch darüber, dass es nach Monaten der Vorbereitung nun endlich soweit ist. Die ersten Gäste betreten das Foyer. Was können die Auszubildenden nun tun, damit die Veranstaltung für die Gäste erfreulich beginnt? Bilden Sie Gruppen mit jeweils vier Teilnehmern, einem Auszubildenden und drei Gästen, und üben Sie die Begrüßungssituation im Rollenspiel. Achten Sie dabei auf die Inhalte und auch auf Ihr Kommunikationsverhalten sowie auf angemessenes Benehmen.

27 Im Laufe des Tages kommt es zu einigen herausfordernden Situationen für die Auszubildenden. Nennen Sie jeweils verschiedene mögliche Reaktionen und ent-scheiden Sie sich begründet für eine:

   a) Herr Bastian bekleckert seine Krawatte vor seiner Begrüßungsansprache am Morgen.

   b) Ein Teilnehmer lässt ein Glas fallen. Als er versucht, die Scherben aufzuheben, schneidet er sich tief in den Finger. Er blutet.

   c) Der Overheadprojektor, der für eine Präsentation von Dörthe Epstein am Nachmittag benutzt werden sollte, funktioniert nicht, als Sophie ihn kurz vor der Präsentation anschalten will.

   d) Schon gegen 16:00 Uhr gehen einige Getränke zur Neige. Beim Getränke-karussell ist telefonisch niemand zu erreichen.

   e) Der Feuerschlucker Volker Indress sollte die Hausmesse eigentlich mit seiner Show nach Sonnenuntergang abschließen. Er muss die Veranstaltung aber vor-zeitig verlassen, da bei seiner schwangeren Frau die Wehen eingesetzt haben.

28 Hans Mestemacher ist ein früherer Lieferant der BE Partners KG, der sich mittlerweile im Ruhestand befindet. Er ist mit seiner Frau und ihrer Schwester zu Gast auf der Hausmesse. Am Nachmittag hält er den Auszubildenden Sascha Reimers am Ärmel fest, als der gerade an ihm vorbeigehen will. Er beschwert sich darüber, dass das Rahmenprogramm nicht seinem Geschmack entspricht: „Das ist doch alles nur Krach und heiße Luft!" Wie reagiert Sascha am besten? Lösen Sie den Auftrag in Partnerarbeit.

Folgesituation

Inzwischen ist die Hausmesse vorbei und das Organisationsteam sitzt zusammen, nur Sascha fehlt noch:

Sophie: Mann, das war aber viel Arbeit. Ich hätte nie gedacht, dass man beim Organisieren so einer Veranstaltung so viel zu tun hat!

Aziza: Ich bin auch froh, dass wir das hinter uns haben. Aber wir haben es doch toll hingekriegt, oder?

Tüley: Finde ich auch. Es gab kaum Pannen. Nur dass wir zu wenig Getränke hatten und der Lieferant dann nicht erreichbar war, war natürlich nicht gut. Aber zum Glück haben wir das schnell gelöst und niemand hat was gemerkt.

Sascha kommt zur Tür herein.

Sascha: Hallo zusammen. Ich bin gerade Herrn Bastian auf dem Weg hierher begegnet. Wir sollen alle noch eine halbe Stunde dableiben, damit er kurz mit uns reden kann.

Sophie: Oh je. Vielleicht hat sich Herr Rittlerner doch bei ihm beschwert, weil ich ihm aus Versehen meinen Kaffee aufs Jacket gekippt hab. Der war ganz schön sauer, dabei konnte ich gar nichts dafür, weil es doch so voll war!

Tüley: Jetzt mach dir mal keine Sorgen. Wenn was mit dem Rittlerner wäre, würde Herr Bastian mit dir persönlich reden und nicht vor uns allen.

Sophie: Kann sein. Ich fühle mich trotzdem blöd.

Inzwischen ist Herr Bastian bei der Gruppe angekommen und bedankt sich bei den Organisatoren:

Hr. Bastian: Jetzt kann ich's ja sagen. Wir waren uns nicht alle einig, ob wir diese große Verantwortung mit der Hausmesse auf Sie übertragen können. Sie haben Ihre Sache aber wirklich gut gemacht. Bis auf die üblichen kleinen Pannen (zwinkert Sophie zu, die erleichtert aufatmet), die bei einer solchen Veranstaltung normal sind, gab's keine Fehler. Besonders gut hat mir gefallen, wie Sie mit den kleinen Pannen umgegangen sind. Sie haben alle Probleme souverän und ruhig gelöst. Prima! Stellen Sie sich schon einmal darauf ein, dass Sie die Hausmesse im nächsten Jahr wieder planen dürfen.

Nachdem Herr Bastian gegangen ist, freut sich die Gruppe lautstark über das Lob.

Aziza: So. Jetzt sollten wir aber zum Grund unseres Treffens zurückkehren. Habt ihr die Rechnungen schon an die Buchhaltung weitergegeben?

Tüley: Nö. Die liegen noch hier. Das wollte ich morgen früh erledigen.

Sascha: Ist sonst noch was zu tun?

29 Welche Nacharbeiten müssen die Auszubildenden erledigen?

30 Während der Veranstaltung gab es einige schwierige Situationen (siehe Auftrag 27). Welche Konsequenzen ziehen Sie aus den Vorkommnissen für die Zukunft?

31 Welche Dokumente könnten erforderlich sein? Fertigen Sie eins davon an.

32 Wie schafft es das Organisationsteam, dass nicht wieder alle Unterlagen verloren gehen? Machen Sie begründete Vorschläge.

33 Evaluieren Sie Ihr Verhalten während der Vorbereitung, Durchführung und Nachbereitung der Hausmesse.

Arbeitsblatt 109.1 Veranstaltungsarten, Teil 1

Veranstaltungsart	wichtigste Ziele	wichtigste Merkmale
	Gedankenaustausch zwischen Personen	– oft innerhalb der Firma – oft kurzfristig
Sitzung		
Konferenz		

Hinweis: Fortsetzung des Arbeitsblattes auf der Folgeseite

Arbeitsblatt 109.1 Veranstaltungsarten, Teil 2

Veranstaltungsart	wichtigste Ziele	wichtigste Merkmale
Telefonkonferenz		
Ausstellung		
Hausmesse		

BE Partners KG
Schlesienstraße 490 – 492
53119 Bonn

☎ +49 228 1236-0
🖷 +49 228 1236-111
🖅 info@bepartners.de
🌐 www.bepartners.de

Checkliste: Schriftstücke Veranstaltung

Geschirr und Besteck anfragen

☐ Betreff
☐ Wie sind wir auf den Anbieter aufmerksam geworden?
☐

☐ Wie sehen die Liefer- und Zahlungsbedingungen aus?
☐

☐ Wird ein Spüldienst angeboten?
☐

Blumenschmuck anfragen

☐

☐ Wie sind wir auf den Anbieter aufmerksam geworden?
☐ Was soll der Lieferant anbieten? (genaue Qualität, Farbe, Menge)
☐

☐

☐

☐ Bis wann brauchen wir die Ware?
☐

☐ Bis wann brauchen wir das Angebot?

Geschäftspartner über die Veranstaltung informieren

☐ Betreff
☐

☐ Anfrage, ob (wieder) Beteiligung
☐

☐

☐ Antwortzeitpunkt
☐

Mitarbeiter nach Programmbeteiligung bzw. Informationsstand fragen (E-Mail)

☐

☐ Erklärung der Situation
☐

☐ Infostand?

☐

☐

☐

☐ Schlusssatz

Diese Checkliste finden Sie auch als Word-Datei auf der CD-ROM dieses Arbeitsbuchs.
→💿 Arbeitsmaterialien/Lernsituation 109/ Checkliste Schriftstücke Veranstaltung

Aufgaben

1 Sie sind Auszubildende/-r in einer Veranstaltungsagentur. Beschreiben Sie drei Arten von Veranstaltungen, die die Agentur gewöhnlich vorbereitet.

2 Der Ausgangspunkt für die gesamte Veranstaltungsplanung ist die Festlegung der Ziele der Veranstaltung. Nennen Sie mögliche Ziele einer Veranstaltung.

3 Welche betriebsinternen Vorbereitungsunterlagen standen bzw. stehen Ihnen für Veranstaltungen in Ihrem Ausbildungsbetrieb zur Verfügung? Stellen Sie sie in der Klasse vor.

4 Welche Schritte müssen Sie durchführen, wenn Sie externe Dienstleister beauftragen? Erläutern Sie.

5 Worüber geben Zeit- und Arbeitspläne im Einzelnen Auskunft?

6 Geben Sie fünf wichtige Punkte an, die eine Einladung zu einer Mitarbeiterbesprechung enthalten sollte.

7 Wann sollten Veranstaltungen möglichst nicht durchgeführt werden?

8 Recherchieren Sie, welche veranstaltungsspezifischen Versicherungen in Ihrem Ausbildungsbetrieb schon abgeschlossen wurden, und stellen Sie sie der Klasse vor.

9 Welche Rechte müssen Sie während der Vorbereitung einer Veranstaltung unbedingt klären, wenn Sie während einer Veranstaltung z. B. Bilder (Fotos usw.) verwenden wollen?

10 Nennen Sie drei Punkte in einer Checkliste zur Vorbereitung eines dreitägigen Kongresses, die bei der Vorbereitung der Hausmesse in der BE Partners KG[1] nicht notwendig waren.

1 Die Aufgaben 10 bis 12 beziehen sich auf die Einstiegssituation in dieser Lernsituation.

11 Sophie ist eingefallen, dass für die Hausmesse in der BE Partners KG[1] auch noch Hinweise für den Weg zur Veranstaltung fehlen. Hinweisschilder würden den Teilnehmern auch helfen, sich auf dem Gelände und in den Räumen der BE Partners KG besser zurechtzufinden.

a) Wo sollte Sophie Hinweise anbringen?
b) Gestalten Sie einen Hinweis.

12 Wie hätten die Auszubildenden der BE Partners KG überprüfen können, ob die Ziele für die Hausmesse[1] erreicht wurden?

Lernsituation 110
Eine Fortbildung planen und nachbereiten

Als Herr Bastian heute den Gang entlang läuft, hört er zufällig das folgende Gespräch zwischen dem Kundenbetreuer Uwe Dittmer und der Sachbearbeiterin für Post/Versand Kerstin Voigt:

Fr. Voigt: Stell dir vor! Luigi Ferrara hat gestern 500 statt 50 Tassen bestellt. Unser Abteilungsleiter Franz Seydlitz hat es gemerkt und noch nicht mal verlangt, dass er den Kauf rückgängig macht! Was das wieder kostet.

Hr. Dittmer: Ich hab schon gehört, dass der Seydlitz Fehler oft durchgehen lässt. (augenzwinkernd) Ist doch gut! Dann brauchst du keine Angst zu haben, wenn du selbst mal was verpatzt.

Fr. Voigt: Schon, aber wenn ich mal eine Frage habe, dann bekomme ich keine vernünftige Antwort. Das bremst mich ganz schön aus. Ich finde einfach nicht, dass er eine Führungspersönlichkeit ist.

Hr. Dittmer: Da ist er in unserem Betrieb nicht der Einzige.

Herr Bastian ruft umgehend Herrn Seydlitz zu sich. Nach der Begrüßung kommt er gleich auf den Punkt:

Hr. Bastian: Ich habe gehört, dass Herr Ferrara gestern 500 Tassen bestellt hat. Stimmt das?

Hr. Seydlitz: Ja. Das stimmt. Gibt es damit ein Problem?

Hr. Bastian: Ich habe auch gehört, dass er eigentlich 50 Tassen bestellen sollte und die Bestellung nicht rückgängig gemacht wurde. Warum?

Hr. Seydlitz: (sichtlich irritiert) Das stimmt. Ich bin der Meinung, dass es sich bei dem Rabatt, den wir für die mehr bestellten Tassen erhalten – der nicht unbeträchtlich ist –, um eine tolle Möglichkeit handelt, Geld zu sparen. Die Tassen bestellen wir fast wöchentlich, weil sie wirklich gut gehen. Ich habe auch schon einen Platz im Lager gefunden und hatte vor, den Einkäufern bei nächster Gelegenheit mitzuteilen, dass wir in Zukunft immer die große Menge an Tassen einkaufen werden, um einen größeren Gewinn zu erwirtschaften. Ich verstehe das Problem nicht.

Hr. Bastian: Ein großer Rabatt ist natürlich immer ein Grund für eine Mehrbestellung. Dass die Tassen sich gut verkaufen, weiß ich. Ich finde es prima, dass Sie sich bereits um die Lagerung gekümmert haben. Aus meiner Sicht ist das in Ordnung so. Ich war etwas irritiert, weil ich nur zufällig von dem Vorfall erfahren habe.

Nachdem Herr Seydlitz das Büro von Herrn Bastian verlassen hat, geht dieser zu Frau Epstein.

Hr. Bastian: Hallo, Dörthe.

Fr. Epstein: Hallo, Rolf, du siehst besorgt aus. Was ist denn los?

Hr. Bastian: Ich glaube, wir haben ein Problem mit unserer Abteilung Allgemeine Verwaltung. Die Mitarbeiter scheinen ihren Abteilungsleiter Herrn Seydlitz nicht so recht in seinen Entscheidungen zu unterstützen. (Er schildert den Vorfall.) Auch in anderen Abteilungen gibt es da möglicherweise noch Verbesserungsbedarf.

Fr. Epstein:	(Überlegt.) Was hältst du davon, wenn wir dieses Jahr eine betriebliche Fortbildung für alle Kolleginnen und Kollegen zum Thema „Vertrauensvolle Zusammenarbeit" anbieten?
Hr. Bastian:	Oh, ja. Das finde ich gut!
Fr. Epstein:	Dann bitte ich gleich Frau Bernle, sich darum zu kümmern.

Dörthe Epstein erklärt Edith Bernle die Situation und bittet sie, einen Fortbildungstag zu organisieren. Die Veranstaltung soll außer Haus, aber dennoch im Raum Bonn stattfinden, damit die Kolleginnen und Kollegen am Abend wieder nach Hause fahren können. Edith Bernle hat ein Budget von 7.500,00 € zur Verfügung.

1 Welche Veranstaltungsart kommt infrage? Begründen Sie Ihre Meinung.

2 Frau Bernle will heute die Teilnehmer einladen. Welchen Termin wählt sie? Begründen Sie Ihre Meinung.

3 Welche Gründe könnten dafür sprechen, die Fortbildung nicht in den Räumen der BE Partners KG stattfinden zu lassen?

4 Heute plant Frau Bernle, verschiedene Referenten anzuschreiben und Angebote einzuholen. Legen Sie mithilfe einer Checkliste fest, welche Details in die Anfrage hineingehören. Schreiben Sie dann die Anfrage auf der Basis Ihrer Checkliste an die Office Trainings-KG in der Verdistraße 48 in 53115 Bonn.

➡️⊙ Vorlagen/Geschäftsbrief BE Partners KG

Folgesituation

Edith Bernle hat sich für das Angebot der Office Trainings-KG in Bonn entschieden. Ansprechpartner bei der Office Trainings-KG ist der Trainer Paul Ulmer, der die Fortbildung der Kolleginnen und Kollegen auch leiten wird. Besonders interessant am Angebot waren die praktischen Übungen. Es sollen gemeinsame Kletterübungen und am Abend ein Feuerlauf stattfinden, um das Vertrauen zwischen den Kolleginnen und Kollegen zu stärken. Die Fortbildung kostet 100,00 €/Person, wobei die Nutzung der Kletterhalle sowie der Kletterausrüstung (15,00 €/Person), die Verpflegung und der Schulungsraum nicht im Preis enthalten sind. Alle weiteren Positionen, wie weitere Trainer und Informationsmaterial, erzeugen keine zusätzlichen Kosten.

In einem Telefonat teilt der Trainer Paul Ulmer Frau Bernle mit, dass er mit der Vereinsgaststätte TuS Grün-Weiß in der Karl-Legien-Straße 202 in 53117 Bonn (Telefon 0228 6864-0, Fax 0228 6864-2; info@tgw-cv.de, www.tgw-cv.de) gute Erfahrungen gemacht hat. Die Vereinsgaststätte liegt direkt neben der Kletterhalle des TuS Grün-Weiß (gleiche Adresse, nur Hausnummer 204), die für die Kletterübungen gebucht werden kann.

5 Frau Bernle will Herrn Ulmer einen Fragebogen zusenden, den er ausgefüllt an sie zurückschicken soll. In ihren alten Unterlagen hat sie einen Vordruck gefunden, der zum Anlass passt, aber nicht den Gestaltungsvorschriften entspricht.

a) Verbessern Sie den Fragebogen[1] (siehe nächste Seite) in formaler und ggf. in inhaltlicher Hinsicht und gestalten Sie ihn als Online-Formular.[2] Der Fragebogen sollte auch für zukünftige ähnliche Veranstaltungen in der BE Partners KG verwendbar sein.

b) Bearbeiten Sie in diesem Zusammenhang auch das Arbeitsblatt 110.1 zu Bestuhlungsformen.[3]

c) Welche Art der Bestuhlung wählen Sie für die Veranstaltung? Begründen Sie.

1 Fragebogen wie hier abgebildet:
➡️⊙ Arbeitsmaterialien/Lernsituation 110/Referenten-Fragebogen

2 Formulargestaltung
➡️⊙ in FK 1 und FK 2, IT-Trainer, Word, Kap. 7

3 ➡️ Bestuhlungsformen Arbeitsblatt 110.1

BE Partners KG
Schlesienstraße 490 – 492
53119 Bonn

☎ +49 228 1236-0
🖨 +49 228 1236-111
📧 info@bepartners.de
🌐 www.bepartners.de

Referenten-Fragebogen

Lieber Referent, liebe Referentin,

vielen Dank, dass Sie unsere Schulung mit Ihrem Beitrag unterstützen. Damit die Veranstaltung fehlerfrei ablaufen kann, freuen wir uns, wenn Sie diesen Fragebogen ausfüllen und ihn uns bis zum _____ per Telefax zurücksenden.

Name der Veranstaltung:_____

Name und Firma des Referenten:_____

Thema des Beitrags: _____

Datum, Ort und Zeit: _____

Welche Hilfsmittel müssen wir bereitstellen?

OHP	☐	Mikrofon	☐
PC mit Beamer	☐	DVD-Player	☐
Videokamera	☐	Bildschirm	☐
Flipchart	☐	___ Pinnwände	☐
Sonstiges			

Welche Sitzordnung sollen wir für Ihren Beitrag einplanen?

Benötigen Sie ein Zimmer?   ja ☐   nein ☐
Reisen Sie nach 18 Uhr an?   ja ☐   nein ☐
Welches Verkehrsmittel nutzen Sie?   Pkw ☐   Bahn ☐

Nehmen Sie am gemeinsamen Essen teil?   ja ☐   nein ☐
Nehmen Sie am gemeinsamen Rahmenprogramm teil?   ja ☐   nein ☐

Sollen wir die Teilnehmerunterlagen kopieren?   ja ☐   nein ☐
(Bitte senden Sie uns rechtzeitig die kopierfertigen Unterlagen zu!)

Was müssen wir in Bezug auf Ihren Beitrag noch beachten?

_____

_____

_____

Vielen Dank für Ihre Unterstützung!

Bonn, _____   Unterschrift_____

---

6 Holen Sie mithilfe einer geeigneten Kommunikationsform ein schriftliches Angebot über einen abgetrennten Raum bei der Gaststätte TuS Grün-Weiß für den geplanten Termin ein.

7 Heute hat Frau Bernle das Angebot der Vereinsgaststätte vorliegen. Kontrollieren und bewerten Sie das Angebot. Welche Aufgaben muss sie im Zusammenhang mit dem Angebot noch erledigen?

TURN- UND SPORTVEREIN GRÜN-WEISS

Gaststätte TuS Grün-Weiß, Karl-Legien-Str. 202, 53117 Bonn

BE Partners KG
Frau Edith Bernle
Postfach 10 01 04
53100 Bonn

Ihr Zeichen: bee
Ihre Nachricht vom: <Anfragedatum>
Unser Zeichen: kg-ih
Unsere Nachricht vom:

Name: Frau Krüger
Telefon: 0228 6864-0
Telefax: 0228 6864-2
E-Mail: info@tgw-cv.de

Datum: <3 Tage nach Anfragedatum>

Ihre Anfrage nach der Saalmiete für eine Fortbildung

Sehr geehrte Frau Bernle,

wir freuen uns sehr, dass Sie sich für unsere Räumlichkeiten interessieren.

Zunächst können wir Ihnen mitteilen, dass der Raum für den geplanten Termin am <Fortbildungstermin> noch frei ist.

Wir berechnen für die Saalmiete einen Preis von 1.000,00 €/Tag. Sollten Sie das Essen bei uns buchen, reduziert sich die Saalmiete auf 500,00 €/Tag. Sie erhalten mit diesem Brief drei Vorschläge für ein 3-Gänge-Menü. Jedes Menü inklusive Mineralwasser kostet 30,00 €/Person. Alle anderen Getränke berechnen wir separat.

Unser Raum ist 200 m² groß und kann in kleinere Einheiten eingeteilt und abgetrennt werden. Bei der Bestuhlung sind wir sehr flexibel. Wir bestuhlen nach Ihren Angaben selbst.

Da Sie in unseren Räumen eine Fortbildung planen, gehen wir von einer zurückhaltenden Gestaltung des Raumes aus. Aufwändiger Blumenschmuck ist für diesen Zweck vermutlich eher störend. Wir fügen diesem Brief drei Fotografien bei, damit Sie sich einen Eindruck von der Gestaltung des Raumes machen können. Sollten Sie den Raum anders gestalten wollen, bitten wir Sie darum, dies selbst zu übernehmen.

Sie können den Raum vollständig verdunkeln und wir statten ihn – auf Wunsch – mit einem OHP, einem Dia-Projektor, einem Beamer, einer Leinwand, einem Flipchart, einem Mikrofon, einem CD Player und einem Rednerpult aus.

Haben Sie noch Fragen? Dann rufen Sie uns an. Wir helfen Ihnen gerne.

Mit freundlichen Grüßen

Gaststätte TuS Grün-Weiß

Hilda Krüger

i. A. Hilda Krüger

Anlagen
3 Fotografien
3 Menüvorschläge

8 Erstellen Sie für die Fortbildung ein Programm und planen Sie Pausen ein. Legen Sie den Anfang und das Ende der Veranstaltung selbst fest.

Von Herrn Ulmer wissen Sie, dass am Vormittag zwei Vorträge geplant sind. Vortrag 1 beleuchtet das Thema „Das Verhältnis zwischen Arbeitnehmern und ihren Vorgesetzten" und dauert ca. 45 Minuten. Diesen Vortrag hält Herr Ulmer selbst. Dem Beitrag folgt eine 30-minütige Gruppenarbeit. In Vortrag 2 hören die Teilnehmer etwas zum Thema „Vertrauen – eine Grundvoraussetzung für gute Zusammenarbeit". Diesen ca. 90-minütigen Vortrag hält die Assistentin von Herrn Ulmer, Frau Jutta Frogmann. Am Nachmittag sollen die Teilnehmer in Kleingruppen die Kletterwände bezwingen. Diese Übung dauert ca. 120 Minuten. Schließlich sollen die Teilnehmer über glühende Kohlen gehen. Für diese Übung sind ca. 90 Minuten eingeplant. Zu Beginn der Veranstaltung will Herr Bastian die Fortbilder kurz begrüßen (ca. 15 Minuten), am Ende sollen alle Teilnehmer einen Bewertungsbogen zur Veranstaltung ausfüllen (ca. 15 Minuten). Auf Wunsch ist auch ein gemeinsames Abendessen möglich.

9 Gestalten Sie einen Aushang für das Schwarze Brett, in dem Sie die Mitarbeiter der BE Partners KG (Ihre Kollegen) einladen.

10 Informieren Sie die Gruppen- und Abteilungsleiter per E-Mail über die verpflichtende Veranstaltung. Alle Gruppen- und Abteilungsleiter sollen ihre Abteilung auf den Aushang am Schwarzen Brett aufmerksam machen.

11 Gestalten Sie einen Fragebogen zu der Veranstaltung und bereiten Sie die Auswertung in einem Tabellenkalkulationsprogramm vor. Die Leistungen der Referenten, die Unterlagen und die Übungen sowie der Veranstaltungsort sollen bewertet werden.

Folgesituation

Frau Bernle ist mit der Nachbereitung der Veranstaltung beschäftigt.

12 Was muss sie alles erledigen, um die Veranstaltung vollständig nachzubereiten?

13 Kontrollieren Sie, ob sich die Kosten im Rahmen gehalten haben. Frau Bernle hat sich für das Drei-Gänge-Menü entschieden und es sind zusätzlich noch 450,00 € an Getränkekosten hinzugekommen. Ansonsten sind keine zusätzlichen Kosten angefallen.

14 Schreiben Sie das Protokoll. Nehmen Sie neben den bekannten Inhalten auch Folgendes auf:

- Veranstaltung problemlos verlaufen, jedoch mehr Zeit fürs Klettern (ca. 30 Min.) einplanen
- gute Stimmung → alle Kolleginnen und Kollegen beim Abendessen dabei
- sehr positive Rückmeldungen
- viele Kollegen: Überraschung, dass auch Kollegen, denen man es nicht zugetraut hat, am Feuerlauf teilgenommen haben
- Gefühl: Kollegen besser zu kennen und einschätzen zu können
- Gefühl: Vertrauen wurde gestärkt
- alle Kollegen: Wiederholung der Veranstaltung mit denselben Fortbildern und in der gewählten Lokalität gewünscht
- einige Kollegen schlagen Firmensport vor
- geplantes Treffen mit den Gruppen- und Abteilungsleitern am <3 Wochen nach der Veranstaltung>, um Auswirkungen zu besprechen

Tragen Sie die Bezeichnung für die dargestellte Bestuhlungsform ein. Kreuzen Sie dann die passenden Vor- bzw. Nachteile an und ergänzen Sie sie gegebenenfalls.

Bestuhlungsform	Vorteile	Nachteile
	☐ kommunikativ ☐ gut geeignet für Gruppenarbeiten ☐ gut geeignet für ein großes Publikum ☐ Platz für Unterlagen vorhanden ☐ _____	☐ unkommunikativ ☐ kaum geeignet für Gruppenarbeiten ☐ kaum geeignet für ein großes Publikum ☐ kein Platz für Unterlagen ☐ _____
	☐ kommunikativ ☐ gut geeignet für Gruppenarbeiten ☐ gut geeignet für ein großes Publikum ☐ Platz für Unterlagen vorhanden ☐ _____	☐ unkommunikativ ☐ kaum geeignet für Gruppenarbeiten ☐ kaum geeignet für ein großes Publikum ☐ kein Platz für Unterlagen ☐ _____
	☐ kommunikativ ☐ gut geeignet für Gruppenarbeiten ☐ gut geeignet für ein großes Publikum ☐ Platz für Unterlagen vorhanden ☐ _____	☐ unkommunikativ ☐ kaum geeignet für Gruppenarbeiten ☐ kaum geeignet für ein großes Publikum ☐ kein Platz für Unterlagen ☐ _____
	☐ kommunikativ ☐ gut geeignet für Gruppenarbeiten ☐ gut geeignet für ein großes Publikum ☐ Platz für Unterlagen vorhanden ☐ _____	☐ unkommunikativ ☐ kaum geeignet für Gruppenarbeiten ☐ kaum geeignet für ein großes Publikum ☐ kein Platz für Unterlagen ☐ _____
	☐ kommunikativ ☐ gut geeignet für Gruppenarbeiten ☐ gut geeignet für ein großes Publikum ☐ Platz für Unterlagen vorhanden ☐ _____	☐ unkommunikativ ☐ kaum geeignet für Gruppenarbeiten ☐ kaum geeignet für ein großes Publikum ☐ kein Platz für Unterlagen ☐ _____
	☐ kommunikativ ☐ gut geeignet für Gruppenarbeiten ☐ gut geeignet für ein großes Publikum ☐ Platz für Unterlagen vorhanden ☐ _____	☐ unkommunikativ ☐ kaum geeignet für Gruppenarbeiten ☐ kaum geeignet für ein großes Publikum ☐ kein Platz für Unterlagen ☐ _____

Aufgaben

1 Die nebenstehende Grafik zeigt die Kosten, die Unternehmen für Weiterbildungen entstehen.

   a) Interpretieren Sie die Grafik. Stellen Sie dabei auch fest, wie viel Kosten durch Veranstaltungen verursacht werden und wie viel Prozent der Gesamtkosten die einzelnen Veranstaltungsarten ausmachen.

   b) Erkundigen Sie sich in Ihrem Ausbildungsunternehmen, welche der in der Grafik genannten Weiterbildungsformen dort genutzt werden. Welche Themen werden dabei behandelt? Stellen Sie Ihre Ergebnisse übersichtlich dar.

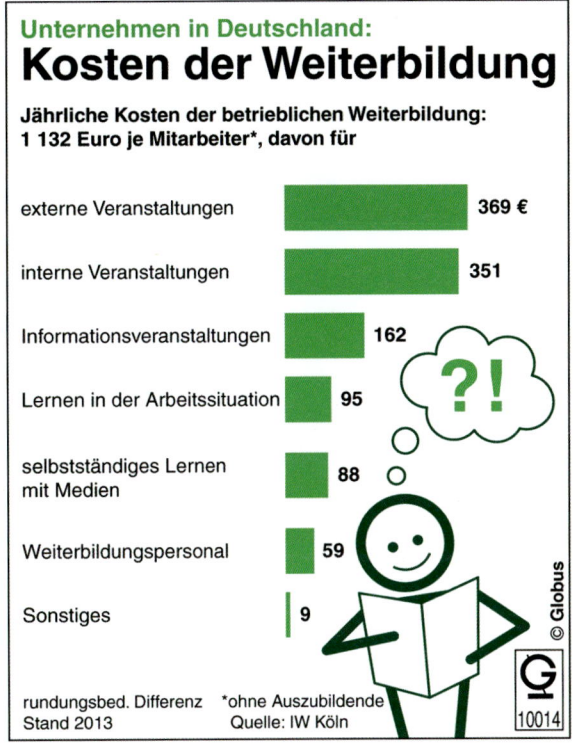

Unternehmen in Deutschland:
Kosten der Weiterbildung

Jährliche Kosten der betrieblichen Weiterbildung:
1 132 Euro je Mitarbeiter*, davon für

externe Veranstaltungen	369 €
interne Veranstaltungen	351
Informationsveranstaltungen	162
Lernen in der Arbeitssituation	95
selbstständiges Lernen mit Medien	88
Weiterbildungspersonal	59
Sonstiges	9

rundungsbed. Differenz   *ohne Auszubildende
Stand 2013   Quelle: IW Köln

© Globus 10014

2 Webinare werden zur Durchführung von Weiterbildungen bei Unternehmen und Privatpersonen immer beliebter.

   a) Was ist ein Webinar?

   b) Welche Entwicklungen führen dazu, dass Webinare zunehmend häufiger eingesetzt werden?

3 Recherchieren Sie Webinare, die für Ihren Berufszweig angeboten werden, und stellen Sie Details wie Themen und Kosten gegenüber. Welche der Webinare finden Sie attraktiv? Begründen Sie.

4 Welche besonderen Anforderungen stellt ein Webinar an die Veranstaltungsvorbereitung?

5 Die BE Partners KG denkt daran, in Zukunft Weiterbildungen für ihre Mitarbeiter in Form von Webinaren anzubieten.

   a) Welche Gründe sprechen dafür?

   b) Für welche Themen eignet sich diese Veranstaltungsform, für welche nicht? Stellen Sie Ihre Überlegungen übersichtlich dar und begründen Sie.

   c) Könnte die BE Partners KG die in der Einstiegssituation zu dieser Lernsituation dargestellte Fortbildung auch als Webinar durchführen? Begründen Sie.

6 Welche Tisch- und Sitzordnung eignet sich für folgende Veranstaltungen?

   a) IHK-Kongress für Unternehmen

   b) Tagung zum Thema „Grafik-Design und Mediengestaltung"

   c) Seminar zum Thema „Emotionale Kundenbindung"

Lernsituation 111

Writing a business invitation

CEO Rolf Bastian of BE Partners KG has decided to host an international customer meeting to discuss the latest developments in advertising. He has invited an expert from Wales – Gareth Bale – to talk about raising social awareness of new values in advertising. The working language of the event is English.

Tüley Öztürk was asked to write an invitation to the meeting, but Edith Bernle, Rolf Bastian's assistant, thinks that Tüley's draft is quite informal.

Von:	t.oeztuerk@bepartners.de
An:	
Betreff:	DRAFT Invitation

Hi

My name is Tüley Öztürk and I work for BE Partners KG.

We are holding a customer meeting on the recent developments in advertising. The presentations will be given by the renowned expert in the field of social media marketing, Mr Gareth Bale from Wrexham University, Wales. He will consider future advances on the issue of raising social conscience with new values in advertising.

As your company has worked with BE Partners KG in the past, we'd love it if you could come to the event.

The meeting will take place on Friday, Sept, 26th at our premises in Bonn. If you wish I could show you the way.

Also, let me know as soon as possible if you can attend by replying to this email by 19th Sept .

If you have any questions about the event, contact me by email (t.oeztuerk@bepartners.de) or by mobile/cell (on 00491744568181).

Kind regards,

Tüley Öztürk

Assistant Project Manager

Help Tüley rewrite the invitation email in a more formal manner. Match phrases from her email to these more formal ones:

 Worksheet 111.1

I am writing on behalf of ...	Please confirm your attendance by ...
We are pleased to announce ...	I look forward to receiving your reply.
Yours sincerely	If you require directions to the venue, please let me know.
The event will be held ...	Dear Mr Smith
we would like to invite you to ...	Do not hesitate to ...

Worksheet 111.1 Writing an invitation

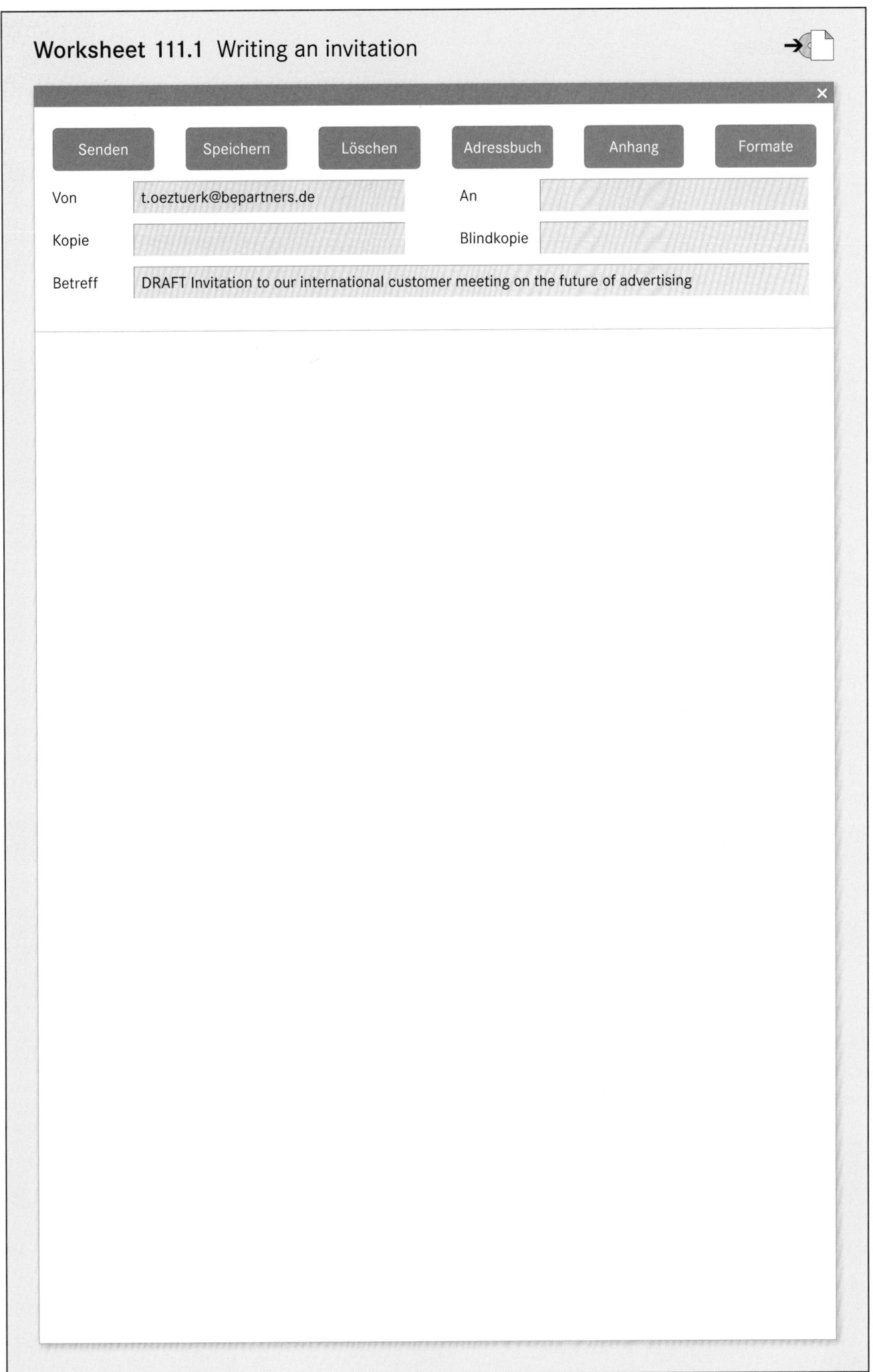

| Senden | Speichern | Löschen | Adressbuch | Anhang | Formate |

Von t.oeztuerk@bepartners.de   An

Kopie   Blindkopie

Betreff DRAFT Invitation to our international customer meeting on the future of advertising

Exercises

1   Many words that we use to describe places can easily be mixed up. Complete the sentences with the words below. In some cases there is more than one right answer.

> room | space | area | location | venue | premises | estate | neighbourhood | locality | site

a) As usual it was impossible to find a parking _____ near the cinema.

b) There are lots of restaurants and shops in my _____, it's a great place to live.

c) I'm trying to find a suitable _____ for the sales conference.

d) There are many advertising agencies in the London _____

e) Their business _____ are in that new shopping centre.

f) My office is so full, there is no _____ for another bookshelf.

g) The government has finally chosen a _____ for a new parliament building.

h) The coffee bar has to be in a good _____ if you want to make money.

i) There are already quite a lof of cafés in the _____

j) Most of the factories are on an industrial _____

2   It is important to know how to combine words that you know. Do we do business or make business? Write the following words in the right column.

> business | a telephone call | a job |
> a suggestion | a copy | a profit |
> some work | repairs | an appointment |
> research | homework | a survey |
> a mistake | a speech

Do	Make

3   When you organize a conference, there is a lot of work to do. Look at the following list and decide in which order you should do things. Number the steps from 1 to 10.

☐ You book the venue.

☐ You send out invitations to the participants.

☐ You decide on a social programme.

☐ You invite speakers.

☐ You look for a suitable venue.

☐ You decide on the dates of the conference.

☐ You arrange accommodation for the participants.

☐ You prepare the conference folders.

☐ You send the agenda to the participants.

☐ You set the agenda.

4   Think of a sequence of actions – it can be for an everyday activity like making a cup of tea, or something you do at work. Give your partner instructions on how and in which order to do this, then share your sequence with your class. Alternatively, prepare the instructions for the next lesson.

Lernsituation 112

Eine Geschäftsreise planen, organisieren und nachbereiten

Tüley Öztürk findet heute die folgende E-Mail in ihrem Postfach:

Von: Marius Schurns [m.schurns@bepartners.de]
An: Tüley Öztürk [t.oeztuerk@bepartners.de]
Betreff: Geschäftsreise
Datum: 19.08.20..

Liebe Frau Öztürk,

ich bedanke mich bei Ihnen noch einmal für die perfekte Organisation meiner Dienstreise nach Lyon im Mai. Bitte übernehmen Sie auch die Planung und Organisation meiner Reise nach Berlin im September. Ich habe dort einen wichtigen Gesprächstermin bei unserem Kunden Beska GmbH. Anbei finden Sie meine Terminplanung in Outlook.

Bereiten Sie die Reise unter Berücksichtigung meiner Ihnen bekannten Präferenzen vor. Ich war schon seit einiger Zeit nicht mehr in Berlin. Denken Sie deshalb bitte an eine ausführliche Reisemappe.

Vielen Dank!

Lieben Gruß

Marius Schurns

Auszug aus Outlook:

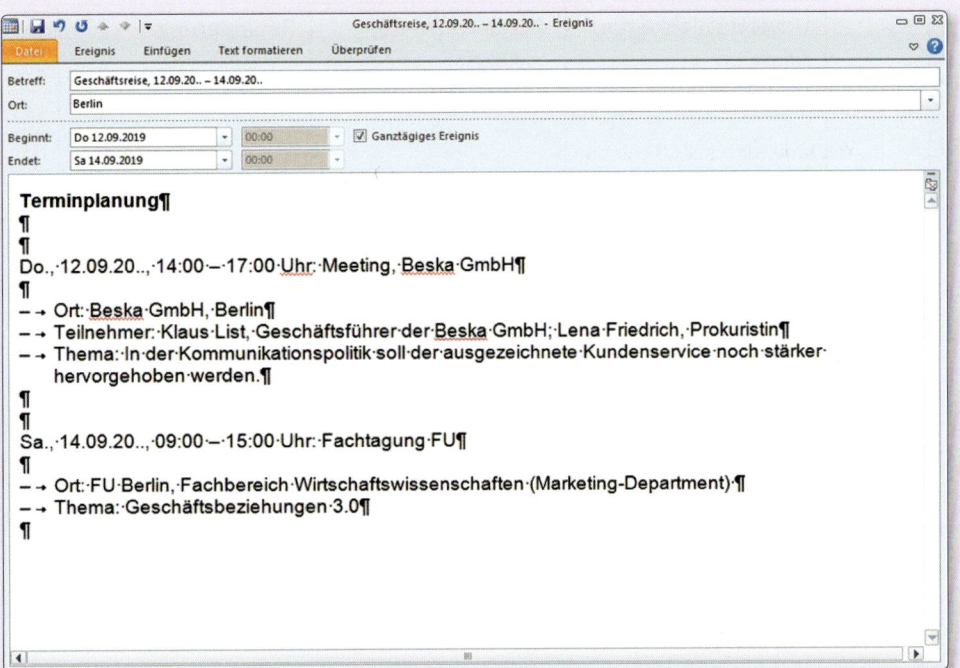

Auszug aus dem Datenblatt von Marius Schurns:

Name	Marius Schurns	Geburtsdatum	10. Juni 1972
Straße	Beethovenstr. 12	Tel.-Nr. privat	0228 12345991
Wohnort	53115 Bonn	Handy-Nr.	0163 3542188
Stellenbezeichnung	Leiter der Abteilung Kundenbetreuung	Durchwahl-Nr. Büro	246
Nationalität	deutsch		
Reisepass-Nr.	1220001318	Personalausweis-Nr.	2406055684
Ausstellungsdatum	30.11.20..	Ausstellungsdatum	20.09.20..
Ausstellungsort	Bonn	Ausstellungsort	Bonn
gültig bis	29.11.20..	gültig bis	19.09.20..
Führerschein-Nr.	C0543208	Internationaler Führerschein-Nr.	11 / 180
Ausstellungsdatum	05.05.20..	Ausstellungsdatum	06.11.20..
Ausstellungsort	Bonn	Ausstellungsort	Bonn
gültig bis	unbefristet	gültig bis	06.11.20..
Kreditkarte	American Express	Kreditkarte	MasterCard
Nummer	3742 6312 3120 994	Nummer	8202 8611 8244 4331
gültig bis	12/20..	gültig bis	01/20..
Prüfziffer	8703	Prüfziffer	722
bevorzugte Fluggesellschaften	KLM, Air France	bevorzugte Hotelketten	Accor, Hilton
bevorzugter Sitzplatz im Flugzeug	Platz am Gang (aisle seat)	bevorzugter Platz im Zug	Großraumwagen, Gangplatz
Verpflegung	Vegetarier	Besonderheiten	Klaustrophobie
Unverträglichkeiten/ Allergien	– Glutenunverträglichkeit – Tierhaarallergie	Behinderung	–

Zunächst konzipiert Tüley die Reise von Marius Schurns nach Berlin.

1 Schon bei ihrer letzten Reisevorbereitung war Tüley aufgefallen, dass in der BE Partners KG bisher keine Checkliste existiert, die diese Arbeit erleichtert. Erstellen Sie eine umfassende, gut strukturierte Checkliste, die in der BE Partners KG von nun an zur Reisevorbereitung genutzt werden kann.

2 Das Datenblatt von Marius Schurns (Vorseite) ist hier nur teilweise abgebildet. Welche weiteren – für die Reisevorbereitung und -organisation wichtigen Angaben – sollte das Datenblatt für Mitarbeiter in der BE Partners KG Ihrer Meinung nach enthalten? Begründen Sie.

3 Während Tüley die Reise von Marius Schurns vorbereitet, bemerkt sie, dass in der BE Partners KG bisher keine unternehmensinterne Reiserichtlinie existiert. Welche Informationen sollte eine Reiserichtlinie enthalten?

Folgesituation

Tüley hat die Konzeption der Geschäftsreise von Marius Schurns nach Berlin inzwischen abgeschlossen. Als Nächstes recherchiert sie geeignete Verkehrsmittel und Unterkünfte.

4 Welche Unterlagen könnten im Unternehmen vorliegen, die Tüley bei ihrer Recherche geeigneter Dienstleister unterstützen? Erläutern Sie.

5 Tüley ist unsicher, ob sie zuerst eine Unterkunft oder doch besser zuerst ein Verkehrsmittel recherchieren soll. Wie gehen Sie vor? Begründen Sie.

6 Tüley entscheidet sich dafür, zunächst eine Unterkunft zu suchen. Welche Aspekte sollte sie bei der Auswahl einer geeigneten Unterkunft für Marius Schurns berücksichtigen?

7 Welche Arten von Unterkünften kommen für die Reise von Marius Schurns infrage? Begründen Sie Ihre Meinung.

8 Sie recherchieren geeignete Unterkünfte für Marius Schurns im Internet.

   a) Wie gehen Sie bei der Suche vor? Beschreiben und begründen Sie kurz.
   b) Recherchieren Sie drei geeignete Unterkünfte.
   c) Entscheiden Sie sich begründet für eine Unterkunft.
   d) Reservieren Sie die Unterkunft sofort? Begründen Sie.

9 Als Nächstes kümmert Tüley sich um geeignete Verkehrsmittel. Welche Aspekte sollte sie bei der Auswahl berücksichtigen?

10 Recherchieren Sie geeignete Verkehrsmittel für die Reise von Marius Schurns nach Berlin im Internet. Denken Sie an alle Etappen der Reise.

   a) Wie gehen Sie bei der Suche vor? Beschreiben und begründen Sie kurz.
   b) Entscheiden Sie sich begründet für die Verkehrsmittel und ggf. bestimmte Reisetermine und -zeiten bzw. Reiseverbindungen.

Folgesituation

Nachdem Tüley sich für Unterkunft und Verkehrsmittel entschieden hat, legt sie Marius Schurns ihre Vorschläge vor. Dieser ist einverstanden.

11 Buchen Sie die Unterkunft, die Sie für Marius Schurns gewählt haben, mithilfe einer geschäftlichen E-Mail.

12 Welche Buchungsunterlagen erhalten Sie vermutlich und was machen Sie mit ihnen?

13 Erstellen Sie auf Grundlage der von Ihnen gewählten Unterkunft und Verkehrsmittel einen Reiseplan, der neben den Eckdaten von Hin- und Rückreise auch alle Wegstrecken am Zielort enthält.

14 Tüley soll die Reisemappe für Marius Schurns zusammenstellen. Welche Unterlagen sollte sie einfügen?

15 Beurteilen Sie für die geplante Reise, ob es notwendig ist, eine firmeneigene Kreditkarte bereitzustellen.

Folgesituation

16 Marius Schurns ist inzwischen von seiner Reise nach Berlin zurückgekehrt. Er hat die folgenden Unterlagen mitgebracht:

– einen Vertragsentwurf über einen neuen Rahmenvertrag mit dem Kunden Beska GmbH für das kommende Jahr, da die Kommunikationsmaßnahmen verstärkt werden sollen,
– eine Visitenkarte und
– einen Zettel mit Notizen:

Frank Ahrens
Fotograf

Tel.: 030 5982145
Mobil: 0151 87023589
info@ahrens-fotografie.com
www.ahrens-fotografie.com

> – Herr List möchte den sehr guten Kundenservice der Beska GmbH so schnell wie möglich in den Mittelpunkt der Kommunikationsmaßnahmen rücken.
> – Kann das schon für das Weihnachtsgeschäft in diesem Jahr teilweise umgesetzt werden?
> – monatliche persönliche Gesprächstermine in Berlin bis zum Frühjahr des kommenden Jahres; der nächste Termin steht schon fest (die folgenden noch nicht): 12.10.20..
> – Herr List besteht darauf, dass wir den Fotografen Frank Ahrens für alle weiteren Maßnahmen beauftragen.

Außerdem berichtet Marius Schurns, dass ihm das Hotel im Prinzip sehr gut gefallen hat, dass aber sowohl die Mitarbeiter an der Rezeption als auch im Frühstücksraum auffallend unfreundlich und unaufmerksam waren.

Was ist mit den verschiedenen Informationen zu tun? Erläutern Sie begründet, wie Sie vorgehen.

17 Während Tüley Öztürk die Geschäftsreise nachbereitet, fällt ihr wieder auf, dass es in der BE Partners KG bisher keine unternehmensinterne Reiserichtlinie gibt. Sie spricht die Assistentin Edith Berle darauf an. Die erwidert: „Sie haben recht, ich habe das auch schon mit dem Chef besprochen. Wie wäre es denn, wenn Sie einen Entwurf für eine unternehmensinterne Reiserichtlinie anfertigen? Den legen wir dem Chef dann vor und er kann sie eventuell noch anpassen. Informationen zu Reiserichtlinien finden Sie im Internet. Vielleicht fallen Ihnen ja auch noch andere Informationsquellen ein." Übernehmen Sie die Aufgabe von Tüley Öztürk.

18 Beurteilen Sie Ihre Reisevorbereitung, -organisation und -nachbereitung der Geschäftsreise von Marius Schurns.

Arbeitsblatt 112.1 Verkehrsmittel

Sie planen eine Geschäftsreise von Ihrem jetzigen Standort zu den unten angegebenen
Reisezielen. Ordnen Sie zunächst zu, welches Reiseziel mit welchen Verkehrsmitteln erreichbar ist, und entscheiden Sie sich dann begründet für eins. Nennen Sie dabei das für
Ihre Entscheidung wichtigste Kriterium. Fügen Sie zwei selbst gewählte Zielorte im Ausland hinzu, die Sie gerne besuchen würden.

Zielort	mögl. Verkehrsmittel			Ihre Wahl mit Begründung (Kriterium)
	Pkw	Zug	Flug	
Bochum				
Karlsruhe				
Kassel				
Lyon (Frankreich)				
London (Großbritannien)				
Portland (USA, Oregon)				

Arbeitsblatt 112.2 Quellen für Auslandsinformationen

Recherchieren Sie im Internet exemplarisch je zwei verlässliche und nutzbare Informationsquellen für die folgenden ausländischen Geschäftsreiseziele. Was fällt Ihnen an den Websites positiv auf, was negativ? Für die Recherche welcher Themen eignen sich die Websites jeweils besonders?

Land	Website	positiv (+)	negativ (–)	besonders geeignet für diese Themen
Großbritannien				
Russland				
Türkei				

Aufgaben

1 Marius Schurns möchte sich während seiner Geschäfsreise nach Berlin[1] den halben Freitag freinehmen, um sich Sehenswürdigkeiten anzusehen. Er plant dafür vier Stunden ein.

1 Die (Teil-)Aufgabe bezieht sich auf die Reise von Marius Schurns in der Einstiegssituation zu dieser Lernsituation.

a) Machen Sie mit Blick auf die von Ihnen gewählte Unterkunft und ggf. die gewählten Verkehrsmittel Vorschläge für eine Sightseeing-Tour.

b) Welche Verkehrsverbindungen und ggf. Tickets empfehlen Sie Herrn Schurns? Begründen Sie.

2 Die Gesellschafterin der BE Partners KG Dörthe Epstein reist für fünf Tage nach Moskau. Sie besucht dort die Internationale Fachmesse der Werbewirtschaft „Design & Reklama Moskau" vom 14.04.20.. bis 17.04.20.. Am 18.04.20.. nimmt sie an zwei Unternehmensgesprächskreisen in der deutschen Botschaft teil, um Kontakte mit russischen Unternehmen zu pflegen.

a) Sie sollen sich darum kümmern, dass alle Formalitäten rechtzeitig geklärt werden. Was heißt das und wie gehen Sie genau vor?

b) Prüfen Sie, ob die Checkliste, die Sie in Auftrag 1 der Einstiegssituation[1] erstellt haben, auch für die beschriebene Auslandsreise verwendet werden kann. Ergänzen Sie die Checkliste, wenn es nötig ist.

c) Stellen Sie in einem Merkblatt wichtige Hinweise im Zusammenhang mit der Auslandsreise zusammen. Beachten Sie auch den Zeitunterschied.

3 Mitarbeiter der BE Partners KG unternehmen immer wieder Reisen nach Berlin, Paris, Gelsenkirchen, Prag und Hamburg.

a) Ermitteln Sie mithilfe einer Internetrecherche jeweils das unter ökologischen Gesichtspunkten (hier: CO_2-Ausstoß) am besten geeignete Verkehrsmittel.

b) Recherchieren Sie, welche beiden Verkehrsmittel die Mitarbeiter der BE Partners KG jeweils am schnellsten ans genannte Ziel bringen.

c) Wählen Sie für jedes Reiseziel ein Verkehrsmittel. Begründen Sie.

4 Geschäftsreisen werden auch immer noch konservativ, d. h. ohne Zuhilfenahme von Internetportalen, geplant und gebucht. Entwerfen Sie in den folgenden beiden Arbeitsaufträgen hierzu Vorlagen.

a) Erstellen Sie ein Muster für eine E-Mail-Anfrage an ein Reisebüro zur Planung und Buchung der Geschäftsreise aus der Einstiegssituation[1]. Sie soll auch als allgemeine Vorlage der BE Partners KG dienen.

b) Erstellen Sie in einem Textverarbeitungsprogramm einen Musterbrief für eine Zimmeranfrage an Hotels für die Einstiegssituation[1]. Fragen Sie auch nach Sonderkonditionen oder Bonusprogrammen, die für das Unternehmen infrage kommen. Der Musterbrief soll in der BE Partners KG später auch als allgemeine Vorlage verwendet werden.

Vorlagen/Geschäftsbrief BE Partners KG

5 Eine Reise ins Ausland bringt in der Regel zusätzliche Anforderungen mit sich. Sie sind meist kostenintensiver und aufwendiger vorzubereiten als Inlandsreisen. Zudem können kulturelle Besonderheiten zum Stolperstein werden. Auf den folgenden Seiten finden Sie einen Artikel über Sitten ausländischer Gastgeber bei Geschäftsreisen.

a) Bilden Sie arbeitsgleiche Kleingruppen und werten Sie den Artikel systematisch aus. Tipp: Besprechen Sie vorab eine Strategie, z. B. ob die einzelnen Mitglieder Ihrer Gruppe unterschiedliche Teilaufgaben wahrnehmen sollen.

b) Präsentieren Sie der Klasse Ihre wichtigsten Ergebnisse.

Andere Länder, andere Business-Sitten

Sind in Skandinavien Termine nach 16:00 Uhr angebracht? Gibt man chinesischen Geschäftspartnern die Hand? Was gilt in den USA als Business-Dress? Die wichtigsten Dos und Don'ts für Geschäftsreisen im Ausland.

Über den norwegischen Schriftsteller Knut Hamsun gibt es folgende Anekdote: Als er von einem Paris-Aufenthalt zurückgekehrt war, fragte ihn ein Freund: „Sicher hatten Sie in der ersten Zeit Schwierigkeiten mit Ihrem Französisch?" – „Ich nicht", erwiderte der Schriftsteller, „aber die Franzosen".

Mehr als Geschäftsinteressen

Es geht bei Geschäftsreisen nicht darum, die Landessprache perfekt zu beherrschen. Doch wer zumindest ein paar Sätze sprechen kann, erfreut mit der höflichen Geste und zeigt Interesse über das Geschäftliche hinaus. Gleiches gilt etwa für Geschäftsessen, wenn Ihnen ungewohnte Speisen serviert werden: Seien Sie nicht zu pingelig und probieren Sie zumindest, um Ihre Gastgeber nicht zu enttäuschen.

Geschäftsfrauen spielen in Nordeuropa eine selbstverständliche Rolle und genießen Gleichberechtigung und große Freiräume. In südlicheren Ländern ist das nicht unbedingt so, seien Sie darauf vorbereitet. Was die Kleidung betrifft, ist es dort besser, nicht zu viel Haut zu zeigen.

Wie bei jedem Aufenthalt im Ausland gehört das Gespür für die jeweilige Situation und die Menschen dazu, sich angemessen zu verhalten. Ignoranz gegenüber den kulturellen Eigenheiten ist dabei ebenso fehl am Platz wie übereifriges Anpassen: Die eigene kulturelle Identität muss man nicht verstecken. Wer zu Hause über gute Umgangsformen verfügt, wird auch im Ausland nicht anecken. Grundzüge der landestypischen Gebräuche sollten Sie aber kennen und achten.

Nordeuropa (Norwegen, Schweden, Dänemark, Finnland)

Im Norden Europas wird viel Wert auf Gleichberechtigung gelegt, Frauen werden in allen Positionen ohne Vorbehalt akzeptiert. Besonders in Dänemark ist der Frauenanteil in Führungspositionen hoch. Die Garderobe für das Geschäftsleben ähnelt der in Deutschland, in Schweden ist sie eher etwas dunkler, ebenso bei Festlichkeiten in Finnland.

Termine sollten Sie absolut pünktlich wahrnehmen. Das Wochenende ist für Geschäftliches absolut tabu. Nicht gern gesehen werden Termine nach Büroschluss gegen 16:00 Uhr – und in Dänemark nicht in der Mittagspause zwischen 11:30 und 14:30 Uhr sowie in den Urlaubsmonaten Juli und August.

In den skandinavischen Ländern gelten in kleinen Unternehmen oft flache Hierarchien. Anders in Großunternehmen, dort werden besonders in Schweden und Finnland die üblichen Hierarchien beachtet. Finnen legen Wert auf die förmliche Anrede, also unbedingt Geschäftspartner mit ihrem Titel anreden (z. B. „Herr Direktor"). Auch in Schweden trifft man häufig auf den Titel „directör", der von der Bedeutung unserem Doktortitel entspricht.

Zu den Themen, die zu vermeiden sind, gehören in Dänemark und Norwegen Diskussionen über die europäische Integration, in Finnland und Norwegen das Thema Alkohol. Werden Sie in Finnland von einem Geschäftspartner in seine private Sauna eingeladen, ist das eine Ehrerbietung, die Sie möglichst nicht ausschlagen sollten.

Westeuropa (Frankreich, Großbritannien, Irland)

Frankreich gilt als hierarchisch stark gegliederte Gesellschaft. Autoritär geführte Unternehmen sind häufig und französische Chefs delegieren kaum. Akademiker aus den angesehenen Eliteschulen und alteingesessene Großgrundbesitzer stellen die Führungsriege im Land. Sehr wichtig sind in Frankreich Titel, außerdem wird Wert auf Beziehungen und Netzwerke gelegt. Von Deutschen wird erwartet, dass sie Termine absolut pünktlich wahrnehmen, allerdings tun es Ihnen deshalb französische Geschäftspartner nicht zwingend gleich.

Mit Kultur punkten

Die Geschäftsgarderobe ist formell und dunkel, etwas legerer darf es nach Büroschluss sein. Ausgedehnte Geschäftsessen liegen den Franzosen, dabei wollen sie ihre Partner auch persönlich kennen lernen. Geschäftliches besprechen Sie deshalb besser nach der Mahlzeit. Wollen Sie ein Gastgeschenk mitbringen, empfiehlt es sich, dies schon am Morgen des Termins an den Gastgeber zu schicken. Die Beherrschung der französischen Sprache wird erwartet, punkten können Sie mit Kenntnis über die Kultur der Franzosen – deren Bedeutung Sie nicht anzweifeln sollten. Außerdem ist die Wahrung der Privatsphäre den Franzosen oberstes Gebot. Geschäftstermine im Juli und August bieten sich wegen der Ferienzeit nicht an.

In Großbritannien gibt es Verhaltensformen und Normen, die je nach Gesellschaftsschicht variieren. Verbindend ist der Hang zur Tradition. Achten Sie unbedingt auf die unterschiedliche regionale Herkunft und sprechen Sie nie von „dem Engländer". Pünktlichkeit, Geduld und Höflichkeit sind genau wie gute Tischmanieren sehr wichtig. Es gibt in Großbritannien viele Titel und Orden, Briten legen aber keinen Wert darauf, mit ihnen angeredet zu werden. Im Gegenzug reden Briten ihre ausländischen Geschäftspartner sehr wohl mit Titel an.

Distanz wahren

Die Kleidung ist sehr konservativ und dezent, das gilt besonders für Frauen. Sind Sie abends eingeladen, sollten Sie keine Geschäftsthemen ansprechen. Termine vor 09:00 Uhr morgens werden nicht gesehen, ebenso wenig montags morgens und freitags nachmittags. Blumen sind als Gastgeschenk unüblich, stattdessen wird eher Exklusives verschenkt. Tabu sollten Fragen nach der Familie sein, das Thema Nordirland-Konflikt, mangelnde körperliche Distanz – Händeschütteln ist zum Beispiel eher unüblich –, lautstarkes Sprechen und extrovertiertes Verhalten: In Großbritannien gibt man sich emotionslos und beherrscht. Dafür macht es sich gut, wenn Sie den britischen Humor teilen können.

Zwanglosere Verhaltensformen

Iren sind sehr humorvoll und gastfreundlich und nehmen Deutsche herzlich auf. Pünktlichkeit erwartet man von Ihnen, auch wenn die irischen Geschäftspartner selbst nicht immer pünktlich erscheinen. Die Kleidung im Geschäftsleben ist eher formell, und wie in Großbritannien empfiehlt sich zu festlichen Abendeinladungen Smoking und langes Abendkleid. Iren geben sich generell lockerer als Briten, zwanglose, informelle Umgangsformen sind üblich. Im Geschäftlichen können Sie auf hartnäckig verhandelnde Partner stoßen. Zu den Tabuthemen gehören Innenpolitik und das Verhältnis zu Großbritannien, Terrorismus und der Nordirland-Konflikt, ebenso Fragen nach der persönlichen Haltung zur Abtreibungsfrage.

Südeuropa (Italien, Spanien, Portugal)

Dem Akt der Nahrungsaufnahme kommt in Südeuropa eine große Bedeutung zu und ist Teil der kulturellen Identität. Vermeiden Sie es deshalb, mittags Termine zu vereinbaren – es sei denn, zu einem Geschäftsessen. In Italien ist die Einladung zum Mittagessen Mittelpunkt der Gastfreundschaft, nehmen Sie sich dafür unbedingt zwei bis drei Stunden Zeit. Geschenke unter Geschäftsfreunden sind gern gesehen, als Dank für eine Einladung empfehlen sich etwa Blumen, die am besten schon am Vormittag des Termins beim Empfänger eintreffen.

Familie wichtiges Thema

Kleiden sollten Sie sich korrekt und sehr elegant, auf modisch-stilvolle Garderobe legt man besonders im Norden Italiens und in den italienischen Großstädten Wert. Nicht nur wirtschaftlich, auch im Umgang mit Frauen gibt es ein Nord-Süd-Gefälle: Im eher konservativen Süden sollten Sie daran denken, dass die Erziehung dort stärker von der katholischen Kirche geprägt ist. Die Familie spielt grundsätzlich eine große Rolle, deshalb ist es bei Geschäftsessen üblich, von der Familie zu erzählen. Es kommt gut an, wenn Sie nach der Familie des Geschäftspartners fragen oder von Ihrer eigenen berichten. Titel sind sehr beliebt, und so werden Akademiker mit „dottore" bzw. „dottoressa" angesprochen. Tabus sind die Themen Innenpolitik, Südtirol-Problematik, Mafia und Korruption. Bei Blumengeschenken in Italien wie in Spanien unbedingt auf Chrysanthemen verzichten.

Arbeiten bis 22:00 Uhr

Im spanischen Geschäftsleben gehen die Uhren anders als in Deutschland: Man beginnt um 09:30 Uhr, hält Mittagspause von 13:30 und 15:30 Uhr und arbeitet dann bis 22:00 Uhr. Seien Sie zu Terminen pünktlich, auch wenn Sie wissen, dass spanische Pünktlichkeit bedeutet, eine halbe bis eine Stunde später als verabredet zu erscheinen. Im Geschäftsleben kann es sein, dass die Partner aus Höflichkeit pünktlich erscheinen. Die geschäftliche Garderobe ist konservativ und in jedem Fall dunkel.

Wie in Italien ist die Familie von großer Bedeutung und es gilt auch unter Geschäftspartnern als höfliche Geste, sich nach ihr zu erkundigen. Kritik an Stierkämpfen sollten Sie vermeiden, ebenso Äußerungen über den Terrorismus. Denken Sie daran, dass der spanische Nationalstolz sehr ausgeprägt ist und die unterschiedlichen Bevölkerungsschichten sich in Tradition und Sprache unterscheiden. Wenn möglich, erfolgt der erste geschäftliche Kontakt auf Spanisch, als Ansprechpartner empfehlen sich Personen aus der oberen Führungsebene.

Zu Verhandlungen Anwalt mitnehmen

In Portugal verhalten sich Männer Frauen gegenüber sehr respektvoll und höflich. Gerade Frauen werden sehr konservativ erzogen, deshalb achten Sie die Tradition und bringen Sie niemanden durch freizügige Kleidung oder Ansprache in Verlegenheit. Bei Geschäftsterminen trägt man korrekte und dunkle Kleidung, bei Frauen sollten die Knie bedeckt sein. Besonders bei offiziellen Anlässen und im Süden werden abends lange Kleider und bei den Herren Dinner Jacket erwartet. Termine pünktlich einzuhalten ist selbstverständlich. Geschäftsverhandlungen können sehr langwierig sein, nehmen Sie sich dafür Zeit. Es kann auch ratsam sein, dafür einen Anwalt hinzuzuziehen. Tabu sollten Vergleiche zwischen Portugiesen und Spaniern sein. Akademiker redet man mit einem Doktortitel an.

USA und Kanada

Pünktlichkeit, diszipliniertes, sehr freundliches Verhalten und Höflichkeit sind im amerikanischen Geschäftsleben wichtige Tugenden. Besonders gegenüber Frauen erwartet man, dass bestimmte Höflichkeitsformen eingehalten werden. Vermeiden sollten Männer intensiven Blickkontakt, Blicke auf den Körper und selbst Komplimente gegenüber Geschäftspartnerinnen: In den USA kann das schon als sexuelle Belästigung gelten. Geschlechtsspezifische Diskriminierungen und Bemerkungen über Rassen, Alter oder Herkunft sind absolute Dont's. Männer und Frauen erwarten absolute Gleichbehandlung. Themen wie Innenpolitik, Religion oder Patriotismus sollten Sie nicht ansprechen.

Rock statt Hose

Amerikaner kommen stets schnell aufs Geschäftliche zu sprechen und führen zügige und ergebnisorientierte Diskussionen. Ziehen Sie bei Verhandlungen immer einen erfahrenen Anwalt hinzu. Die Geschäftsgarderobe ist für Männer unbedingt ein dunkelgrauer oder blauer Anzug, immer mit Krawatte. Frauen sollten Business-Kostüme tragen, lange, enge Hosen sind im Geschäftsleben unüblich und nackte Beine verpönt.

Auch wenn es nach außen oft anders aussieht, Rangfolgen nicht immer klar erkennbar sind und die Umgangsformen eher leger wirken, herrscht in den USA strenges Hierarchiedenken. Titel in der Anrede sind hingegen nicht so wichtig, Begrüßung mit Handschlag eher unüblich.

Anzug und Krawatte Pflicht

Ähnlich wie in den USA herrscht auch im kanadischen Geschäftsleben eine strenge Kleiderordnung: Männer tragen immer dunkle Anzüge mit Krawatte und nie Kombinationen, für Frauen sind Hosen tabu. Unterlassen Sie Gleichsetzungen mit den USA und Diskussionen über die Sprach- und innenpolitischen Probleme mit dem französisch sprechenden Quebec. Sind Sie eingeladen, bedanken Sie sich mit Blumen beim Gastgeber, allerdings nie mit weißen Lilien. Als unhöflich gilt es, sich bei Tisch die Nase zu putzen. Bei Festen hält üblicherweise der älteste Gast zwischen Hauptgang und Dessert eine Dankesrede.

Asien (China, Japan)

„Sein Gesicht nicht zu verlieren" gilt in asiatischen Ländern als wichtige Regel. Man gibt nicht zu, etwas nicht zu wissen oder nicht zu wollen. Offene Konfrontationen werden vermieden. Ein „Nein" ist in Asien unbekannt – und auch wenn Sie sich auf Englisch verständigen, muss „Ja" keine verbindliche Zusage sein. Es gehört also ein bisschen Kunst dazu, herauszufinden, was das Gegenüber wirklich meint. Im Geschäftsleben sind Visitenkarten sehr wichtig, sie sollten zweisprachig sein und mit beiden Händen entgegengenommen werden. Gastgeschenke erleichtern geschäftliche Verbindungen. Zum angemessenen Verhalten gehört es, höflich, pünktlich und geduldig zu sein. Die Geschäftsgarderobe ist konservativ: dunkler Anzug für Herren, keine tiefen Ausschnitte bei Frauen. Man begrüßt sich nicht per Handschlag, sondern mit Verbeugungen.

Freundschaft als Basis für Geschäfte

In China gehören Schwarz und Weiß zu den Trauerfarben und sind deshalb auf Geschäftsverhandlungen unpassend. Finden Geschäftsessen abends statt, dauern diese selten länger als 21:00 Uhr – und nach dem Essen verabschiedet man sich sofort. Vergessen Sie nicht, eine Gegeneinladung auszusprechen. Hierarchien sind sehr wichtig, sodass nur gleichrangige Personen miteinander verhandeln dürfen. Große Bedeutung haben Vertrauen und freundschaftlicher Kontakt zu Geschäftspartnern. Deshalb unterhält man sich bei Geschäftsessen vor dem Geschäftlichen über Persönliches. Tabu sind kritische, laute Äußerungen und das Stören der Privatsphäre. Statt „Nein" zu sagen und damit das Gegenüber in Verlegenheit zu bringen, sind ausweichende Floskeln angebracht.

Körpersprache von Bedeutung

Japanische Frauen spielen im Geschäftsleben keine große Rolle, in der Gesellschaft hingegen schon. Echte Gleichberechtigung werden Sie nicht finden, und als Frau kann es Ihnen passieren, von Männern ignoriert zu werden. Stark verankert ist Gemeinschaftsdenken, das sich besonders in der Firmenkultur widerspiegelt. Geschäftlichen Verabredungen sollten immer auch private Einladungen folgen. Pünktliches Erscheinen zu verabredeten Terminen muss sein, sie kurzfristig abzusagen gilt als unhöflich – und einen Anwalt zu Verhandlungen mitzubringen als misstrauische Geste. Als Beleidigung fassen Japaner es auf, wenn Sie Ihnen den Rücken zudrehen oder die Fußsohlen entgegenstrecken. Älteren Menschen zollt man in Japan grundsätzlich Respekt.

Quelle: http://www.stern.de/wirtschaft/arbeit-karriere/karriere/geschaeftsreisen-andere-laender-andere-business-sitten-501216.html

Lernsituation 113

Eine Geschäftsreise abrechnen

Tüley Öztürk erhält mit der Hauspost einen A4-Umschlag von Susanne Herrmann, Leiterin Kreation, mit dem Vermerk „eilt". Tüley nimmt den Umschlag umgehend mit an ihren Schreibtisch und öffnet ihn.

BE Partners KG

be

Kurzmitteilung

		Bitte um:
von:	Susanne Herrmann	☒ Bearbeitung
an:	Tüley Öztürk	☐ Anruf
Datum:	19.09.20..	☐ Rücksprache
Betreff:	Reisekostenabrechnung	☐ Ablage
Anlage(n):	– Notizzettel mit Erläuterungen zur Reise-	☐ Kenntnisnahme
	kostenabrechnung	☐
	– Formular für die Reisekostenabrechnung	
	– Rechnung Hotel	
	– Messeticket	
	– Buchungsbestätigung/Rechnung der	
	Fluggesellschaft	
	– Taxiquittungen	
	– Bewirtungsbeleg	
	– Beleg Münchner Verkehrsbetriebe (MVB)	

Liebe Frau Öztürk,

in der letzten Woche war ich zwei Tage geschäftlich in München. Da ich schon morgen wieder auf Geschäftsreise sein werde, finde ich nicht die Zeit, meine Reisekostenabrechnung selbst zu machen.

Von meinem Kollegen Marius Schurns weiß ich, dass Sie in der Abrechnung von Geschäftsreisen versiert sind. Ich bitte Sie daher, die vollständige Abrechnung meiner Geschäftsreise zu übernehmen. Meine handschriftlichen Notizen lege ich bei.

Lieben Gruß

Susanne Herrmann

Infos zu meiner Reise nach München:

- Reisezweck: Besuch der Design-Messe „Horizonte" (Fachmesse) und Treffen mit zwei Absolventen des Masterstudiengangs „Advanced Design" der Hochschule für angewandte Wissenschaften (wegen möglicher Zusammenarbeit).
- Treffen mit Absolventen zu Geschäftsessen
- Verkehrsmittel: Flug, öffentlicher Personennahverkehr und Taxi
- Die Hin- und Rückfahrt zwischen Wohnung und Flughafen Köln-Bonn habe ich im eigenen Privatfahrzeug zurückgelegt (einfache Entfernung 39,8 km).
- Genehmigung der Reise durch Rolf Bastian (Geschäftsführer) vom 12.07.20..
- Alle Kosten (bis auf den Flug) wurden zunächst von mir übernommen.
- Hin- und Rückflug wurden von der Assistentin Frau Bernle vorab gebucht und bezahlt.

BE Partners KG

Reisekostenabrechnung

Name		Personalnummer	
E-Mail		Abteilung	
Reiseziel/ -zweck		genehmigt von	

Reiseuhrzeiten	Datumsangaben	Zahl der Reisestunden	aufgewendet für

Kosten	Datumsangaben	Details		Betrag (€)
Fahrtkosten: – öffentlicher + privatwirt-schaftlicher Verkehr		☐ Flug ☐ Bahn ☐ Taxi ☐ Mietwagen ☐ Andere:		
		☐ Flug ☐ Bahn ☐ Taxi ☐ Mietwagen ☐ Andere:		
		☐ Flug ☐ Bahn ☐ Taxi ☐ Mietwagen ☐ Andere:		
		☐ Flug ☐ Bahn ☐ Taxi ☐ Mietwagen ☐ Andere:		
– Privatfahrzeug		gefahrene km · km-Pauschale: km · €/km		
Verpflegungspauschalen, ggf. Kürzungen		Pauschale ☐ Kürzung ☐		
		Pauschale ☐ Kürzung ☐		
		Pauschale ☐ Kürzung ☐		
		Pauschale ☐ Kürzung ☐		
Unterkunftskosten, ggf. Kürzungen		Ort:	Einzelbeleg ☐ Pauschale ☐ Kürzung ☐	
		Ort:	Einzelbeleg ☐ Pauschale ☐ Kürzung ☐	
		Ort:	Einzelbeleg ☐ Pauschale ☐ Kürzung ☐	
Reisenebenkosten		Art/Zweck:		
		Art/Zweck:		
		Art/Zweck:		
		Art/Zweck:		
			Zwischensumme	
		Abzüglich des vom Unternehmen bereits übernommenen Betrags		
			Auszahlungsbetrag	
Unterschrift		Datum		

Bitte fügen Sie Belege für alle aufgelisteten Kosten an, unterschreiben Sie das Formular und senden Sie es an die Buchhaltung.

Auf der CD-ROM dieses Arbeits-buchs finden Sie die Reisekos-tenabrechnung als editierbares PDF-Formular.
→ ◉ Arbeitsmaterialien/Lern-situation 113/Reisekosten-abrechnung

MÜNCHEN CITY INN

DAS MODERNE BUSINESS-HOTEL AN DER ISAR

München City Inn, Storckgasse 2, 80331 München

BE Partners KG
Schlesienstraße 490–492
53119 Bonn

Bitte bei Zahlung immer angeben:

Ihre Kundennummer: 00968
Rechnungsnummer: 00968001

Name: Maria Hoffen
Telefon: 089 43218-82
Telefax: 089 43218-1
E-Mail: m.hoffen@muenchencityinn.com

Datum: 16.09.20..

Rechnungsnr.: 00968001

Datum	Menge	Leistung	USt-Code	Einzelpreis in €	Gesamtpreis in €
15.09.20..	1	Einzelzimmer EZ Superior Business Special	7 %	89,00	89,00
15.09.20..	3	Getränk (Minibar)	19 %	5,30	15,90
16.09.20..	1	Frühstück	19 %	18,40	18,40
Rechnungsbetrag inkl. USt - Aufteilung der USt siehe unten.					123,30

Aufteilung der Netto- und USt-Beträge	Netto	USt	Brutto
Beträge mit USt 7 %	83,18	5,82	89,00
Beträge mit USt 19 %	28,82	5,48	34,30
Summen	112,00	11,30	123,30

HORIZONTE INTERNATIONALE DESIGNMESSE MÜNCHEN

16.09.20..

Tagesticket 29,00 € (inkl. 19 % USt)
Messe München GmbH, Messegelände, 81823 München
Eingang Ost, Am Messeturm

Ticket Nr. 007448545

Hinweis: Es gelten unsere Allgemeinen Geschäftsbedingungen!

7448545 # 007448545 # 007448545 # 007448545 # 0074

Airflott GmbH, Airflott-Straße 3, 51147 Köln

Bitte bei Zahlung immer angeben:
Ihre Kundennummer: 01458248
Rechnungsnummer: DYEKHD

BE Partners KG
Schlesienstraße 490 – 492
53119 Bonn

Name: Alina Päffken
Telefon: 0221 260260-0
Telefax: 0221 260260-1
E-Mail: hello@airflott.com

Datum: 18.08.20..

Buchungscode/Rechnungsnr.: DYEKHD
Buchungsdatum: 15.07.20..
Passagier: Susanne Herrmann

Flüge

Datum	Flug	Abflug		Ankunft	
15.09.20..	5U 0548	14:30	Köln/Bonn	15:35	München
16.09.20..	5U 0547	20:35	München	21:40	Köln/Bonn

Rechnungsdaten

Bezeichnung	Betrag in €
Gesamtflugpreis	109,98
Flugpreis	62,66
Flughafengebühren	39,82
Luftverkehrsteuer	7,50
Zusatzleistungen	25,40
1 Gepäckstück	15,50
Zahlung mit Kreditkarte	9,90
Gesamtbetrag	135,38
Nettobetrag	113,76
Umsatzsteuer (19 %)	21,62
Entrichteter Betrag	135,38
Kreditkarte (18.08.20..)	135,38
Offen	0,00

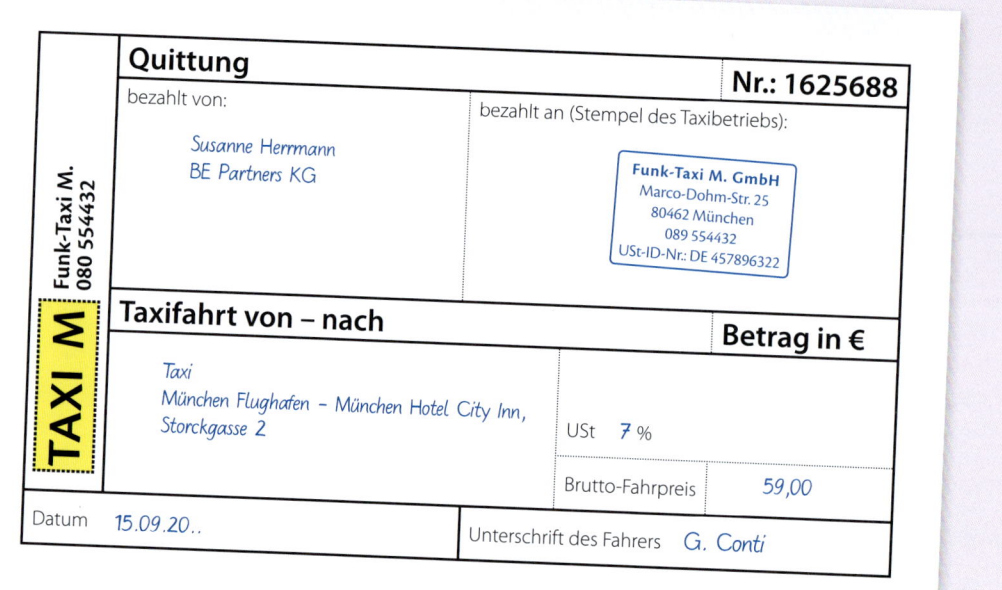

Quittung

Nr.: 1625688

Funk-Taxi M.
080 554432

TAXI M

bezahlt von:

Susanne Herrmann
BE Partners KG

bezahlt an (Stempel des Taxibetriebs):

Funk-Taxi M. GmbH
Marco-Dohm-Str. 25
80462 München
089 554432
USt-ID-Nr.: DE 457896322

Taxifahrt von – nach

Betrag in €

Taxi
München Flughafen – München Hotel City Inn,
Storckgasse 2

USt 7 %

Brutto-Fahrpreis 59,00

Datum 15.09.20..

Unterschrift des Fahrers G. Conti

 Taxi-Team München

☎ 080 261024

Quittung

Nr.: 0042873

bezahlt von

Susanne Herrmann
BE Partners KG

bezahlt an (Stempel des Taxibetriebs):

Taxi-Team München GmbH
Hans-Josef-Strauß-Platz 36
80127 München
Tel.: 089 111222
USt-ID-Nr.: DE 457896322

Taxifahrt von – nach

Betrag in €

München Hotel City Inn,
Storckgasse 2 – Wirtshaus
Haunhofer, Haunhofer Str. 9

USt 7 %

Brutto-Fahrpreis 34,50

Datum 15.09.20..

Unterschrift des Fahrers H. Meier

Wirtshaus im Haunhofer

Rechnung 2227

3	Hausgemachte Pfannkuchensuppe	4,30	12,90
1	Geröstete Knödel mit Speck, Ei und gemischtem Salat	9,80	9,80
1	Portion Schweinshax'n mit Kartoffelknödel und Krautsalat	12,30	12,30
1	Gebratene Paprika mit Schafskäse gefüllt, dazu gem. Salat	8,90	8,90
6	Weißbier 0,5 l	3,10	18,60
2	Mineralwasser 0,7 l	4,50	9,00
3	Espresso	2,00	6,00
2	Kaiserschmarrn mit Apfelmus	5,70	11,40

Summe brutto (inkl. 19 % USt) **88,90**
Summe netto 74,71
USt (19 %) 14,19

15.09.20.., 21:15 Uhr, Tisch 32, Service Nr. 3
Wirtshaus im Haunhofer, Haunhoferstr. 9, 80461 München
USt-IdNr: DE 895989365

Münchner Verkehrsbetriebe (MVB)

Tageskarte
– Single –
Innenstadt

Ticketnr.: 0225345804

Preis: 8,00 €
(Preis inkl. 7 % USt)

Datum: 16.09.20..
Uhrzeit: 9:31

Arbeitsblatt 113.1 Erstattung von Reisekosten im Inland

Kostenart	Erläuterung	
Fahrtkosten	1. öffentliche und privatwirtschaftliche Verkehrsmittel, Mietwagen u. Ä.	
	2.	Der Geschäftsreisende sammelt alle Belege, die er aus der eigenen Tasche bezahlt, z. B. für Benzin oder Öl. Die Kosten werden ihm erstattet.
	3.	a)
		b) Die tatsächlichen Kosten werden anhand von Einzelnachweisen ermittelt und mittels Berechnung eines fahrzeugindividuellen Kilometersatzes anteilig erstattet.
Verpflegungs-mehr-aufwendungen	1. Pauschale:	
	2. Pauschale:	

Aufgaben

1 Bei der Reisekostenabrechnung ist immer auf den Nachweis durch Belege zu achten.

   a) Warum sind Belege notwendig?
   b) Welche Angaben müssen Belege enthalten?

2 Geschäftsreisenden entstehen oft zusätzliche Kosten für Verpflegung.

   a) Muss der Arbeitgeber dem Arbeitnehmer die höheren Aufwendungen für Ver-
      pflegung auf Geschäftsreisen erstatten? Erläutern Sie.
   b) Welche Möglichkeiten hat der Geschäftsreisende, wenn seine Verpflegungsmehr-
      aufwendungen nicht oder nur teilweise vom Arbeitgeber übernommen werden?
      Erläutern Sie.

3 Erstellen Sie ein Online-Formular zur Reisekostenabrechnung der Reise von Frau
   Herrmann in der Einstiegssituation. Nutzen Sie ein Ihnen geeignet erscheinendes
   Office-Programm und führen Sie die Abrechnung der Reise digital durch.

4 Unterscheiden Sie die sogenannte Pendlerpauschale und die Reisekilometerpauschale.

5 Führen Sie zu der folgenden Reise die Reisekostenabrechnung durch. Die Assistentin des Unternehmens bucht Flüge und die erste Hotelübernachtung inkl. Frühstück in Ljubljana vorab im Internet und bezahlt sie mit der Firmenkreditkarte. Alle
   anderen Ausgaben (siehe Informationen unten) werden von der Reisenden vorge-
   streckt. Für die Fahrt von ihrer Wohnung zum Flughafen Schönefeld und zurück
   benutzt die Reisende ihren privaten Pkw. Das Unternehmen der Reisenden erstattet
   jeweils die steuerfreien Höchstbeträge für Verpflegung, Unterkunft und Fahrtkosten:

   – Unternehmen: Radtata GmbH, Dresdner Straße 234, 01705 Strausberg
   Telefon: +49 3341 1258-0
   Telefax: +49 3341 1258-333
   E-Mail: info@radtata.de
   – Name der Reisenden: Katharina Žiga (Kürzel: zik)
   Wohnadresse: Zilleweg 87 A, 01705 Strausberg
   – E-Mail: katharina.ziga@radtata.de
   – Personalnummer: 4587
   – Abteilung: Einkauf
   – Vorgesetzte: Isabelle Richeau (Kürzel: Rii)
   – Reiseziel: Grosuplje, Ljubljana
   – Reisezeitraum: 14.12.20.., 10:00 Uhr – 16.12.20.., 21:30 Uhr
   – Reisezweck: Lieferantenbesuche: Spica D. O. O., Prema D. D.

   Frau Žiga hat die folgenden Belege gesammelt:
   14.12. – 16.12.20.. Parkplatz Park and Fly, Flughafen Berlin-Schönefeld: 57,00 €
   14./16.12.20.. Flugrechnung und Bordkarten, Berlin – Ljubljana und zurück, Slowenian Wings D. D.:
   239,00 € (wurde von der Radtata GmbH gebucht und bezahlt)
   14.12.20.. Telefonat mit der Radtata GmbH aus Telefonzelle am Flughafen Ljubljana
   (Eigenbeleg): 8,20 €
   14.12.20.. Taxi Brosz, Ljubljana: 15,60 €
   15.12.20.. Slovenske Železnice (SŽ): Ljubljana – Grosuplje: 2,58 €
   15.12.20.. Bewirtungsbeleg (Mittagessen und Getränke für Frau Žiga und Ludvik Vrtnika, Verhand-
   lungspartner beim besuchten Lieferanten Spica D. O. O.): 35,80 €
   15./16.12.20.. Hotel Bik, Grosuplje: 1 Übernachtung inkl. Frühstück: 75,00 € (von Frau Žiga vor Ort
   gebucht und bezahlt)
   16.12.20.. Slovenske Železnice (SŽ): Grosuplje – Ljubljana: 2,58 €
   16.12.20.. Taxi Ljubljana, Ljubljana: 14,80 €
   16.12.20.. Bistro Jože Pučnik, Flughafen Ljubljana: Abendessen 14,20 €

6   Das genaue Vorgehen bei der Reisekostenabrechnung unterscheidet sich häufig von Unternehmen zu Unternehmen.

   a) Vergleichen Sie die von Ihnen in der Einstiegssituation dieser Lernsituation gewählte Vorgehensweise mit dem Ablauf einer Reisekostenabrechnung in Ihrem Ausbildungsbetrieb.

Reisekostenabrechnung in der BE Partners KG

Arbeitsschritt	konkrete Tätigkeit	verantwortliche Person/Stelle

Reisekostenabrechnung in Ihrem Ausbildungsbetrieb

Arbeitsschritt	konkrete Tätigkeit	verantwortliche Person/Stelle

   b) Stellen Sie die Unterschiede in der Durchführung heraus und bewerten Sie diese.
   c) Schlagen Sie für beide Verfahren Optimierungen vor.

Lernsituation 114

Ein Projekt durchführen

Ein erfolgreiches Geschäftsjahr liegt hinter der BE Partners KG. Aus diesem Grund und zur Festigung der Mitarbeiterbindung haben Frau Epstein und Herr Bastian beschlossen, einen Betriebsausflug mit allen Mitarbeitern und Auszubildenden durchzuführen. Die Planung und Organisation dieses Betriebsausflugs möchten sie in die Hände der Auszubildenden legen. Die Auszubildende Tüley Öztürk soll das Projekt leiten. Heute Vormittag hat im Konferenzraum eine Vorbesprechung mit Frau Epstein, Herrn Bastian und allen Auszubildenden stattgefunden. Tüley Öztürk hat im Anschluss das auf der nächsten Seite abgebildete Ergebnisprotokoll erstellt.

Projektphase 1: Projektdefinition

Übernehmen Sie die Aufgaben der Auszubildenden der BE Partners KG. Führen Sie zunächst eine Projektdefinition durch. Als Endergebnis dieser ersten Projektphase soll ein Projektauftrag formuliert werden, der dann in einem Kick-off-Meeting mit Frau Epstein und Herrn Bastian besprochen wird.

Die folgenden Teilaufgaben dienen Ihnen als Leitfaden.

1 Erstellen Sie eine Projektskizze unter Verwendung von Arbeitsblatt 114.1.

 Arbeitsblatt 114.1

2 Verfeinern Sie die Projektidee, indem Sie mithilfe von Kreativitätstechniken schon erste Ideen entwickeln zu: Ausflugsziel, Aktivitäten, Transportmitteln und Übernachtungsmöglichkeiten. Sie sollen noch keine Ihrer Ideen auswählen.

3 Formulieren Sie unter Verwendung von Arbeitsblatt 114.2 die Projektziele.

 Arbeitsblatt 114.2

4 Formulieren Sie unter Verwendung von Arbeitsblatt 114.3 den Projektauftrag.

 Arbeitsblatt 114.3

5 Erstellen Sie eine Einladung mit Tagesordnung für das „Kick-off-Meeting" im Konferenzraum. Bei dieser Sitzung soll Frau Epstein und Herrn Bastian der Projektauftrag vorgestellt werden. Außerdem sollen die Ressourcen für das Projekt (vor allem die verfügbare Arbeitszeit) besprochen werden. Tüley Öztürk soll die Sitzung leiten. Sascha Reimers führt Protokoll.

6 Führen Sie das Kick-off-Meeting durch. Erstellen Sie ein Ergebnisprotokoll des Kick-off-Meetings unter Verwendung von Arbeitsblatt 114.4.

 Arbeitsblatt 114.4

BE Partners KG

Ergebnisprotokoll

Datum	20. März 20..
Uhrzeit	09:00 – 10:00 Uhr
Ort	Konferenzraum
Teilnehmer	Herr Bastian, Geschäftsführer und Sitzungsleiter Frau Epstein, Geschäftsführerin Frau Öztürk, Auszubildende Frau Fischer, Auszubildende Frau Weber, Auszubildende Herr Reimers, Auszubildender und Protokollführer
TOP	1. Projektanlass und Ziele des Betriebsausflugs 2. Rahmenbedingungen des Betriebsausflugs

Besprechungsinhalt (Ergebnisse):

TOP 1:

– Die Mitarbeiter und Auszubildenden sollen für die gute und erfolgreiche Arbeit im letzten Geschäftsjahr belohnt werden.
– Das „Wir-Gefühl" soll weiter gestärkt werden. Entsprechende Programmpunkte sollen dies unterstützen.
– Das Programm soll für alle Mitarbeiter und Auszubildenden (jung, alt, weiblich, männlich) ansprechend sein.

TOP 2:

– Termin: 20. und 21. Mai dieses Jahres
– geplante Dauer: von Freitagmittag bis Samstagabend (eine Übernachtung)
– Ausflugsziel: im Umkreis von max. 200 km, um die Fahrtzeit in Grenzen zu halten
– Projektbudget: 5.000,00 €
– Aktivitäten: Hierzu wurden von Herrn Bastian und Frau Epstein keine Vorgaben gemacht. Die Auszubildenden haben sich darauf verständigt, möglichst viele Ideen zu entwickeln und diese in einer weiteren Besprechung mit Frau Epstein und Herrn Bastian zu erörtern.

Datum, Unterschrift Sitzungsleiter/-in	Datum, Unterschrift Protokollführer/-in
20.03.20.., Rolf Bastian	*20.03.20.., Sascha Reimers*

Folgesituation

Der von Ihnen erstellte Projektauftrag wurde von Frau Epstein und Herrn Bastian akzeptiert und unterschrieben. Heute unterhalten sich die Auszubildenden Tüley Öztürk und Sascha Reimers.

Tüley: Schön, dass Frau Epstein und Herr Bastian so angetan von unseren Ideen waren.

Sascha: Dann können wir jetzt ja das Projekt „Betriebsausflug" konkret planen. Wer von uns soll denn was machen?

Tüley: Wir sollten erst einmal alle Arbeiten, die zu erledigen sind, in einer Liste sammeln. In einem Projektstrukturplan sortieren wir dann alle Aktivitäten und fassen sie zu Arbeitspaketen, z. B. „Unterkunft organisieren", zusammen. In einem Projektablaufplan ordnen wir dann alle Aktivitäten in einer zeitlich sinnvollen Reihenfolge.

Sascha: Genau, und am Ende der Planungsphase erstellen wir noch ein Balkendiagramm für die Zeitplanung und eine Meilensteinplanung, in der wir auch die Aufgaben unter uns verteilen.

Projektphase 2: Projektplanung

Übernehmen Sie auch die Aufgaben der Auszubildenden der BE Partners KG im Rahmen der Projektplanung. Die folgenden Teilaufgaben dienen Ihnen wieder als Leitfaden.

7 Erstellen Sie unter Verwendung von Arbeitsblatt 114.5 eine Aktivitätenliste, in der Sie möglichst alle zu erledigenden Aktivitäten sammeln.

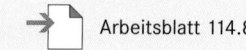 Arbeitsblatt 114.5

8 Fassen Sie die gesammelten Aktivitäten in einem Projektstrukturplan (Arbeitsblatt 114.6) übersichtlich zu sinnvollen Arbeitspaketen zusammen. Orientieren Sie sich ggf. an der Darstellung in der Fachkunde, LF 13, Kap. 2.2.2.

Arbeitsblatt 114.6

9 Legen Sie in einer Arbeitspaketplanung (Arbeitsblatt 114.7) für jede Aktivität fest, welches Teammitglied für die Erledigung verantwortlich ist. (Hinweis: Sie finden das Arbeitsblatt auch auf der CD.)

Arbeitsblatt 114.7

10 Erstellen Sie für das Projekt einen Projektablaufplan unter Verwendung von Arbeitsblatt 114.8. Schätzen Sie hierzu die jeweilige Dauer der einzelnen Vorgänge. (Hinweis: Sie finden das Arbeitsblatt auch auf der CD, z. B. falls Sie für jedes einzelne Arbeitspaket einen eigenen Ablaufplan erstellen möchten.)

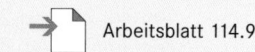 Arbeitsblatt 114.8

11 Stellen Sie Ihre Projektplanung unter Verwendung von Arbeitsblatt 114.9 als Balkendiagramm dar.

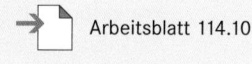 Arbeitsblatt 114.9

12 Erstellen Sie eine Meilensteinplanung unter Verwendung von Arbeitsblatt 114.10.

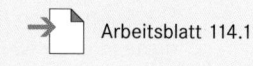 Arbeitsblatt 114.10

13 Erstellen Sie eine Qualitätsplanung unter Verwendung von Arbeitsblatt 114.11. Hierzu legen Sie für die verschiedenen Kriterien (z. B. „Unterkunft") verschiedene Eigenschaften fest, die Sie bezüglich der Qualität für wichtig halten (z. B. „gute Essensauswahl", „geräumige Zimmer"). Orientieren Sie sich ggf. an der Darstellung in der Fachkunde, LF 13, Kap. 2.2.7.

Arbeitsblatt 114.11

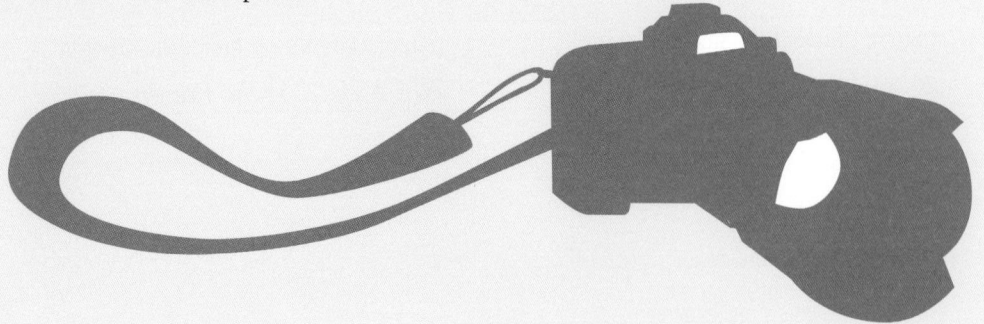

Folgesituation

Im April wendet sich Herr Bastian mit der folgenden innerbetrieblichen Mitteilung an die Projektleiterin Tüley Öztürk, da er über den aktuellen Projektstand informiert werden möchte.

BE Partners KG

Kurzmitteilung

von: *Rolf Bastian*
an: *Tüley Öztürk*
Datum: *20.04.20..*
Betreff: *internes Projekt „Betriebsausflug"*

Anlage(n): *–*

Bitte um:

- [X] Bearbeitung
- [ ] Anruf
- [ ] Rücksprache
- [ ] Ablage
- [ ] Kenntnisnahme
- [ ]

Liebe Frau Öztürk,

ich hoffe, Sie kommen mit der Vorbereitung und Organisation unseres Betriebsausflugs gut voran.

Bitte informieren Sie mich über den aktuellen Projektstand. Es wäre nett, wenn Sie mir bis Ende der Woche einen Meilenstein-Chart (Soll-Ist-Vergleich bez. der Abschlusstermine der einzelnen Meilensteine) und einen aktuellen Projektstatusbericht zukommen lassen könnten.

Bitte senden Sie mir auch den Entwurf des Informationsblattes zu, mit dem wir die Mitarbeiter zu dem Betriebsausflug einladen wollen, sobald dieser fertig ist.

Mit freundlichen Grüßen

Rolf Bastian

Projektphase 3: Projektrealisation

Übernehmen Sie die Aufgaben von Tüley Öztürk im Rahmen der Projektrealisation. Die folgenden Teilaufgaben dienen Ihnen wieder als Leitfaden.

14 Erstellen Sie einen Meilenstein-Chart unter Verwendung von Arbeitsblatt 114.12. Berücksichtigen Sie dabei die in Arbeitsblatt 114.10 erstellte Meilensteinplanung. 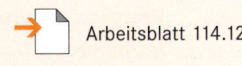 Arbeitsblatt 114.12

15 Erstellen Sie einen Projektstatusbericht unter Verwendung von Arbeitsblatt 114.13. (Hinweis: Sie finden das Arbeitsblatt auch auf der CD.) 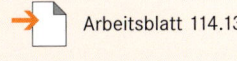 Arbeitsblatt 114.13

16 Erstellen Sie ein anschauliches Informationsblatt, mit dem die BE Partners KG ihre Mitarbeiter und Auszubildenden zu dem Betriebsausflug einlädt.

BE Partners KG

Hilfsmittel des Projektmanagements – Projektskizze

Projektnummer		Datum	
Projektname			
Projektart	☐ intern	☐ extern	
Auftraggeber/-in			
Projektleiter/-in			
Projektteam			
Projektanlass			
erwarteter Nutzen des Projekts			
vom Auftraggeber erwartete Projektergebnisse (erste Ideen)			
Projektbudget			

BE Partners KG

Hilfsmittel des Projektmanagements – Leitfaden zur Formulierung der Projektziele

WICHTIG: möglichst **SMART**e Projektziele formulieren				
Spezifisch	**M**essbar	**A**kzeptiert	**R**ealistisch	**T**erminiert

Sachziel(e)	
Kostenziel(e)	
Terminziel(e)	

BE Partners KG

Hilfsmittel des Projektmanagements – Projektauftrag

Projektnummer		Datum	
Projektname			
Kurzbeschreibung des Projekts			
Auftraggeber			
Projektleiter/-in			
weitere Mitglieder des Projektteams			
Sachziel(e)			
Kostenziel(e)			
Terminziel(e)			

Unterschriften	Auftraggeber/-in	Projektleiter/-in

BE Partners KG

Hilfsmittel des Projektmanagements – Ergebnisprotokoll für Projektsitzungen

Projektnummer	
Projektname	
Datum	
Uhrzeit	
Ort	
Teilnehmer	
TOP	

Besprechungsinhalt (Ergebnisse):

Datum, Unterschrift Sitzungsleiter/-in	Datum, Unterschrift Protokollführer/-in

BE Partners KG

Hilfsmittel des Projektmanagements – Aktivitätenliste

Projektnummer	
Projektname	
zu erledigende Aktivitäten (möglichst ausführlich, ggf. noch unsortiert)	

BE Partners KG

Hilfsmittel des Projektmanagements – Projektstrukturplan (für kleine Projekte; ohne Ebene „Teilaufgaben")

Hinweis: Geben Sie dem Projekt eine Struktur, indem Sie alle zu erledigenden Aufgaben (Aktivitäten) in sinnvolle Arbeitspakete gliedern.

Projekt				
Arbeitspakete				
Aktivitäten				

BE Partners KG

be

Hilfsmittel des Projektmanagements – Arbeitspaketplanung

Projektname	

Arbeitspaket Nr. _____ : _____

Aktivität	zuständig

Arbeitspaket Nr. _____ : _____

Aktivität	zuständig

BE Partners KG

Hilfsmittel des Projektmanagements – Arbeitspaketplanung

Projektname	

Arbeitspaket Nr. _____ : _____

Aktivität	zuständig

Arbeitspaket Nr. _____ : _____

Aktivität	zuständig

BE Partners KG

Hilfsmittel des Projektmanagements – Projektablaufplan

Projektname	

Vorgang Nr.	Vorgangsbezeichnung	Dauer (in Tagen)	abgeschl. Vorgänger	Anmerkungen
1				
2				
3				

BE Partners KG

Hilfsmittel des Projektmanagements – Projektablaufplan

Projektname	

Vorgang Nr.	Vorgangsbezeichnung	Dauer (in Tagen)	abgeschl. Vorgänger	Anmerkungen

Arbeitsblatt 114.9 Balkendiagramm zur Terminplanung

BE Partners KG

Hilfsmittel des Projektmanagements – Balkendiagramm zur Terminplanung

Projektnummer

Projektname

Vorg. Nr.	Vorgang (Kurzbezeichnung)	Zeit (in _____)																															
		1	2	3	4	5	6	7	8	9	10	11	12	13	14	15	16	17	18	19	20	21	22	23	24	25	26	27	28	29	30	31	32	33
1																																		
2																																		
3																																		

BE Partners KG

Hilfsmittel des Projektmanagements – Meilensteinplanung

Projektnummer	Projektname

Meilenstein Nr.	Bezeichnung	Soll-Termin	Status	verantwortlich						
M1										
M2										
M3										

Projektabschluss:

BE Partners KG

Hilfsmittel des Projektmanagements – Qualitätsplanung

Hinweis: Die Qualitätsplanung soll insbesondere im Rahmen der späteren Projektevaluation verwendet werden, um nach Abschluss die Qualität des Projekts zu überprüfen bzw. zu beurteilen. Dazu dient dann die rechte Spalte der Tabelle.

Projektnummer	Projektname

Kriterium	Eigenschaft	Erfüllungsgrad	
		voll erfüllt	kaum erfüllt

BE Partners KG

Hilfsmittel des Projektmanagements – Meilenstein-Chart vom _____

Projektnummer	Projektname

Meilenstein Nr.	Bezeichnung	Soll-Termin	Ist-Termin	Anmerkungen
M1				
M2				
M3				

BE Partners KG

Hilfsmittel des Projektmanagements

Projektstatusbericht Nr. _____ vom _____

Projektnummer		Projektname	

Anlass des Berichts	☐ Meilenstein Nr. _____ erreicht ☐ schwerwiegendes Problem	☐ Routinebericht ☐ Bericht angefordert von _____

Beurteilung des Projektstatus (bitte ankreuzen):

Aspekt (M = Meilenstein)	erledigt	im Plan	gefährdet	Anpassung erforderlich
Abschlusstermin „M1"				
Abschlusstermin „M2"				
Abschlusstermin „M3"				
Abschlusstermin „M4"				
Abschlusstermin „M5"				
Abschlusstermin „M6"				
Abschlusstermin „M7"				
Qualität	–			
Projektbudget	–			

Erläuterungen/Hinweise:

Entscheidungen zur weiteren Vorgehensweise/Anpassungen der Projektplanung:

Unterschrift Verfasser/-in	Unterschrift Projektleiter/-in	Unterschrift Auftraggeber/-in

Arbeitsblatt 114.14 Projekte und Projektmanagement im Überblick

Ordnen Sie die folgenden Begriffe richtig ein.

Projektsteuerung – Projektabschluss – Projektreflexion – Projektskizze – Einmaligkeit – Arbeitspakete –
Präsentation oder Ergebnisübergabe – Projektdefinition – zeitliche Begrenzung – Projektstrukturplan –
Konfliktmanagement – Projektablaufplan – Projektauftrag – Balkendiagramm – Projektevaluation –
Meilensteintechnik – Vorgabe von Zielen – Soll-Ist-Vergleich – Kostenplan – Projektcontrolling – Fehleranalyse –
Kick-off-Meeting – Projektrealisation – vernetzte Abhängigkeiten – Qualitätsplan – Abschlussbericht –
Projektmanagement – Prozessdokumentation – komplexe Aufgabenstellung – Projektplanung

Merkmale von Projekten:

1. _____

2. _____

3. _____

4. _____

5. _____

_____ = gesamte Abwicklung eines Projekts

Abschnitte eines Projekts	(mögliche) Bestandteile und Hilfsmittel
1.	– – –
2.	– – – – – –
3.	– – –
4.	– –
5.	– –

Aufgaben

1 Begründen Sie jeweils, ob es sich bei folgenden Vorhaben in der BE Partners KG um Projekte handelt.

a) Auswahlverfahren für die Ausbildungsplätze zum nächsten Einstellungstermin
b) Bau eines eigenen Fotostudios
c) Planung und Aufbau des Messestandes für die jährlich stattfindende Marketingmesse in München
d) Auswertung einer Umsatzstatistik
e) Erstellung und Realisierung eines Marketingkonzeptes für ein neues Parfüm der Drogerie AG
f) Erstellung einer Website für den Kunden „Bäckerei Özcal"

2 Ihr Ausbilder möchte, dass Sie ein Projekt zur Erstellung eines Unternehmensauftritts in einem sozialen Netzwerk leiten. Formulieren Sie einen möglichen Projektauftrag. Treffen Sie sinnvolle Annahmen, wenn Ihnen Rahmenbedingungen fehlen.

3 Die Rheintaler Brunnen GmbH & Co. KG möchte eine neue Lagerhalle errichten lassen, die ab dem 1. April nächsten Jahres nutzbar sein soll. Das Bauunternehmen hat die Projektplanung bereits abgeschlossen. Um auf mögliche Planabweichungen bei der Projektrealisation vorbereitet zu sein, möchte der Projektleiter Dietrich Peters mögliche Gründe für Abweichungen im tatsächlichen Projektablauf in der folgenden Übersicht sammeln.

Bereich der Projektplanung	Abweichungen bei der Projektrealisation
1. Terminplanung	Geplante Termine einzelner Meilensteine oder die gesamte Projektdauer können nicht eingehalten werden, z. B. weil:
2. Kapazitätsplanung	Die geplanten Ressourcen an Personal reichen nicht aus, z. B. weil:
3. Kostenplanung	Das geplante Projektbudget reicht nicht aus, z. B. weil:

4 Lösen Sie das folgende Kreuzworträtsel zur Projektarbeit.

(ä, ö, ü = ae, oe, ue)

1. Bei der Entscheidung über die Durchführbarkeit eines Projekts spielt neben dem Projektrisiko und der Machbarkeit auch die _____ eine große Rolle.

2. Brainstorming und Mindmapping sind gängige _____.

3. Ein Projektziel sollte _____ sein, damit allen Projektteilnehmern klar ist, was von ihnen erwartet wird.

4. Ein beliebtes Instrument zur Terminplanung in Projekten ist das _____.

5. Bei der Projektorganisation mittels _____ ist das Ergebnis einer Phase immer die Grundlage für die nächste Phase. (Schreibung ohne Bindestrich)

6. Bei der _____ wird unter anderem bestimmt, wie viel Personal für die Realisierung eines Projekts benötigt wird.

7. In großen Projekten hilft beim Informationsmanagement häufig ein _____.

8. Im Rahmen des Kostencontrollings wird überprüft, ob das _____ eingehalten wurde.

9. In Projektstatusberichten wird unter anderem überprüft, ob die _____ fristgerecht abgeschlossen wurden.

10. Für Großprojekte wird häufig ein _____ erstellt, das alle für dieses Projekt geltenden Informationen und Regelungen enthält.

11. Für die Dauer eines Projekts stellt die Projektorganisation gewissermaßen eine _____ neben der eigentlichen Primärorganisation des Unternehmens dar.

12. Ein _____ ist in der Regel der Auslöser eines Projekts, aus dem eine Projektidee abgeleitet wird.